# Christian Gottfried Heinrich
# Bandhauer

und der

## Einsturz der
## Nienburger Saalebrücke
## am 6. Dezember 1825

*Bernd Nebel*
Dipl. Ing. (FH)

Das Bild auf dem vorderen Umschlag zeigt die Nienburger Brücke
etwa so, wie sie auf den damaligen Betrachter gewirkt haben
muss. Im Hintergrund ist das Nienburger Schloss erkennbar und
rechts davon der Hafen.
Das Bild wurde von Malte Nebel gezeichnet.

*"Wer richtet, mache sich frei von diesem Einflusse, wenn er kann; vergegenwärtige sich die Verhältnisse, mit ihnen hauptsächlich die Brücke; stelle sie lebhaft vor seine Seele, wie sie da 270 Fuss lang zwischen Himmel und Wasser, leicht wie ein Faden, schwebt; wie sie in einiger Ferne, wo dem Gesicht die Ketten verschwinden, von den Lüften getragen zu werden scheint – sie selbst die besste Warnungstafel war –; verwand'le die 1680 Menschenschwere Wirkung in zehnspännige Lastwagen – 13 Stück, deren diese Strasse wohl nie einen trug, – sehe, wie sie dicht hintereinander 1/20 Meile Weges einnehmen; dränge zusammen auf den schwebenden Körper 1300 Centner Ladung, 13 Wagen, 130 Pferde, 60 Menschen, in Summa die 13 Lastwagen; sehe auf die Aufgabe, und – spreche.*

*Zwei Drittheile dieser Last waren im Äussersten sicher; drei von den dreizehn Wagen fanden darauf Platz – Ein solcher Wagen erregte Staunen, Bewunderung, Lob; weil aber dreizehn bewirkten was man von einem besorgt hatte, ruft man: kreuzige! kreuzige!! – –"*

*Cöthen im Januar 1829*

*G. Bandhauer*

Bibliografische Information der deutschen Nationalbibliothek:
Die Deutsche Nationalbibliothek verzeichnet diese Publikation
in der Deutschen Nationalbibliografie; detaillierte bibliografische
Daten sind im Internet über http://dnb.dnb.de abrufbar.

© 2015 Bernd Nebel
www.bernd-nebel.de

Herstellung und Verlag:
BoD – Books on Demand, Norderstedt

ISBN 978-3-7347-1205-0

# Inhalt

# Vorwort

Christian Gottfried Heinrich Bandhauer war nur etwa ein Jahrzehnt lang, von 1820 bis 1830, oberster Baumeister im souveränen Herzogtum Anhalt-Köthen. Trotz seines überschaubaren Wirkungsbereiches und der Kürze seiner Amtszeit, erlangte er u.a. durch seinen vielgelobten spätklassizistischen Architekturstil sowie seine ökonomischen Zweckbauten (Quadrathohlbauten), zu Lebzeiten einen Bekanntheitsgrad, der weit über Köthen hinausreichte. Auch zahlreiche Veröffentlichungen, die größtenteils erst nach seinem Ausscheiden aus den Diensten des Herzogs erschienen, trugen zu seinem guten Ruf als talentierter Architekt bei. Doch dann zerstörten zwei tragische Unglücksfälle auf seinen Baustellen in kurzer Zeit sein mühsam erworbenes Ansehen. Nach seinem Tod versank er für viele Jahrzehnte in der Vergessenheit und wurde selbst in der einschlägigen Fachliteratur nur selten erwähnt.

Biografie und Charakter Bandhauers blieben über die Jahre schwer greifbar und von vielen offenen Fragen begleitet. Alle die sich nach seinem Tod mit ihm beschäftigten, stießen auf gewisse Widersprüche, Ungereimtheiten und Lücken in seinem Lebenslauf. Die bisher nicht mit letzter Sicherheit geklärten Fragen beginnen schon bei seiner Geburt, bzw. mit der Identität seines Vaters, reichen in die Zeit seiner zunftgemäßen Wanderschaft und betreffen schließlich – nicht ganz unwichtig – auch seine Ausbildung und Prüfung zum 'Baukondukteur'. Schon in der Einleitung zu einer der ersten ausführlichen Arbeiten über das Werk Bandhauers charakterisiert ihn van Kempen als *"ebenso markante, wichtige wie eigenartige Persönlichkeit"*.[1]

Der Autor stieß im Zusammenhang mit dem dramatischen Einsturz der Saalebrücke in Nienburg zum ersten Mal auf den Baumeister Bandhauer. Dabei fiel sofort auf, dass es in Anbetracht der Tragweite dieses Unglücks mit über 50 Toten und vielen Verletzten, erstaunlich wenig Schrifttum zu dieser Brücke gibt. Selbst ausgesprochene Fachliteratur die sich mit frühen Ketten- und Hängebrücken beschäftigte, sparte die Nienburger Brücke meistens aus. Sogar die beiden einzigen deutschsprachigen Bücher zum Spezialgebiet *"Brückeneinstürze"* erwähnen das Nienburger Unglück mit keinem einzigen Wort. Die Ignoranz der Fachwelt ist vor allem deshalb so erstaunlich, weil es sich um eine der ersten Kettenbrücken Deutschlands handelte und wahrscheinlich war sie sogar die erste reine Schrägseilbrücke der Welt.

---

[1] [v. Kempen], Seite 3.
Zur Systematik der Fußnoten siehe auch Anhang *"Häufig zitierte Quellen"*.

Eine der frühesten Veröffentlichungen in der Bandhauer eine Rolle spielt, stammt von ihm selbst, nämlich seine Verteidigungsschrift zum Brückeneinsturz in Nienburg. Er gibt darin aber so gut wie nichts Persönliches von sich preis, etwa zu seiner Ausbildung oder seinem beruflichen Werdegang. Er beklagt lediglich seine prekäre Situation und den Ansehensverlust in der Öffentlichkeit durch die Folgen des Brückeneinsturzes. Wenn es private Aufzeichnungen Bandhauers gegeben hat, etwa in Form eines Tagebuches oder persönlichen Schriftverkehrs, dann sind diese verschollen. Das gleiche trifft auch auf etwaige Portraits zu, falls es solche jemals gegeben hat. Niemand kann heute sagen, wie der Baumeister ausgesehen hat, ob er groß oder klein, dick oder dünn war, ob er eine Brille trug oder unter körperlichen Gebrechen litt, welche Haarfarbe er hatte und wie er sich kleidete.

Auch manche Frage zu Bandhauers familiärer Situation ist nicht ohne Weiteres zu beantworten. Dies beginnt schon bei seinem Vater, der nicht mit seiner Mutter verheiratet war, sondern mit einer anderen Frau und der sich zunächst nicht zu seinem unehelichen Sohn bekannte. Biografische Daten Bandhauers erschienen erstmals im 'Anhaltischen Schriftstellerlexikon' von Andreas Gottfried Schmidt aus dem Jahre 1830. Obwohl auch hier die Angaben nur sehr spärlich sind, ist dies die originale Fundstelle der meisten Lebensdaten Bandhauers, die später immer wieder abgeschrieben und zitiert wurden aber auch einen Fehler enthalten. Angesichts seiner Bedeutung sei der Text hier vollständig wiedergegeben:

> *"BANDHAUER, Gottfried, herzogl. Baurath zu Cöthen, geb. in Roßlau a. 22.März 1791; trat a. 9. Mai 1809 als Gesell des Zimmerhandwerks die Wanderschaft an; besuchte Hamburg, Braunschweig, Cassel, Frankfurt a.M., Darmstadt, Stuttgart, Ulm, Regensburg, Wien, München, Augsburg, Schafhausen, Basel, Strasburg, Mainz; studirte v. 1814 unter dem Oberbaurathe Moller in Darmstadt Architectur; wurde hier für die Jahre 1816, 1817 und zum Theil 1818 interimistisch und als Lehrer an der Bauschule angestellt. 1818 Diätarius zu Düsseldorf, wo er die große Cavalleriecaserne in der Neustadt ausgeführt hat; 1820 Bauconducteur in Cöthen, zu Anfang 1822 Bauinspector u. mit Beginn 1824 Baurath…".*[2]

Es folgt eine Auflistung der gesamten von Bandhauer bis zum Erscheinen des Werkes veröffentlichten Literatur. Interessant ist aber auch ein Blick in die Liste der *"Unterzeichner und Beförderer dieses Werkes"*, denn auch Gottfried

---

[2] [Schmidt].

Bandhauer selbst unterstützte die Veröffentlichung des Schriftstellerlexikons mit dem vorzeitigen Erwerb eines Exemplars.[3]

Andreas Gottfried Schmidt war ein Zeitgenosse Bandhauers, lebte in seiner unmittelbaren Nachbarschaft und veröffentlichte das Buch zu dessen Lebzeiten. Insofern scheint die Vermutung nicht allzu gewagt, dass Schmidt die Informationen über Bandhauers Leben größtenteils von diesem selbst erhalten hat oder Bandhauer zumindest den Text redigiert hat. Dafür spricht auch die exakte Angabe des Datums, an dem Bandhauer zu seiner zunftgemäßen Walz aufbrach, sowie die detaillierte Wanderroute. Wer sonst hätte mehr als 20 Jahre später so genau über diese Einzelheiten Auskunft geben können, wenn nicht Bandhauer selbst? Darüber sollte auch nicht hinwegtäuschen, dass Schmidt aus nicht nachvollziehbaren Gründen ein falsches Geburtsjahr für ihn angibt. Dieser Fehler wurde später von anderen Autoren immer wieder übernommen.

Als Bandhauer in Darmstadt seine Ausbildung durchlief, unterschied man die 'Baukunst' noch nicht in die eher künstlerische Orientierung (Architekt) auf der einen und der konstruktiven Ausrichtung (Ingenieur) auf der anderen Seite. Die gängige Berufsbezeichnung war 'Baumeister', bzw. im Staatsdienst in Verbindung mit dem jeweiligen Dienstrang Baukondukteur, Bauinspektor, Baurat etc. In diesen Titeln vereinigten sich die beiden heute getrennten Bereiche des Bauens in einer Person. Die bisher vorliegende Literatur, und hier insbesondere die Dissertationen von Kurt Buchberger und Georg Salzmann[4] sowie die Veröffentlichungen von Wilhelm van Kempen und Erhard Nestler, widmen sich vorwiegend dem Architekten Bandhauer. Das ist auch berechtigt, denn zweifellos war Bandhauer einer der bedeutendsten Vertreter des Spätklassizismus in Deutschland, geprägt von der süddeutschen Schule Weinbrenners und Mollers. Bandhauer schaffte es innerhalb kürzester Zeit, den baukünstlerischen Schwerpunkt Anhalts vom benachbarten Dessau nach Köthen zu verlagern, obwohl mit Erdmannsdorff jahrzehntelang ein sehr begabter Architekt in Dessau gewirkt hatte.[5]

---

[3] Ebenda, Vorwort Seite XIV.

[4] Georg Salzmann: *"Die Baulichkeiten des Köthener Schloßbezirkes und einige Verbesserungsvorschläge"* (unveröffentlichte Dissertation; Braunschweig 1920).

[5] Friedrich Wilhelm von Erdmannsdorff (*18.05.1736 in Dresden, †09.03.1800 in Dessau) war von 1758 bis zu seinem Tod oberster Baumeister in Anhalt-Dessau. Er schuf u.a. den Wörlitzer Schlosspark. Zu seinen Schülern zählte Friedrich Gilly, der später seinerseits Lehrer von Karl Friedrich Schinkel war.

Mit diesem Buch möchte ich mich aber vor allem dem Ingenieur Bandhauer zuwenden, denn er war auch ein innovativer, kostenbewusster und vor allem außergewöhnlich mutiger Konstrukteur. Er wusste auch ohne softwaregestützte Statik mit dem Spiel der Kräfte umzugehen und hat sogar eine *"Theorie der Gewölbe- und Kettenlinien"* veröffentlicht. Er war bereit, bei seinen Bauten neue und wenig erforschte Techniken anzuwenden und damit natürlich auch Risiken einzugehen. Als Beispiele seien schon an dieser Stelle die Dachdurchdringung des Thronsaales im Köthener Schloss, seine neuartigen Brückenentwürfe sowie das Tonnengewölbe und der Turm der Marienkirche in Köthen genannt.

Bandhauers Vorliebe für das Entwickeln technischer Lösungen war aber kein Zufall, denn auch sein Ausbilder Moller hatte bereits zu Lebzeiten einen hervorragenden Ruf als Konstrukteur. Unter dem Stichwort 'Moller' hieß es schon im Brockhaus von 1840: *"...viele andere jüngere Architekten, die aus nahen und entfernten Gegenden in seinen Ateliers zusammenkamen, um vor Allem die constructiven Geheimnisse der Baukunst kennen zu lernen".* Der Respekt den Moller als Ingenieur genoss, wird auch aus einem Schreiben eines Berufskollegen aus dem Jahr 1845 deutlich, in dem er als der *"erste der jetzt lebenden Constructeurs"* bezeichnet wird.[6]

Was die Ausbildung seiner beruflichen Fähigkeiten anbelangte, war Bandhauer bei Moller also in guten Händen. Bei all seinen Bauwerken behielt er aber stets auch die Kosten im Blick, sodass er dem Herzog von Anfang an durch eine ausgesprochen ökonomische Bauweise gefiel. Das von ihm entwickelte System der Quadratholbauten zielte darauf ab, mit möglichst wenig Material ein optimales Bauvolumen zu schaffen. Dieses Prinzip wandte er auf Bauwerke verschiedenster Art an: Scheunen, Ställe, Brauereien, Schulen, Wohnhäuser, ja selbst auf Kirchen.

Gepaart mit seinen unbestreitbaren künstlerischen Fähigkeiten hatte er das Zeug, einer der ganz großen Baumeister seiner Zeit zu werden, wenn ihm nicht ausgerechnet seine Kühnheit zum Verhängnis geworden wäre.

Marburg, im Januar 2015

---

[6] [Frölich/ Sperlich], Seite 342.

# Kapitel I:

## Christian Gottfried Heinrich Bandhauer

# Roßlau

Die Geschichte des Baumeisters Gottfried Bandhauer beginnt und endet in Roßlau an der Elbe, einer Kleinstadt, die damals zum Staatsgebiet der anhaltischen Fürstentümer gehörte. Das bereits im Mittelalter durch Erbteilungen im Adelsgeschlecht der Askanier entstandene Anhalt wurde im 17. Jhd. durch eine weitere, komplizierte Nachlassregelung noch einmal in vier, bzw. fünf selbständige Teile zerlegt. So entstanden die Herzogtümer Anhalt-Zerbst, Anhalt-Bernburg, Anhalt-Dessau, Anhalt-Köthen und später noch Anhalt-Plötzkau, das aber nur bis 1665 bestand und dann Köthen zugeschlagen wurde. Als der letzte Fürst von Anhalt-Zerbst ohne männlichen Erben verstorben war, wurde das verwaiste Staatsgebiet per Losentscheid auf die drei verbliebenen Fürstentümer verteilt. Die Residenzstadt Zerbst fiel samt Umland an Dessau, während der mittlere Teil mit Roßlau Anhalt-Köthen zugeschlagen wurde.

**Köthen um 1650. Stich von Matthäus Merian.**

So wurde auch der junge Gottfried Bandhauer im Jahr 1797 ein Untertan des Fürsten August Christian Friedrich von Anhalt-Köthen (*18.11.1769 in Köthen, †05.05.1812 ebenda). In größeren Dimensionen betrachtet sollte Bandhauers gesamtes Leben, insbesondere aber seine Jugend, durch die von Frankreich ausgehenden politischen Umwälzungen Europas mitbestimmt werden. Die Auswirkungen der Französischen Revolution, die aggressive Expansionspolitik Napoleons, die Befreiungskriege, der Wiener Kongress sowie das dadurch ausgelöste Zusammenwachsen der Deutschen Nation, wirkten bis in die unmittelbaren Lebensbereiche der einfachen Bürger hinein.

Wenige Monate vor Bandhauers Geburt befreite die aufgebrachte Pariser Bevölkerung die Gefangenen aus der Bastille (14.07.1789). Im Januar 1793 starb Ludwig XVI, der letzte König des 'Ancien Regime', unter der Guillotine der Revolutionäre. Am 2. Dezember 1804 setzte sich der Korse Napoleon Bonaparte in Paris eigenhändig die Krone auf und erklärte sich somit zum Kaiser der Franzosen. Für mehr als ein Jahrzehnt sollte er nun das Schicksal Europas entscheidend mitbestimmen:

1805: Schlacht bei Austerlitz; Sieg der Franzosen gegen die vereinigten Truppen Österreichs und Russlands;

1806: Kontinentalsperre gegen England; Krieg gegen Preußen;

1812: Russlandfeldzug; Brand von Moskau; desaströse Niederlage der 'Grand Armee' beim Rückzug über die Beresina;

1813: Beginn der Befreiungskriege; Völkerschlacht bei Leipzig (16.-19. Oktober);

1814: Verbannung Napoleons auf die Insel Elba; gleichzeitig wird auf dem Wiener Kongress an der Neuordnung Europas gefeilt;

1815: Napoleon verlässt Elba und beginnt die 'Herrschaft der 100 Tage', die mit seiner endgültigen Niederlage im belgischen Waterloo (18. Juni) und der anschließenden Abschiebung nach St. Helena endet.

Derart umwälzende Ereignisse konnten auch an den kleinen deutschen Fürstentümern nicht spurlos vorübergehen, zumal der durch die 'Zerbster Teilung' gestärkte August Christian von Anhalt-Köthen ein glühender Verehrer Napoleons war. Gemeinsam mit den beiden verbliebenen Fürstentümern Anhalt-Bernburg und Anhalt-Dessau verließ er das *"Heilige Römische Reich Deutscher Nation"* und trat 1807 dem von Frankreich initiierten Rheinbund bei.[7] Zur Belohnung erhob Napoleon Dessau und Köthen in den Rang von Herzogtümern. Diese Ehre war Anhalt-Bernburg schon 1806 durch Kaiser Franz II von Österreich zuteil geworden. Die Mitgliedschaft im Rheinbund brachte allerdings auch Pflichten mit sich, wie z.B. die Aufstellung eines eigenen anhaltischen Bataillons unter dem Oberbefehl Napoleons.

Im *"Vertrag von Warschau"* (1807) war festgelegt worden, dass die anhaltischen Staaten ein Infanterieregiment mit insgesamt 800 Soldaten zu stellen hatten. Köthen hatte aufgrund seiner Größe mit 210 Mann daran den kleinsten

---

[7] Das *"Heilige römische Reich deutscher Nation"* endete formal mit der Niederlegung der Reichskrone durch Kaiser Franz II im Jahr 1806. Inoffiziell gab es aber weiterhin eine Zusammenarbeit vieler deutscher Staaten, die sich 1815 im *"Deutschen Bund"* erneut zusammenschlossen.

Anteil. Die Einziehung der Soldaten erfolgte durch Losentscheid aus vorher festgelegten Jahrgängen. Das Auswahlverfahren, sowie die Androhung entsprechender Strafen für Deserteure, wurden von dem anhaltischen Seniorfürsten Herzog Leopold Friedrich Franz von Anhalt-Dessau in einem 'Publicandum' vom 22. Mai 1807 bekannt gegeben.[8] Im Februar 1809 brach das anhaltische Bataillon gemeinsam mit anderen Einheiten zu seinem ersten Feldzug auf. Dreieinhalb Jahre später kehrten nur 112 der 800 Soldaten nach Anhalt zurück. Ihnen war aber nur eine kurze Erholung vergönnt, denn sie wurden schon bald einem anderen Truppenteil zugeschlagen und wieder zurück auf die Schlachtfelder geschickt.[9] In den Jahren 1811 und 1813 hatte Anhalt neue Truppenkontingente auszuheben, wobei erstere auch an Napoleons Russlandfeldzug von 1812 teilnahmen. Die Wenigen die es bis dorthin geschafft hatten, wurden Zeuge des Brandes von Moskau und erlebten auch den katastrophalen Rückzug über die Beresina mit. Insgesamt leisteten die kleinen anhaltischen Fürstentümer an der Seite Frankreichs also einen nicht zu unterschätzenden Blutzoll.

Innenpolitisch versuchte der zum Herzog aufgestiegene August Christian in Köthen ein höfisches Leben und eine Verwaltungsstruktur nach französischem Vorbild aufzubauen, was angesichts der Größe des Staatsgebietes und der geringen Einwohnerzahl aus heutiger Sicht fast schon ein wenig lächerlich wirkt. Zu Ehren von Napoleons Geburtstag stiftete er am 15. August 1811 ein Köthener Pendant zum Orden 'Pour le Merité', der aber nach den vorhandenen Akten nur in geringer Stückzahl hergestellt und niemals verliehen wurde.[10]

Die von den starken Nachbarn Preußen und Sachsen misstrauisch beäugte Zuwendung Anhalts zu Frankreich, legte für die kommenden Jahrzehnte den Grundstein für so manche außenpolitische Spannung. Nach der beim Wiener Kongress beschlossenen Territorialreform sah sich Anhalt-Köthen vollständig von Preußen 'umzingelt', was später noch zu anhaltenden Zollstreitigkeiten führen sollte.

---

[8] L. Zeidler: *"Der spanische Feldzug des Bataillons Anhalt im Jahre 1810"*; Zerbst 1844.

[9] Das Bataillon Anhalt erlitt 1809 gegen die aufständischen Tiroler um Andreas Hofer erste Verluste. Im spanischen Feldzug von 1810/ 11 wurde die Einheit in Gefechten gegen rebellierende Spanier und englische Truppen in der Umgebung von Barcelona, sowie durch Gefangenschaft, Verwundung, Krankheit und Desertation fast vollständig aufgerieben. [Inge Steuber; siehe Fußnote 10].

[10] Inge Streuber, Historisches Museum Köthen: *"Köthen vor 200 Jahren, aus einem Fürstenstaat wird ein Herzogtum"*; http://www.val-anhalt.de/miszellen/herzogtum_200_jahre.html [April 2013].

Bereits am 1. März 1811 hatte August Christian den 'Code Napoleon' in Anhalt-Köthen eingeführt. Für viele Bürger bedeutete das neue Recht eine spürbare Liberalisierung, denn es beinhaltete z.B. die Gleichstellung der Juden
und die Beendigung der Frondienste, während alte Privilegien des Adels, wie
die Steuerfreiheit und die Patrimonialgerichtsbarkeit, abgeschafft wurden. Zu
längerfristigen Auswirkungen dieser einschneidenden Gesetzesänderung kam
es aber nicht mehr, denn August Christian starb am 5. Dezember 1812. Sein
Nachfolger Ludwig war noch minderjährig, und der de facto regierende Senior-
fürst der anhaltischen Herzogtümer schaffte den Code Napoleon umgehend
wieder ab.

Um das Jahr 1815 bestand Anhalt-Köthen aus fünf Kleinstädten sowie etwa
110 Dörfern und Vorwerken, die sich auf eine Fläche von ca. 15 Quadratmei-
len (826 km²) verteilten. Knapp 30.000 Einwohner lebten damals im Fürstentum, davon etwa 5.500 in der Residenzstadt Köthen[11] und ca. 1.000 in Roßlau. Einnahmen erzielte der Kleinstaat hauptsächlich aus der Landwirtschaft,
insbesondere durch die Schafzucht. Dabei wurde der Handel mit den Produk-
ten des Landes durch den Transport auf den Flüssen Elbe und Saale erheblich begünstigt.

So etwa sahen in groben Zügen die politisch-ökonomischen Verhältnisse aus,
in die Christian Gottfried Heinrich Bandhauer am 22. März 1790 in Roßlau,
Coswiger Straße (heute Hauptstraße), hinein geboren wurde. Seine Mutter
war Johanna Louise Grauel[12] (1766–1858), die nach Nestler aus Wörlitz
stammte und die Tochter eines Leinwebers war. Louise war bei der Nieder-
kunft noch ledig, sodass sich Gottfried sein Leben lang mit dem Makel der
unehelichen Geburt herumzuschlagen hatte.

Im ursprünglichen Taufeintrag des Kirchenbuches bei der Evangelischen Gemeinde St. Marien in Roßlau, wird der Name seines Vaters aber gar nicht erwähnt: *"Den 22ten Merz Christian Gottfried Heinrich – Louise Grauelin unehelicher Sohn geboren und den 24ten getauft"*. Taufpaten waren Johann Gottfried Lehmann, *"Bunenmeister allhier"*, Justina Sophia Müller, der künftige
Ziegelmeister Johann Christian Weylandt und die Jungfer Hanna Grauelin.
Letztere war vermutlich eine Schwester von Louise. Irgendwann später hat

---

[11] August Friedrich Wilhelm Corme: *"Geografisch statistische Darstellung der Staatskräfte,
sämmtlichen zum deutschen Staatenbunde gehörigen Ländern"*, Leipzig 1815
[12] Es gab damals noch keine allgemein verbindlichen Rechtschreibregeln für Familiennamen,
die auch in offiziellen Registern so eingetragen wurden, wie der Schreiber sie hörte. An anderer Stelle findet sich daher auch die Schreibweise 'Luise Graul' oder auch Grauelin, als weibli-
che Form des Namens Grauel.

dann am Rande des Taufeintrages jemand mit Bleistift den Namen *"Bandhauer"* ergänzt.[13]

Wer mit diesem Bandhauer gemeint ist, lässt sich erst aus einem 39 Jahre jüngeren Kirchenbucheintrag bei der St. Agnus-Gemeinde in Köthen ableiten, in dem es eigentlich um das Aufgebot für Bandhauers Eheschließung mit Friederike Matthiae geht. Dort heißt es wörtlich:

> *"D. Rog. Exaudi u.d. 2ten Pfingstfeiert. sind in unserer Kirche und in Roßlau aufgeboten worden [...] des weil. Ch Gottfried Bandhauer gewesenen herzogl. Anhalt Bernburgischen Amtmanns in Hundeluft nachherigen Rittergutsbesitzers zu Authausen u. seiner nachgel. an Kettmann verheirathete Wittwe Namens Luise geb. Graul Ch Stiefsohn"* [14]

Obwohl dieser Text durchaus mehrere Deutungen zulässt, kann es heute als gesichert gelten, dass der zum Zeitpunkt der Geburt etwa 36-jährige Ökonomie-Amtmann Christoph Heinrich Gottfried Bandhauer (1754–1812) aus Neustadt bei Magdeburg, Gottfried Bandhauers Vater war. Er war zu dieser Zeit Beamter des Herzoges von Anhalt-Bernburg in Hundeluft, einem kleinen Ort, der nur etwa 10 km nordöstlich von Roßlau liegt und heute zu Coswig gehört. Christoph Bandhauer war bei Gottfrieds Geburt bereits seit sieben Jahren mit Katherine Elisabeth Johanne Haase aus Zipkeleben verheiratet, mit der er auch schon drei Kinder hatte.[15] Das vierte Kind des Ehepaares, Johann Andreas Adam Bandhauer, wurde am 5. September 1790 in Hundeluft geboren, also nur etwa ein halbes Jahr nach Gottfried Bandhauer. Vor diesem Hintergrund scheint es nicht mehr ganz so erstaunlich, dass sich Christoph Bandhauer bei der Taufe seines unehelichen Sohnes in Roßlau zunächst nicht zu der Vaterschaft bekannte, denn zu diesem Zeitpunkt war seine Ehefrau bereits im vierten Monat schwanger.

Zur damaligen Zeit war es durchaus nichts Ungewöhnliches, wenn sich bei unehelichen Geburten der Nachname des Kindes nach dem Vater richtete, sofern dieser sich zu dem Kind bekannte. Das Fehlen des Namens Bandhauer im ursprünglichen Taufeintrag sowie dessen nachträgliche Hinzufügung mit

---

[13] Schriftliche Angaben der Ev. Kirchengemeinde Roßlau, Taufregister Roßlau, Seite 489 / 1790.

[14] Ev. Kirchengemeinde St. Agnus / Köthen; Aufgebots- und Trauregister (1829), Nr. 15.

[15] Für die meisten Angaben zu Christoph Bandhauer bin ich Herrn Georg Bandhauer aus Merseburg zu Dank verpflichtet, der selbst ein Nachkomme des Amtmannes aus Hundeluft ist. Die Informationen wurden von ihm durch Recherchen in diversen Kirchenbüchern zusammengetragen.

Bleistift legen den Schluss nahe, dass Christoph Bandhauer zunächst nicht zu dem außerehelichen Kind stand und sich erst später dazu durchringen konnte, die Vaterschaft auch offiziell anzuerkennen.

Im Jahr 1799 kaufte Bandhauers Vater das etwa 35 km nordöstlich von Leipzig gelegene Rittergut Authausen, das heute zu Laußig gehört. Spätestens ab diesem Zeitpunkt dürfte Bandhauer seinen Vater weitgehend aus den Augen verloren haben, denn die Entfernung zwischen Roßlau und Authausen entsprach damals einer anstrengenden Tagesreise. Christoph Heinrich Gottfried Bandhauer verstarb am 30. Oktober 1812, als sich sein unehelicher Sohn Gottfried bereits seit mehreren Jahren auf der Wanderschaft befand. Im Kirchenbuch von Authausen heißt es zu seinem Tod:

*"Herr Christoph Heinrich Bandhauer (Viduus)… und Besitzer des Freigutes zu Authausen, gebürtig aus Neustadt bei Magdeburg, 58 Jahre alt. Er starb an den Folgen eines Bruchs. Er war verheiratet gewesen und seine Gattin war vor beinahe 5 Monaten gestorben. Er hinterließ 4 Kinder nämlich eine Tochter und drei Söhne, welche erwachsen aber noch unversorgt sind."* [16]

Im Jahr 1796 heiratete Bandhauers Mutter den Zimmermann und Schiffsbauer Christian Friedrich August Kettmann (1774–1809).[17] Nach den vorliegenden Quellen starb er jedoch bereits 1809, also im selben Jahr, in dem Bandhauer zu seiner Wanderschaft aufbrach. Seine Mutter war dadurch mit etwa 43 Jahren Witwe und hat später auch nicht mehr geheiratet. Ob aus der Ehe von Bandhauers Mutter Kinder hervorgingen, ist bisher nicht abschließend geklärt. Es ist jedoch sehr wahrscheinlich, dass Bandhauer mindestens einen Halbbruder hatte.

Bis auf diese wenigen Tatsachen und Vermutungen liegen Kindheit und Jugend Bandhauers weitgehend im Dunklen. Allerdings dürfte auch für Bandhauer, wie es damals üblich war, die Jugend mehr oder weniger ausgefallen sein, weil er bereits mit etwa 14 Jahren (um 1804) eine Lehre zum Zimmermann antrat. Dies ergibt sich durch Zurückrechnung aufgrund der damaligen Lehrzeiten, die durch die zunftgemäße Wanderschaft abgerundet wurde. Da sein Stiefvater ebenfalls Zimmermann war, ist es gut möglich, dass Friedrich August Kettmann auch Bandhauers Lehrmeister war.

---

[16] Kirchenbuch Authausen, mitgeteilt von Herrn Georg Bandhauer.
[17] [Koschig].

Nach Schmidts Schriftstellerlexikon, also vermutlich nach Bandhauers eigenen Angaben, begann er seine Walz exakt am 9. Mai 1809. Es mag purer Zufall gewesen sein, dass Dessau und Köthen wenige Tage vor seinem Abschied aus Roßlau zum Schauplatz einer kurzen Episode des deutschen Freiheitskampfes gegen Napoleon wurde. Der preußische Offizier Ferdinand von Schill begann wenige Tage vor Bandhauers Aufbruch eine eigenmächtige, nicht abgestimmte Militäroffensive gegen die französische Besatzungsmacht, während sich der preußische Staat zu dieser Zeit eigentlich neutral gegenüber Napoleon verhielt.

Als Manöver getarnt verließ Schill Ende April 1809 mit seinem Husarenregiment die Kaserne in Berlin und besetzte nach kurzen Aufenthalten in Potsdam, Brück und Wittenberg am 2. Mai Dessau sowie am 3. Mai Köthen.[18] Anhalt hatte er ganz gezielt für seine Aktion ausgewählt, weil die Herzöge sich auf die Seite Napoleons geschlagen hatten und deren Bevölkerung insofern als erste 'befreit' werden mussten. Als Schill mit seiner Truppe in Köthen eintraf, hatte sich Herzog August aber schon mit einigen Vertrauten und seiner gesamten Barschaft davongemacht. So konnten Schills Truppen in Köthen nur Waffen, Uniformen und einige Pferde erbeuten aber immerhin auch ca. 30 Freiwillige in ihre Reihen eingliedern.[19]

*Major Ferdinand von Schill nach einer Zeichnung von Ludwig Buchhorn.*

Generell soll die Bevölkerung Anhalts Schill begeistert empfangen haben, woraufhin er in Dessau seinen flammenden *"Aufruf an die Deutschen"* drucken ließ. Darin bat er um die aktive Unterstützung des Aufstandes in allen deutschen Ländern und forderte, dass sich ihm weitere Freiwillige oder ganze Waffenverbände anschließen würden. Am Tag, an dem Bandhauer zur Wanderschaft aufbrach, hatte Schills Regiment

---

[18] L. Friedrich: *"Major Ferdinand von Schill. Druck des Aufrufs an die Deutschen 1809 in Dessau"*. Förderverein für das Militärhistorische Museum Anhalt e.V.

[19] Ebenda.

etwa Arneburg (ca. 90 km nördlich von Roßlau) erreicht.[20] Noch am gleichen Tag oder am Tag darauf zog ein weiteres Bataillon aus Berlin durch Roßlau, das den Spuren Schills folgte um sich ihm anzuschließen.[21] Soweit die nackten historischen Daten, über die hinaus es allerdings keinen Hinweis auf einen Zusammenhang mit Bandhauers Aufbruch zur Wanderschaft gibt.[22]

Vielleicht hatte Bandhauers Entschluss die Heimat zu verlassen aber auch etwas mit der drohenden Einziehung zu tun, denn er war jetzt 19 Jahr alt und konnte ohne Weiteres zum Militärdienst verpflichtet werden. Er und seine Mutter hatten sicherlich mit großer Sorge die Zwangsrekrutierungen für das erste anhaltische Truppenkontingent beobachtet, das wenige Wochen vorher zu den Schlachtfeldern aufgebrochen war. Es war absehbar, dass schon bald weitere Soldaten benötigt würden und sicher hätte Gottfried dann auch zu den betroffenen Jahrgängen gehört.

Die Wanderroute Bandhauers mit den besuchten Städten hat Nestler in einer Karte dargestellt. Sie ist an die Angaben in Schmidts Schriftstellerlexikon angelehnt und könnte daher von Bandhauer selbst stammen. Demnach blieb Bandhauer im deutschsprachigen Raum, hielt sich aber auch in Wien, Schaffhausen, Basel und Straßburg auf. Zunächst wandte er sich nach Norden, bis nach Hamburg, dann über Braunschweig und Kassel Richtung Süden. Die einzigen Städte die er zweimal besuchte, waren Mainz und Darmstadt, wobei sich der zweite Aufenthalt in Südhessen über mehrere Jahre erstreckte.

Gerade Bandhauers Zeit in Darmstadt, in der sich ja auch seine Ausbildung vom Zimmermann zum Baumeister vollzog, gab lange Zeit Rätsel auf. Besonders kritisch setzte sich Wilhelm van Kempen mit den Angaben zu Bandhauers Studium bei Moller auseinander.

---

[20] Bei einer Rede auf dem Marktplatz von Arneburg soll Schill im Hinblick auf die französische Fremdherrschaft das geflügelte Wort geprägt haben: *"Besser ein Ende mit Schrecken, als ein Schrecken ohne Ende"*.

[21] L. Friedrich: *"Major Ferdinand von Schill..."*

[22] Schills Unternehmen endete im Übrigen tragisch: am 31. Mai 1809 wurde der Aufstand in Stralsund von einem französischen Observationscorps niedergeschlagen. Dabei wurde der 33-jährige Schill, wie die meisten seiner Verbündeten, im Kampf getötet. Wenige Tage später präsentierte man seinen Kopf in Kassel Jérôme Bonaparte, dem Bruder Napoleons und damaligem König Westfalens. [L. Friedrich: *"Major Ferdinand von Schill..."*]

# Darmstadt

Außer den Angaben in Schmidts Schriftstellerlexikon gibt es für die ersten fünf Jahre der Wanderschaft, also etwa von Mai 1809 bis zum Frühjahr 1814, keine konkreten Belege zum jeweiligen Aufenthaltsort Bandhauers und die von ihm dort ausgeübten Tätigkeiten. Sein erster Aufenthalt in Darmstadt ist für 1810 oder 1811 anzunehmen, denn nach dem Aufbruch in Roßlau besuchte er zunächst Hamburg, Braunschweig, Kassel und Frankfurt, bevor er in Darmstadt eintraf. Nach seinen eigenen Angaben kam er 1814 zum zweiten Mal nach Darmstadt, blieb für mehrere Jahre dort und studierte in dieser Zeit bei Georg Moller das Baufach.[23]

Nachdem Ludewig I 1806 dem Rheinbund beigetreten war, stieg *"Hessen-Darmstadt und bei Rhein"* zum Großherzogtum von Napoleons Gnaden auf, dessen Regierungssitz in Darmstadt blieb. Allerdings war die Stadt mit seinen knapp 15.000 Einwohnern nach heutigen Begriffen damals eher noch eine Kleinstadt.[24] Durch den plötzlichen Aufstieg vom Landgrafen zum Großherzog wünschte der zunächst eher absolutistisch regierende Ludewig seinen Machtanspruch durch herrschaftliche Bauwerke sichtbar zu machen. Er befahl den Neubau von repräsentativen Regierungsgebäuden, öffentlichen Plätzen und Beamtenwohnungen. Mit dieser Aufgabe wurde der junge Georg Moller beauftragt, der schnell zum Hofbaurat aufstieg und wahrscheinlich auch Bandhauers Ausbilder war.

Georg Moller war ein Schüler des damals schon im ganzen deutschsprachigen Raum bekannten Friedrich Weinbrenner aus Karlsruhe. Beide zusammen gelten heute als die bedeutendsten Vertreter des süddeutschen Klassizismus. Moller wurde 1784 in Diepholz bei Osnabrück geboren, verbrachte aber den größten Teil seines Berufslebens in Darmstadt. Nach dem Abschluss seiner Ausbildung bei Weinbrenner und einer anschließenden Bildungsreise nach Italien war er ab 1810 im hessischen Staatsdienst tätig. In dieser Funktion war er maßgeblich an der Prägung des damaligen Erscheinungsbildes der Residenzstadt beteiligt. Sein Werk war vor allem die Gestaltung der klassizistischen Neustadt (Mollerstadt), von der aber nur wenige Gebäude die Bombennacht vom 11. auf den 12. September 1944 überstanden haben.

Ab 1814 war Moller auch maßgeblich an den Vorbereitungen für die Weiterführung der seit über 300 Jahren unterbrochenen Bauarbeiten am Kölner Dom

---

[23] [Schmidt].

[24] Bei wikipedia werden für das Jahr 1816 15.391 Einwohner angegeben.

beteiligt. Ihm gelang die sensationelle Sicherung einer Hälfte des seit Jahrzehnten verschollenen Risses der Hauptfassade des Doms. Die vom Anfang des 14. Jahrhunderts stammende Zeichnung auf Pergament wurde auf einem Getreidespeicher in Darmstadt aufgefunden und spielte später bei der Vollendung des Doms eine entscheidende Rolle. Einige Monate später wurde auch die zweite Hälfte des Risses in Paris aufgefunden.[25]

*Der hessische Hofbaudirektor Georg Moller nach einer Zeichnung von August Lucas (1829).*

In den folgenden Jahren gab Moller die historische Zeichnung als Faksimile heraus, um sie für die Nachwelt zu sichern. Über diesen Fund und die Fortführung der Bauarbeiten publizierte er gelegentlich und debattierte mit Fachleuten über den Weiterbau des Doms. Moller verkehrte mit vielen prominenten Persönlichkeiten der damaligen Zeit, darunter auch Johann Wolfgang von Goethe, den er zu seinem Freundeskreis zählte.[26] 1814 besuchte Goethe Moller in Darmstadt, um sich den Fassadenriss mit eigenen Augen anzusehen.

Van Kempen äußerte grundsätzliche Zweifel an einem Studium Bandhauers bei Moller und generell sogar an einer von Moller geleiteten Lehranstalt. Er vermutete vielmehr eine Ausbildung an der von Georg Lerch gegründeten 'Architektonischen Schule', die sich ebenfalls in Darmstadt befand aber eher die Ausbildung von Handwerkern zum Ziel hatte. Diese Thesen konnte Buchberger berichtigen. Es kann heute als gesichert gelten, dass Bandhauer an der 1812 gegründeten und von Moller geleiteten staatlichen Bauschule das Baufach studierte und dort auch die Prüfung zum Baukondukteur abgelegt hat. Ob Moller im Zeitraum von 1814 bis 1818 allerdings Gelegenheit hatte, selbst regelmäßig an der Bauschule zu unterrichten, sei einmal dahingestellt. Gerade diese Jahre waren für Moller sehr arbeitsintensiv und die Zeit großer Erfolge, nicht nur was sein Engagement um den Kölner Dom betrifft.

---

[25] Der wiedervereinte Fassadenriss wird heute im Kölner Dom ausgestellt.
[26] Siehe auch Kurzbiografie von Georg Moller im Anhang.

Bandhauer und der nur wenige Jahre ältere Moller müssen sich aber zumindest gekannt haben, wobei ihr persönliches Verhältnis vielleicht nicht sehr tief ging. Es sind keine historischen Quellen bekannt, die belegen könnten, was sie fachlich oder persönlich voneinander hielten. Schon Kurt Buchberger versuchte im Rahmen seiner Dissertation im Jahr 1963 Näheres über die Beziehung Moller – Bandhauer herauszufinden. Vom Stadtarchiv in Darmstadt erhielt er damals die Auskunft, dass auch Dr. Sperlich, der Autor der bekannten Moller-Biografie, bei seinen Recherchen nirgendwo auf den Namen Bandhauer gestoßen sei.[27] Auch in den umfangreichen privaten Aufzeichnungen Mollers kommt der Name Bandhauer nicht vor. Dabei ist allerdings zu bedenken, dass der größte Teil von Mollers privatem Schriftverkehr bisher nicht aufgefunden wurde und vermutlich bei der Zerstörung Darmstadts im 2. Weltkrieg verloren ging. Als Bandhauer 1823 in Köthen Unterstützung durch einen Bauaufseher benötigte, wandte er sich an Weinbrenner in Karlsruhe und nicht etwa an Moller in Darmstadt. Als der Herzog nach dem Einsturz der Saalebrücke in Nienburg händeringend nach einem kompetenten Gutachter suchte, lehnte Moller ab, obwohl es eine Gelegenheit gewesen wäre, einem ehemaligen Schüler aus Schwierigkeiten herauszuhelfen.

Auf der anderen Seite bestätigen alle Kunstwissenschaftler die sich intensiv mit dem 'Architekten' Bandhauer beschäftigt haben, die eindeutige stilistische Nähe zum Werk Mollers. Die künstlerische Verwandtschaft ist so auffällig, dass Mollers Architekturauffassung Bandhauer zumindest wesentlich geprägt haben muss. Moller selbst stand in der Tradition Weinbrenners als typischem Vertreter des süddeutschen Klassizismus, den Bandhauer schließlich nach Köthen exportierte. Auch Bandhauers Fähigkeiten und Leidenschaft für das 'konstruktive' Bauen, also den ingenieurtechnischen Zweig des Baufaches, sprechen für eine Ausbildung bei Moller. Moller betonte immer wieder die Rolle der mathematischen und physikalischen Grundlagen des Bauens, deren Beherrschung Bandhauer als Baumeister in Köthen eindrucksvoll unter Beweis stellen konnte.

Unabhängig von allen Mutmaßungen über das persönliche Verhältnis Bandhauers und Mollers ist die Kongruenz der grundsätzlichen Baugesinnungen jedoch unbestreitbar, zumal beide ihre Gedanken dazu schriftlich niedergelegt haben. So schrieb Moller 1827 für ein Kunstblatt:

*"Die erste Forderung, welche man an ein gutes Gebäude macht, ist, daß dasselbe dem Zweck, für welchen es erbaut ist, so vollkommen als möglich entspreche, und die damit vereinbare Festigkeit und Dauer habe.*

---

[27] [Buchberger], Seite 198.

*Diesen Eigenschaften, welche eigentlich das Wesentliche eines Gebäu-des begründen, müssen alle anderen untergeordnet werden, so wie ihr Mangel durch keine anderen Vorzüge ersetzt werden kann. [...] Die wah-re Schönheit eines Gebäudes muß aus dem Wesen und dem Innern desselben hervorgehen".*[28]

Ganz ähnlich äußert sich Bandhauer:

*"...daß über den Charakter eines Baues nicht der Rang des Eigenthü-mers, sondern nur die Bestimmung des Baues selbst entscheiden kann. [...] Wenn man sagt, ein Gebäude soll im Äußeren den Charakter seiner Bestimmung aussprechen, so gründet sich dies zunächst auf den Satz, daß überhaupt kein Bau im Äußeren anders scheinen soll, als was er im Innern wirklich ist [...] nur das ist schön, was Zweck hat".*[29]

Es gibt aber noch einen weiteren, unabhängigen Beleg für die Ausbildung bei Moller. Einige Jahre nach dem Ausscheiden Bandhauers aus dem Köthener Staatsdienst erschien im 'Allgemeinen Anzeiger' ein Aufsatz, in dem französische und deutsche Erfahrungen beim Bau von Hängebrücken gegenüberge-stellt wurden. Aus deutscher Sicht bezog sich der Autor vor allem auf die Ni-enburger Brücke und machte auch einige Angaben über deren Baumeister. Dabei wurde auch ein kurzes Streiflicht auf die Ausbildung Bandhauers ge-worfen. Der Artikel war anonym verfasst und nur mit *"Ein Deutscher"* unter-zeichnet. Es sind aber so detaillierte Angaben über Bandhauers Leben enthal-ten, dass der Text entweder von Bandhauer selbst stammen muss, oder von einer Person aus seinem direkten Umfeld, die ihn sehr gut kannte. Wörtlich heißt es dort: *"Einer unserer größten deutschen Baumeister und geschickte Ingenieurs leiteten seine Studien".*[30] Da der Ausbildungsort Darmstadt sowie die Studienzeit als gesichert gelten können, kommt für diese Bezeichnung kein anderer als Moller in Frage.

Weiterhin ungeklärt ist allerdings die Frage, wann und bei wem Bandhauer nach Beendigung seiner Studien die erste staatliche Prüfung abgelegt hat. Dieses Examen, das ihn dazu berechtigte im Staatsdienst den Titel 'Bau-kondukteur' zu führen, kann er nur in Darmstadt erworben haben. In den we-nigen Spuren die er in der Stadt hinterlassen hat, wird er aber stets nur als Zimmermann oder als 'Baukandidat' bezeichnet. Buchberger untersuchte im Rahmen seiner Dissertation auch die grundsätzliche Möglichkeit, dass Band-hauer in Wien studiert und sich dort auch dem Examen unterzogen haben

---

[28] [Frölich/Sperlich], Seite 339.
[29] [Nestler], Seite 36.
[30] [Allg. Anzeiger], Jahrgang 1834, Nr. 318, Spalte 3893.

könnte. Seine diesbezügliche Anfrage wurde damals vom Direktor des Archivs der Stadt Wien in der Weise beantwortet, dass dort erst ab 1815 eine entsprechende Ausbildung am Polytechnikum möglich war, aus der später die Technikerschule hervorging.[31] Da Bandhauer spätestens ab 1814 nachweislich in Darmstadt lebte, scheidet Wien als Studienort aus.

Auch aus preußischen Akten ergibt sich zweifelsfrei, dass Bandhauer die Berechtigung zur Führung des Titels 'Baukondukteur' in Darmstadt erworben hat. Der einzige Ort an dem er sich auf eine solche Prüfung vorbereiten konnte, war die staatliche Bauschule von Moller. Leider sind in den Akten der Bauschule nur die ersten Schüler namentlich erwähnt, unter denen sich auch der eben schon genannte Georg Lerch befand. Lerch unterrichtete im Range eines Baukondukteurs ab 1812 selbst an der Bauschule das Fach Mathematik. Aufzeichnungen der Bauschule aus Bandhauers Studienzeit sind nicht mehr auffindbar, und die heute noch vorhandenen Akten zu den damaligen Baukandidaten und ihren Prüfungen beginnen erst mit dem Jahr 1822.

Die Ausbildung eines Architekten bzw. Baumeisters war Anfang des 19. Jhd. vor allem dadurch geprägt, dass der Kandidat zunächst einmal selbst für die Aneignung des entsprechenden Wissens verantwortlich war. Voraussetzung für ein Studium war eine handwerkliche Vorbildung, etwa als Zimmermann, Maurer oder Feldmesser. Im ganzen deutschsprachigen Raum gab es vor 1820, neben der privaten Ausbildung bei renommierten Baumeistern, nur wenige Lehranstalten, in denen derartige Kenntnisse vermittelt wurden.[32] Einige Kandidaten aus deutschen Ländern studierten aber vorher schon an der 1794 gegründeten École Polytechnique in Paris, die als die älteste derartige Lehranstalt Europas gelten kann. Wenn ein Absolvent dieser Schule aber in einem der deutschen Länder in den Staatsdienst treten wollte, musste er in der Regel eine zweite Prüfung vor einer Landeskommission ablegen, bei der es ihm aber nicht unbedingt leicht gemacht wurde.[33]

---

[31] [Buchberger], Seite 210.

[32] Ein bautechnisches Studium an öffentlichen Lehranstalten war z.B. in Berlin ab 1799, in Karlsruhe ab 1807 und in Wien ab 1815 möglich.

[33] Als Beispiel sei hier der badische Baumeister Wilhelm von Traitteur genannt, der in St. Petersburg zur selben Zeit wie Bandhauer eine Kettenbrücke baute. Er hatte an der École Polytechnique studiert, musste aber vor seinem Eintritt in den badischen Staatsdienst im Frühjahr 1811 vor einer Landeskommission das zweite Examen ablegen. Vorsitzender der Prüfungskommission war Major Johann Gottfried Tulla (1770-1828), der vor allem durch die Begradigung des Oberrheins bekannt wurde. Die Prüfung zog sich über mehrere Tage hin und bestand aus theoretischen und praktischen Aufgaben. Traitteur musste dabei Kenntnisse in

Wenn nach der Ausbildung eine Tätigkeit als Baumeister für private Bauten und Wohnhäuser angestrebt wurde, reichte für einen geglückten Berufseinstieg meist ein Zeugnis der Lehranstalt oder ein Empfehlungsschreiben des Baumeisters aus. War aber eine Karriere im Staatsdienst beim König oder einem Fürsten angedacht, musste in der Regel das zweite staatliche Examen abgelegt werden. Größere Staaten wie Preußen, Baden oder Hessen-Darmstadt verlangten diese Prüfung generell. Preußen machte lediglich in den später hinzugekommenen Gebieten, wie z.B. der Rheinprovinz, eine Ausnahme, wenn der Baumeister bereits vor dem Anschluss des Gebietes eine entsprechende Stellung innehatte.[34] Ein Bauen auf höherem Niveau gab es zu dieser Zeit ohnehin fast ausschließlich unter staatlicher Regie, denn beinahe alle öffentlichen Gebäude, Schlösser, Theater, Kirchen, Denkmäler, Schulen, Straßen, Brücken, Park-, Hafen-, Deich- und Wasserbauanlagen, wurden vom Staat finanziert und – zumindest auf Planungs- und Leitungsebene – auch mit seinem eigenem Personal gebaut und unterhalten. Gut bezahlte Stellen als Bauleiter gab es daher vor allem im Staatsdienst, sodass ambitionierte Baumeister meistens eine Beamtenkarriere anstrebten.

Nach Schmidts Schriftstellerlexikon war Bandhauer in den Jahren 1816, 1817 und teilweise auch 1818 *"interimistisch und als Lehrer"* bei der örtlichen Bauschule in Darmstadt angestellt.[35] Auch in diesem Punkt ist Schmidt gut informiert, denn viele Jahre später lieferte Bandhauer in einer Veröffentlichung selbst die Bestätigung für diese Lehrtätigkeit. In einem Artikel im 'Allgemeinen Anzeiger der Deutschen', in dem es um eine geplante Bauschule in Anhalt-Köthen geht, schreibt Bandhauer über sich selbst:

---

Arithmetik, Algebra, Geometrie, höherer Geometrie, Trigonometrie, Differential- und Integralrechnung, Geodäsie, Aufmaß, technisches Zeichnen, perspektivisches Zeichnen, Statik, Mechanik, Hydraulik, Faschinenbau, Hydrostatik, Strom- Damm- und Schleusenbau und Gewölbekonstruktionen nachweisen. An praktischen Übungen waren Entwürfe zum Straßen- und Kanalbau, Dammbau und Brückenbau anzufertigen. Obwohl Traitteur in Paris zweifellos die bestmögliche Ausbildung seiner Zeit erhalten hatte und später in St. Petersburg hervorragende Arbeit leistete, ließ ihn die Prüfungskommission beim ersten Versuch mit Pauken und Trompeten durchfallen. Grund dafür waren offensichtlich strategische Überlegungen Tullas, der die Notwendigkeit einer eigenen badischen Ingenieurschule beweisen wollte. [Sergej G. Fedorov: *"Wilhelm von Traitteur. Ein badischer Baumeister als Neuerer in der russischen Architektur, 1814–1832"*. Wilhem Ernst & Sohn, Berlin 2000].

[34] Hans Caspary: *"Nachrichten über Ludwig Behr, den ersten Kreisbaumeister in der preußischen Rheinprovinz"* in: *"Kunst und Kultur am Mittelrhein – Festschrift für Fritz Arens"*, Worms 1982.

[35] [Schmidt], Seite 13.

*"Der Unterricht in der Sonntagsschule richtet sich nach den Gewerksar-*
*ten, und es werden zu einiger Bürgschaft für seine Zweckmäßigkeit die*
*Bemerkungen dienen, daß der Lehrer selbst vom Handwerk ausging,*
*und daß er vor fünfzehn Jahren schon, zwey Jahre hindurch, den Unter-*
*richt an der großherzogl. Bauschule zu Darmstadt ertheilt hat".*[36]

Da Bandhauer diesen Text in der ersten Hälfte des Jahres 1833 verfasst hat, stimmt die Information *"vor 15 Jahren"* sehr gut mit den Angaben in Schmidts Schriftstellerlexikon überein. Unklar ist hingegen, ob seine Prüfung zum Baukonducteur vor oder nach der Lehrtätigkeit an der Bauschule stattgefunden hat. Wahrscheinlich trifft aber letzteres zu, denn wenn er den Unterricht 1818 nur noch zeitweise, vielleicht im ersten Halbjahr, gegeben hat, blieb noch ungefähr ein Jahr Zeit, bis er Darmstadt verließ. Bisher gibt es keine Anhaltspunkte für eine weitere Tätigkeit in der großherzoglich-hessischen Bauverwaltung. Insofern ist zu vermuten, dass er sich in diesem Jahr auf seine Prüfung vorbereitet und Anfang 1819 das Examen abgelegt hat.

Auf den ersten Blick hat Bandhauer in Darmstadt nur wenige Spuren hinterlassen. Eine davon ist ein Eintrag im Adressbuch des Jahres 1819, also das Jahr, in dem er Darmstadt für immer verließ. Dieses Einwohnerverzeichnis war das erste seiner Art für die Residenzstadt. In ihm wurden die Staatsbediensteten, Handwerker, Hauseigentümer und Gewerbetreibenden sowie alle Wohnungsinhaber mit ihren Adressen aufgelistet. Der Bandhauer betreffende Eintrag lautet: *"Bandhauer, Gottfried, Baucandidat E.90".*[37] Die Berufsangabe 'Baukandidat' bestärkt die Annahme, dass die Prüfung zum Baukondukteur erst gegen Ende des Aufenthalts in Darmstadt stattgefunden hat. Bei einem Studienbeginn direkt nach seiner Ankunft im Jahre 1814 hätte er sich ansonsten schon im sechsten Ausbildungsjahr befunden. In der nächsten Ausgabe des Darmstädter Adressbuches (Jahrgang 1821) taucht der Name Bandhauer nicht mehr auf.

Der Zusatz *"E.90"* bezieht sich auf die Lage der Wohnung in der Stadt. Darmstadt war damals in Distrikte eingeteilt (hier Distrikt E), in dem die einzelnen Wohnhäuser durchnummeriert waren. Einem Verzeichnis der Hausbesitzer im Adressbuch von 1821 ist zu entnehmen, dass sich Bandhauers Wohnung im 'Herrschaftlichen Baumagazin' in der Baustraße befand.[38] Wie historische Stadtpläne aus dieser Zeit beweisen, lag das herzogliche Baumagazin am Zimmerplatz, Ecke Zimmerstraße / Hügelstraße, hatte seinen Zugang aber in

---

[36] [Allg. Anzeiger], Jahrgang 1833, Nr. 223, Spalte 2839.
[37] Adressbuch der Haupt- und Residenzstadt Darmstadt; Ausgabe 1819, Seite 17.
[38] Ebenda, Ausgabe 1821, Seite 128.

der parallel verlaufenden Baustraße, die heute Elisabethenstraße heißt. Das Baumagazin war eigentlich ein Material- und Werkzeuglager, in dem aber auch der *"zeitige Bauschreiber"* seine Arbeitsstube hatte.[39] Offensichtlich war aber auch die Nutzung für Wohnzwecke nicht ungewöhnlich, denn im Adressbuch von 1819 wird das Baumagazin auch als Wohnung eines Bauaufsehers namens Johannes Nothnagel angegeben.

Eine weitere Spur hat Bandhauer in den polizeilichen Melderegistern hinterlassen, mit deren Aufzeichnungen ungefähr zu dieser Zeit begonnen wurde. Dabei handelt es sich um seine Abmeldung aus Darmstadt im Jahr 1819, die van Kempen fälschlicherweise als Anmeldung im Jahr 1817 interpretiert hatte, was in der Folge von anderen Autoren übernommen wurde. Der Text in der Spalte 'Namen' lautet:

> *"Bandhauer, Gottfried, Baukandidat, von Roßlau im Anhaltschen, im Jahr 1817 angeblich 26 Jahre alt, luth.Rel. (v. Gesellen-Buch 4534)"*.[40]

Auch hier wird Bandhauer noch als Baukandidat bezeichnet. Nach den vorliegenden Quellen muss er aber die Prüfung abgelegt haben, bevor er Darmstadt verließ und hätte sich demzufolge 'Baukondukteur' nennen dürfen. Sicherlich hätte er dies auch so angegeben, wenn er zur Abmeldung bei den Polizeibehörden persönlich erschienen wäre. Es ist nicht ganz klar, ob dies zwingend erforderlich war, aber der Text und insbesondere die Redewendung *"im Jahre 1817 angeblich 26 Jahre alt"*, lässt eher vermuten, dass die Abmeldung schriftlich oder durch Dritte erfolgte. In der Spalte 'Bemerkungen' heißt es: *"d. 14. Mai 1819 nach Cöthen gezogen"*. Diese Information ist nachweislich falsch, denn Bandhauer zog von Darmstadt aus nicht nach Köthen, sondern reiste direkt nach Düsseldorf.

Die letzte Spalte des Melderegisters war der Wohnungsadresse vorbehalten. Sie enthält drei Einträge die untereinander stehen und alle durchgestrichen sind: E.90, E.72a und E.70. Offenbar ging man im polizeilichen Meldeamt so vor, dass bei einem Wohnungswechsel der alte Eintrag gestrichen wurde, und die neue Wohnung darunter geschrieben wurde. Beim Wegzug aus Darmstadt wurde dann der letzte Eintrag gestrichen. Insofern könnte die Reihenfolge der Einträge auch die jeweiligen Adressen Bandhauers widerspiegeln. Mit *"E.90"* wird die Angabe aus dem Adressbuch von 1819 bestätigt, also die Wohnung im Baumagazin. Die beiden anderen Adressen befanden sich in der Wald-

---

[39] Heinrich Zehfuß: *"Alterthümlichkeiten der Residenzstadt Darmstadt"* (Darmstadt 1822).
[40] *"Polizeiliches Melderegister Darmstadt 1819"*; Haus der Geschichte, Darmstadt.

straße (heute Adelungstraße) und gehörten dem Schreinermeister Schleicher (E.72a) bzw. dem Capitain Gandenberger (E.70).[41]

Nach mehreren Jahren rastlosen Wanderns durch die deutschsprachigen Länder war Bandhauer also für etwa fünf Jahre in Darmstadt hängengeblieben. Auf den ersten Blick scheinen die Ausbildung zum Baukondukteur und die Lehrtätigkeit an der Bauschule Anlass genug für die lange Zeit in Hessen gewesen zu sein. Das war aber keineswegs alles, denn wie uns die Archive der Evangelischen Kirche in Hessen berichten, hatte der Aufenthalt in der Residenzstadt noch einen weiteren Grund, denn Bandhauer war über mehrere Jahre mit einer jungen Frau aus Darmstadt liiert, mit der er sogar zwei uneheliche Kinder hatte. Der Name der Frau war Maria Catharina Becker und sie war die Tochter eines zu diesem Zeitpunkt bereits verstorbenen Zimmermeisters. Viel ist über sie nicht bekannt, außer dass sie drei Jahre jünger als Bandhauer war und 1829 unverheiratet in Darmstadt verstarb. Von ihrem Tod wird an anderer Stelle noch die Rede sein.

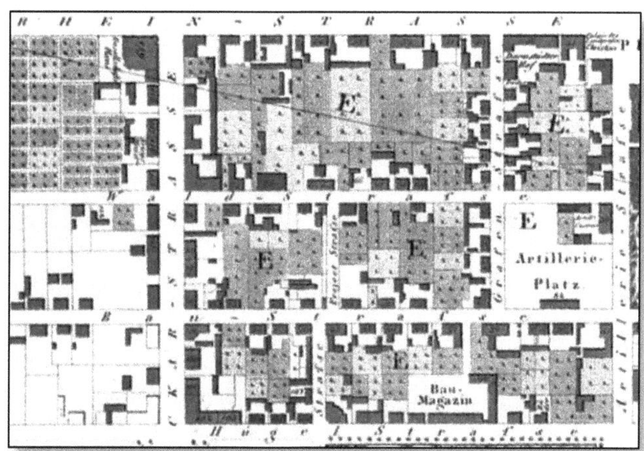

*Das Baumagazin zwischen Hügel- und Baustraße. "Geometrischer Plan der Großherzoglichen Residenzstadt Darmstadt (1822)".*

Bandhauers erste Tochter wurde am 28. Februar 1815 geboren und auf den Namen Luise Christine Bandhauer getauft. Im Kirchenbuch ist bezüglich der Vaterschaft vermerkt: *"Als Vater für das Kind hat sich bereitgestellt der Zimmergeselle Gottfried Bandhauer, gebürtig von Roßlau im Anhalt-Cöthenschen".*[42] Insgesamt wird Bandhauer an drei Stellen des Kirchenbuches erwähnt und dabei immer als Zimmermann oder Zimmergeselle bezeichnet. Möglicherweise hatte er Maria Catharina Becker schon um 1810 bei seinem ersten Aufenthalt in Darmstadt kennengelernt und vielleicht war sie sogar der eigentliche Grund für seine Rückkehr. Der Taufeintrag beweist aber

---

[41] Adressbuch Darmstadt, 1821.

[42] Zentralarchiv der Evangelischen Kirche in Hessen und Nassau, Standort Darmstadt; Taufen in Darmstadt 1815; KB56 Film 2763, Seite 451.

auch, dass Bandhauer spätestens im Frühjahr 1814 wieder in Darmstadt eingetroffen sein muss.

Am 24. Oktober 1817 wurde Auguste geboren, die zweite Tochter des Paares. Sie starb bereits 1821 im Alter von dreieinhalb Jahren, als Bandhauer schon in Köthen war. In ihrem Taufeintrag heißt es: *"Als Vater des Kindes wird angegeben der Vater des Erstgeborenen Gottfried Bandhauer, Zimmermann von Roßlau im Herzogthum Anhalt-Cöthen"*. Das Kirchenbuch hält aber noch eine weitere Überraschung bereit: *"Gevatter war der Zimmermann August Kettmann von Anhalt-Cöthen"*.[43] Pate und Namensgeber des Kindes war also ein Zimmermann aus Köthen, mit dem gleichen Nachnamen wie der Mann, den Bandhauers Mutter 1796 geheiratet hatte und der 1809 verstorben war. Es kann daher vermutet aber derzeit nicht bewiesen werden, dass Augustes Taufpate ein Halbbruder Gottfried Bandhauers war. Dafür spricht auch sein Vorname, weil August auch einer der drei Vornamen seines Stiefvaters war.[44]

Ob Bandhauer mit Maria Becker und den beiden Töchtern im Baumagazin oder einer der beiden anderen Wohnungen unter einem Dach zusammenlebte, ist unbekannt. Die damaligen Adressbücher gaben jeweils nur das Oberhaupt einer Familie oder Wohngemeinschaft an, sagten aber nichts darüber aus, wie viele Personen insgesamt in der Wohnung lebten. Es gibt kein Adressbuch von Darmstadt, in dem Maria Catharina Becker als eigenständige Inhaberin einer Wohnung registriert war. Da sie in Darmstadt gestorben ist, muss sie mit ihren Kindern nach dem Wegzug Bandhauers in einem anderen Haushalt Unterschlupf gefunden haben. Zur damaligen Zeit galt es für unverheiratete Frauen als anrüchig alleine zu leben, und es war daher nichts ungewöhnliches, wenn sie bei den Eltern blieben oder bei anderen Verwandten Unterschlupf suchten. Bei Maria Catharina Becker kommt dafür insbesondere ihre Mutter in Betracht, die seit 1812 Witwe war und bei Marias Tod mit Sicherheit noch lebte. Sie hieß Luise Christine Becker (geb. Pfeiffer) und wird im Adressbuch von 1821 als die *"Witwe des verstorbenen Zimmermeisters"* bezeichnet.[45]

Es ist nicht bekannt, warum Gottfried Bandhauer und Maria Becker nicht geheiratet haben, obwohl sie zwei gemeinsame Kinder hatten und offensichtlich

---

[43] Ebenda. Taufen in Darmstadt 1817; Filmrolle Nr. 2763, Seite 606.

[44] Im Landeshauptarchiv Sachsen-Anhalt existiert eine Akte aus dem Jahr 1848 über eine Alimentationsklage einer Roßlauer Bürgerin gegen einen Zimmergesellen namens August Kettmann. Es ist sehr wahrscheinlich, dass es sich hierbei um den gleichen Mann handelte.

[45] Zentralarchiv der Evangelischen Kirche in Hessen und Nassau, Standort Darmstadt; Bestattungen in Darmstadt 1829, 244, Bl./s. KB 56 Film 2778, Seite 825.

eine mehrjährige Partnerschaft pflegten. Konfessionelle Schranken sollten es nicht gewesen sein, denn beide waren evangelisch. Es gibt bisher keinen Beleg für irgendwelche Kontakte zwischen Bandhauer und Maria Becker oder seinen beiden Töchtern, nachdem er Darmstadt 1819 verlassen hat. Da er sich bei der Taufe als Vater der Kinder bekannte, war er auch unterhaltspflichtig und hätte von diesem Zeitpunkt an regelmäßig Geld nach Darmstadt schicken müssen. Es ist nicht bekannt, ob er dies freiwillig getan hat. Auf der anderen Seite waren bisher aber auch keine Akten zu einer Alimentationsklage gegen Bandhauer auffindbar. Da Maria Becker nicht aus wohlhabenden Verhältnissen stammte und Frauen damals in der Regel über keine eigenen Einkünfte verfügten, wäre sie wahrscheinlich sogar gezwungen gewesen eine solche Klage anzustrengen, wenn sie für sich und ihre Kinder den Lebensunterhalt sichern wollte. Es ist daher zumindest möglich, dass Bandhauer seinen Verpflichtungen freiwillig nachgekommen ist.

Ob Bandhauer von dem frühen Tod seiner jüngeren Tochter erfahren hat, wissen wir nicht. Als Auguste starb, war Bandhauer gerade erst seit wenigen Monaten in Köthen und mit einer Vielzahl von Bauprojekten des Herzogs beschäftigt. Ebenso ist unbekannt, ob ihn später jemand vom Ableben Maria Catharina Beckers informiert hat. Seine älteste Tochter Luise Christine heiratete 1839 (nach Bandhauers Tod) einen Mann aus Heppenheim, mit dem sie zu unbekanntem Zeitpunkt nach Amerika auswanderte. Das Paar ließ sich in Harrisburg/ Pennsylvania nieder und hatte eine Tochter, von der es heute noch Nachkommen in Amerika gibt.[46]

## Düsseldorf

Laut polizeilichem Melderegister in Darmstadt reiste Bandhauer am 14. Mai 1819 nach Köthen ab. Wie es zu dieser nachweislich falschen Angabe bei den Behörden gekommen ist, lässt sich schwer sagen. Tatsache ist jedoch, dass Bandhauer kurz darauf in Düsseldorf eintraf.

Bei seiner Reise von Darmstadt nach Düsseldorf musste Bandhauer die Landesgrenze zwischen dem Großherzogtum Hessen und der nach dem Wiener Kongress von 1815 ausgerufenen preußischen Provinz 'Jülich-Kleve-Berg' überschreiten. Entsprechend der strammen preußischen Bürokratie hatte er sich bei seiner Ankunft in Düsseldorf natürlich wieder anzumelden und anzugeben, woher er kam. In der Regel geschah dies dadurch, dass der Reisende

---

[46] Siehe auch Informationen zu Bandhauers Nachkommen im Anhang.

in seiner Pension oder beim Zimmerwirt ein Formular zu diesen Fragen auszufüllen hatte. Entgegen allen heutigen Vorstellungen von Datenschutz, wurden diese An- und Abmeldungen dann häufig sogar in der lokalen Tagespresse veröffentlicht.

Auf diesem Wege gelangte auch die Nachricht von Bandhauers Ankunft am Rhein in das *"Düsseldorfer Intelligenzblatt"* vom 18. Mai 1819. Der überraschende Wortlaut der kurzen Notiz in der Rubrik 'Angekommene Fremde' lautete: *"Bei Capellen im Zweibrücker Hofe... Den 13. Lároix, Kriegszahlmeister und Bandhauer Architektor aus Paris"*.[47]

Auf den ersten Blick deckt sich das Datum der Ankunft nicht mit dem Eintrag beim Einwohnermeldeamt in Darmstadt, weil es einen Tag vor dem dort vermerkten Abreisedatum liegt. Für diese Unstimmigkeit sind aber mehrere Erklärungen denkbar: vielleicht hat sich der Zimmerwirt in Düsseldorf einfach geirrt, bzw. die Zeitung einen Fehler beim Setzen gemacht. Auch das in Darmstadt eingetragene Abreisedatum könnte falsch sein, insbesondere wenn die Abmeldung nicht persönlich erfolgte. Die im 'Intelligenzblatt' vermerkte Berufsbezeichnung *"Architektor"* ist hingegen durchaus mit Bandhauers Ausbildung und Anspruch in Einklang zu bringen, weil Begriffe wie Baumeister, Architekt, Kondukteur usw. damals recht frei verwendet wurden.

Dass es sich hier um einen anderen Bandhauer handeln könnte, scheint allerdings ausgeschlossen. Die drei Faktoren: Name, Berufsbezeichnung und der Ankunftsort, der auch durch preußische Quellen bestätigt wird, beweisen hinreichend, dass es sich hier um Gottfried Bandhauer aus Roßlau handelte. Im Grunde ist auch das Datum der Ankunft ein weiteres Indiz für die Richtigkeit dieser Annahme, auch wenn sich hier jemand um ein oder zwei Tage vertan hat.

Der Eintrag im Düsseldorfer Intelligenzblatt wirft aber auch das Problem auf, warum Bandhauer auf die Frage wo er gerade herkommt, eine falsche Angabe gemacht hat. Zusammenfassend ist sogar festzuhalten, dass die jeweiligen Behörden bei Bandhauers Umzug sowohl in Darmstadt als auch in Düsseldorf falsche Informationen in ihren Registern hatten. In Darmstadt wurde vermerkt er sei nach Köthen abgereist und in Düsseldorf hieß es, er komme aus Paris. Dafür muss es einen Grund geben, der banal sein kann, vielleicht aber auch mit seiner persönlichen Situation zusammenhing.

---

[47] Düsseldorfer Intelligenzblatt, Ausgabe No. 39 vom 18. Mai 1819; Seite 225, Rubrik *"Angekommene Fremden"*; online bei: http://digital.ub.uni-duesseldorf.de [Oktober 2013].

Eine einfache Erklärung wäre hier wieder ein Fehler des Zimmerwirts oder der Zeitung. Wenn man die Notiz mit gleichartigen Meldungen im 'Intelligenzblatt' vergleicht, könnte man sie aber auch so verstehen, dass Bandhauer mit dem Kriegszahlmeister Lároix gemeinsam in Düsseldorf ankam oder es für den Zimmerwirt zumindest diesen Anschein hatte. Insofern wäre es vorstellbar, dass Lároix tatsächlich aus Paris kam und diese Information fälschlicherweise auch für Bandhauer vermerkt wurde. Ausgeschlossen scheint hingegen, dass er seine Spuren ganz bewusst verwischen wollte. Er ließ zwar in Darmstadt eine Frau zurück, mit der er zwei uneheliche Kinder hatte und die er aus unbekannten Gründen weder heiraten noch mitnehmen wollte. Da gerade zu dieser Zeit Reisende ohnehin sehr kritisch beäugt wurden und angekommene Fremde namentlich in den Tageszeitungen veröffentlicht wurden, dürfte dies so einfach nicht möglich gewesen sein.

Nach Schmidt ging Bandhauer 1818 als Diätarius nach Düsseldorf, *"wo er die große Cavalleriecaserne in der Neustadt ausgeführt hat"*.[48] Wilhelm van Kempen war hingegen geneigt, die gesamte Episode um die Mitarbeit beim Bau der Kavalleriekaserne in *"das Reich der Fabel"* zu verweisen, weil es nach seinen Recherchen keinen einzigen Beleg für einen Aufenthalt Bandhauers in Düsseldorf gab; auch nicht in den ansonsten so akribisch geführten preußischen Meldelisten.[49] Etwas ratlos machte ihn allerdings die Tatsache, dass Bandhauer den Aufenthalt am Rhein selbst bestätigte, indem er 1829 in einem Brief an den Herzog darauf einging.[50] Heute lässt sich die Mitwirkung Bandhauers beim Kasernenbau in Düsseldorf aufgrund der preußischen Aktenführung eindeutig belegen.

Wegen der Chronologie der Ereignisse steht allerdings die Frage im Raum, ob Bandhauer wirklich ganz gezielt nach Düsseldorf ging, um hier Arbeit beim Kasernenbau zu suchen. Er traf schon Mitte Mai 1819 in Düsseldorf ein, während in Berlin erst im Juni die eingereichten Vorschläge für die Kaserne geprüft wurden. Die eigentlichen Bauarbeiten begannen im September 1819 und Bandhauer erhielt schließlich im Oktober einen Arbeitsvertrag durch das preußische Innenministerium.[51] Warum Bandhauer schon fünf Monate vor seinem offiziellen Dienstbeginn in Düsseldorf eintraf, was er in der Zwischenzeit dort gemacht und wovon er gelebt hat, ist unbekannt.

---

[48] [Schmidt], Seite 13.
[49] [v. Kempen], Seite 82.
[50] [LHASA], Z 70, C 14 Nr. 6; Schreiben Bandhauers an den Herzog vom 26. Juli 1829.
[51] [Buchberger], Seite 168.

Die Reiterkaserne, deren Bau bei Bandhauers Ankunft in Düsseldorf bevorstand, war für das Westfälische Ulanenregiment Nr. 5 bestimmt, das nach Ausrufung der Preußischen Rheinprovinzen 1822 nach Düsseldorf verlegt wurde. Die Düsseldorfer Bevölkerung nannte sie die 'Große Kavalleriekaserne in der Neustadt', um sie sprachlich von der älteren Reiterkaserne in Derendorf abzugrenzen. Ihr Standort lag am östlichen Rheinufer, ungefähr dort, wo heute der Fernsehturm steht und der Nordrhein-Westfälische Landtag seinen Sitz hat. Die Kasernengebäude an denen Bandhauer mitgearbeitet hat, sind heute nicht mehr vorhanden. Auf dem Gelände ist jetzt ein Behördenkomplex und die Polizei untergebracht. Über die Vorgeschichte des Kasernenbaus in Düsseldorf und die Rolle die Bandhauer dabei spielte, hat Buchberger schon in seiner Dissertation berichtet. Inzwischen liegen aber auch genauere Erkenntnisse aus den preußischen Bauakten vor.

Für den Bau der Kavalleriekaserne war vom preußischen Innenministerium ein Architekturwettbewerb ausgeschrieben worden, über den die Oberbaudeputation abschließend zu entscheiden hatte. Dieses Gremium war die oberste preußische Instanz, die für alle bautechnischen Fragen von staatlichem Interesse zuständig war. Hier waren um 1819 einige der besten Architekten und Bautechniker ihrer Zeit vereint, darunter Karl Friedrich Schinkel und Johann Albert Eytelwein. Am 8. Juni 1819 wurden die Angebote in Berlin geöffnet und von der Kommission begutachtet. Es waren nur zwei Vorschläge eingegangen, die beide von Beamten der preußischen Bauverwaltung stammten. Diese waren Adolf von Vagedes aus Düsseldorf und Georg Hampel[52] aus Köln. Der Vorschlag Hampels wurde - mit einer kleinen Korrektur durch die Oberbaudeputation - angenommen, weil er *"zweckmäßiger und billiger"* war.[53] Mit diesem Urteil konnte von Vagedes aber offensichtlich nicht gut leben, zumal er als unterlegener Wettbewerber die Leitung der Bauarbeiten übernehmen sollte. Er beschwerte sich in Berlin über die mangelhaften Pläne Hampels und nahm eigenständig Änderungen der Kostenanschläge vor. Die Oberbaudeputation entschied daraufhin, die Bauaufsicht nicht allein in seiner Hand zu belassen, sondern die verschiedenen Gewerke auf mehrere Bauaufseher zu verteilen. Aber auch damit zeigte sich von Vagedes nicht einverstanden, woraufhin ihm die Oberbaudeputation die Bauleitung ganz entzog und stattdessen Hampel und den Bauinspektor Friedrich Arnold Felderhoff damit beauftragte.

Der in diesem Zusammenhang geführte Schriftverkehr zwischen den Behörden in Berlin und Düsseldorf enthält zum ersten Mal den Namen Bandhauer in

---

[52] Baurat Georg Hampel (*?, †1842) entwarf auch die Kavalleriekaserne in Köln und war später Oberbaurat im preußischen Kriegsministerium.
[53] [Buchberger], Seite 201.

einer preußischen Akte. In einem von Wilhelm von Humboldt[54] unterzeichneten Schreiben an den Grafen von Bülow[55] vom 12.11.1819 heißt es wörtlich:

*"Und was die Leitung des Baues betrifft, so bin ich einverstanden, daß bei den obwaltenden Umständen von der Einwirkung des Regierungs-Baurates von Vagedes dabei nicht viel zu erwarten ist, daher ich es mit Ihnen angemessen finde, ihn davon zu entbinden und die Ausführung den Bau-Inspektoren Hampel und Felderhoff dergestalt zu übertragen, daß sie in coordinierten Verhältnissen stehend, was das planmäßige und die accurate Anwendung des von Hampel aufgestellten und genehmigten Bauentwurfes betrifft, stets de convert gehen und in steter Verbindung bleiben. Hampel hat sich zu gewissen Zeiten nach Düsseldorf zu begeben. Für die planmäßige Ausführung bleibt Felderhoff verantwortlich, ihm sei die spezielle Leitung überantwortet und der Kondukteur Bandhauer als sein Gehilfe beigegeben".[56]*

In einem Gutachten vom 5. Februar 1820 an den Grafen von Bülow zum dienstlichen Benehmen des v. Vagedes wird diesem sogar vorgeworfen, den Bau absichtlich verzögert zu haben. Auch dieses Schreiben enthält eine interessante Bemerkung über Bandhauer:

*"Mit der Anstellung des nicht bei den hiesigen Behörden examinierten aber dort beschäftigten darmstädtischen Condukteur Bandhauer zur Spezialaufsicht über den Bau hat er sich nicht einverstanden erklärt und, ihn selbst, mit dem Bauinspektor Felderhoff bei der Ober-Aufsicht zusammen zustellen, hat er in der Form verbeten".[57]*

Hier ist also der aktenkundige Beweis dafür, dass Bandhauer als *"darmstädtischer Condukteur"* in den preußischen Staatsdienst eingetreten war, denn man kann ohne Weiteres davon ausgehen, dass die Berliner Behörden seine Zeugnisse vor der Einstellung gründlich geprüft haben. Interessant ist dabei allerdings, dass er in der Person des v. Vagedes prompt Schwierigkeiten bekam, weil er seine Prüfung zum Baukondukteur nicht in Preußen abgelegt hatte. Letztendlich wurde die Regierung in Düsseldorf aber angewiesen, von Vagedes als Bauleiter abzusetzen, stattdessen den Bauinspektor Felderhoff

---

[54] Wilhelm von Humboldt (ein Bruder Alexander von Humboldts) war zu diesem Zeitpunkt preußischer Minister für ständische Angelegenheiten. Dieses Ministerium existierte nur von Januar bis Dezember 1819.

[55] Ludwig Friedrich Victor Hans Graf von Bülow (*14. Juli 1774 in Essenrode; †11. August 1825 in Landeck / Schlesien) war von 1813-1817 preußischer Finanzminister.

[56] [Buchberger], Seite 202.

[57] Ebenda.

zu benennen und ihm zur Unterstützung Bandhauer beizustellen. Die Bedeutung dieser Angelegenheit für die Oberbaudeputation wird auch durch die hochrangigen Unterschriften unter dem Schreiben deutlich: Eytelwein, Schinkel, Günther und Grothe.

Aus den zitierten Akten lässt sich erahnen, dass Bandhauer als Baukondukteur, der seine Ausbildung und Prüfung bei einer 'ausländischen' Verwaltung abgelegt hatte, nicht den gleichen Stellenwert genoss, wie ein in Preußen ausgebildeter Baumeister. Beim Kasernenbau in Düsseldorf war Bandhauer nach eigenen Angaben als 'Diätarius' tätig. Dieser Terminus bezeichnete einen Angestellten im Staatsdienst, der nur einen Zeitvertrag hatte und sein Gehalt wöchentlich oder gar täglich bezog. Er war den etatmäßigen Beamten zwar weitgehend gleichgestellt, musste aber auf beamtenspezifische Zusatzleistungen, wie z.B. Umzugsgeld oder Reisekosten, verzichten.

Einer standesgemäßen Karriere Bandhauers im preußischen Staatsdienst, der aber zunächst eine feste Anstellung vorausgehen musste, stand aber noch ein weiteres Problem entgegen: ihm fehlte das zweite Staatsexamen. Dies ergibt sich aus einem Schreiben der preußischen Bezirksregierung in Düsseldorf, in dem es um die Abwerbungsversuche aus Köthen geht. In einem Bericht vom 16. April 1820 an den Grafen zu Solms-Laubach[58] heißt es:

> *"Hätten wir hoffen können den rücksichtlich seiner vorzüglichen Geschicklichkeit und Treue nunmehr erprobten Bandhauer für die erwähnte Stelle zu erhalten, so würden wir hiernach unverzüglich gerne getrachtet haben. Seine Vermögensumstände erlauben ihm aber nicht, und seine jetzigen Verhältnisse machen es ihm nicht wünschenswerth, das zweite Examen in Berlin, welches zu einer etatsmäßigen Anstellung erforderlich ist, zu bestehen; eine Dispensation von diesem Examen, etwa mittelst einer Delegation auf einen hiesigen Baurath oder mittelst der Aufgabe schriftlicher Arbeiten, ist schwerlich zu hoffen; wir müßen also auf die Erfüllung jenes Wunsches Verzicht leisten."* [59]

In Düsseldorf war man also sehr zufrieden mit Bandhauer, der sich in seiner Rolle als Bauaufseher für ein bestimmtes Gewerk (welches ließ sich bisher

---

[58] Friedrich Ludwig Christian Graf zu Solms-Laubach (*29. August 1769 in Laubach / Hessen; †24. Februar 1822 in Köln) war der erste Oberpräsident der Provinz Jülich-Cleve-Berg, des direkten Vorläufers der Rheinprovinz.

[59] Landesarchiv Nordrhein-Westfalen, 316 HStA Düsseldorf, Oberpräsidium Köln, Nr. 635 *"Reisen von Baubeamten, deren Diäten; Funktionen; Verzeichnis und Konduitenliste der Baubeamten"*.

nicht ermitteln) offenbar gut zurechtfand. Seine Vorgesetzten hätten ihn gerne beim Kasernenbau gehalten und bescheinigten ihm gute Arbeitsleistungen und 'Treue', womit seine Zuverlässigkeit gemeint sein dürfte. Das änderte aber nichts an der Tatsache, dass Bandhauer das zweite Examen fehlte, und das Innenministerium in Berlin nicht bereit war, darauf zu verzichten oder die Prüfung ersatzweise vor einer Kommission in Düsseldorf stattfinden zu lassen.

Die Reise nach Berlin und die Ablegung der zweiten Staatsprüfung scheitern demnach an Bandhauers Vermögensumständen und seinen *"jetzigen Verhältnissen"*, was immer damit auch gemeint ist. Welche Ausgaben auf Bandhauer zugekommen wären, wenn er die Prüfung vor der Oberbaudeputation in Berlin hätte ablegen wollen, ist schwer zu sagen. Aber schon die Kosten für eine so weite Reise mit der Postkutsche waren damals für normale Bürger kaum zu bezahlen. An anderer Stelle des Berichtes wird bestätigt, dass Bandhauers Einkommen als Diätarius nicht sehr hoch gewesen sein kann, denn seine Dienststellung wird als *"untergeordnet und precär"* [60] bezeichnet. Die Reisekosten nach Berlin hätte er selbst tragen müssen, weil er kein Beamter war und deshalb auch keinen Anspruch auf Reisekostenerstattung hatte. Zuletzt muss man aber die Möglichkeit in Betracht ziehen, dass Bandhauer auch deshalb knapp bei Kasse war, weil er regelmäßig Geld nach Darmstadt schickte, um Maria Catharina Becker und seine beiden Töchter zu unterstützen.

Etwa zu diesem Zeitpunkt muss Bandhauer langsam klar geworden sein, dass seine Berufsaussichten im preußischen Staatsdienst ohne das zweite Examen von Anfang an limitiert waren. Für die Ministerien in Berlin zählten zunächst einmal Zeugnisse und Urkunden und erst in zweiter Linie die praktische Leistung. Insofern kam es ihm sicher durchaus gelegen, dass sich ihm schon bald eine Alternative zum preußischen Staatsdienst bot.

Der nun schon mehrfach angesprochene Johann Albert Eytelwein war eine der schillerndsten Persönlichkeiten in der preußischen Bauverwaltung. Eytelwein war von 1804 bis 1830, also während Bandhauers gesamtem Berufsleben, ranghöchster Baubeamter des preußischen Staates. In dem Gutachten vom 5. Februar 1820 befinden sich die Namen Bandhauer und Eytelwein zum ersten Mal gemeinsam auf einem Stück Papier. In den entscheidenden Momenten seiner Karriere sollte Eytelwein noch mehrfach Bandhauers Wege kreuzen. [61]

---

[60] Ebenda.
[61] Siehe auch Kurzbiografie von Albert Eytelwein im Anhang.

## Preußen oder Anhalt?

Im Herbst 1819 stand Bandhauer vor einer Entscheidung, die für seinen weiteren beruflichen und privaten Lebensweg schicksalhaft werden sollte. Darüber geben sowohl die Akten der anhalt-köthenschen Rentkammer Auskunft, als auch der Schriftverkehr der preußischen Behörden in Düsseldorf. Schon kurz nachdem er seinen Posten beim Kasernenbau in Düsseldorf angetreten hatte, wurde ihm in seiner Heimat eine Lebensstellung angeboten, die ihm eine Entscheidung zwischen den beiden Alternativen nicht leicht machte.

In den zehn Jahren zwischen Bandhauers Aufbruch zur Wanderschaft und seiner Anstellung in Düsseldorf hatte sich im Herzogtum Anhalt-Köthen vieles verändert. 1812 war der napoleontreue Herzog August Christian Friedrich im Alter von 42 Jahren gestorben. Da er selbst kinderlos war, folgte ihm sein Neffe Ludwig August Friedrich auf den Thron, der zu diesem Zeitpunkt aber erst zehn Jahre alt war. Bis zu seiner Volljährigkeit sollte Köthen daher vom dienstältesten Fürsten der anhaltischen Staaten mitregiert werden. Das war zunächst Leopold III Friedrich Franz von Anhalt-Dessau (*10.08.1740 in Dessau, †09.08.1817 ebenda). Nach dessen Tod stieg der bernburgische Herzog Alexius[62] zum Seniorfürsten auf und wurde damit auch zu Ludwigs Vormund.

Diese Veränderungen in den anhaltischen Fürstenhäusern waren für Bandhauer nicht unbedeutend, weil es schon lange vor seiner endgültigen Anstellung in Köthen entsprechende Verhandlungen mit den jeweiligen Regenten gegeben haben muss. Dafür spricht auch ein anonymer Aufsatz, der erst viele Jahre später im 'Allgemeinen Anzeiger der Deutschen' erschien und nur mit den Worten *"Ein Anhaltiner"* unterzeichnet war. Darin hieß es zu Bandhauers Berufsausbildung:

*"B. hat sich also seine Bildung gehörig angelegen seyn lassen. Und er konnte es mit Erfolg, da die berühmtesten Meister seine Lehrer, die belehrendsten Baustellen seine Schulen, und seine angeborenen Fähigkeiten die erste Ursache waren, daß der Herzog Ludwig ihn zum Studium der Baukunst veranlaßte und zum diesigen Baumeister bestimmte."* [63]

---

[62] Alexius Friedrich Christian von Anhalt-Bernburg (*12.06.1767 in Ballenstedt, †24.03.1834 ebenda).

[63] [Allg. Anzeiger], Jahrgang 1835, Nr. 289, Spalte 3762.

Aufgrund des gesamten Textes, der etwa 1½ Jahre vor Bandhauers Tod verfasst wurde, kann man umfassende Kenntnisse des anonymen Autors über Bandhauers Lebensweg voraussetzen. Nach dieser Quelle ist Bandhauers Studium also noch zu Lebzeiten des minderjährigen Ludwig von Köthen aus aktiv unterstützt, ja vielleicht sogar von dort veranlasst worden. Möglicherweise erhielt Bandhauer sogar eine Art Stipendium und war schon 1818 oder noch früher als zukünftiger Baumeister des Herzogtums ausersehen. Ludwig war aber ein schwaches, kränkliches Kind und verstarb am 16.12.1818 im Alter von nur 16 Jahren. Nach seinem Tod war die Linie Anhalt-Köthen-Plötzkau erloschen.

*Der minderjährige Herzog Ludwig August von Anhalt-Köthen.*

Der anonyme Verfasser des o.g. Zeitungsartikels vermittelt uns einen Eindruck davon, wie sich der plötzliche Tod Ludwigs auf die 'Hängepartie' bei der Besetzung der Baumeisterstelle in Köthen ausgewirkt hat. In einer Fußnote zu Bandhauers Ausbildung heißt es:

> *"Sein früherer Gönner und Landesherr* [Ludwig August] *war gestorben und ein Anderer im Besitze des ihm von demselben versprochenen Postens. Der ihm in der Regierung folgende jetzt auch verewigte Herzog* [Ferdinand] *änderte aber das Verhältnis bald wieder"* [64]

Der 'Andere' im Besitze des versprochenen Postens an der Spitze des Köthener Bauamtes war zu diesem Zeitpunkt der Baumeister Ludwig Behr, der aber streng genommen gar kein Baumeister war.

Nach dem Tode des minderjährigen Ludwig fiel das Herzogtum an den aus der Linie Anhalt-Köthen-Pleß stammenden Friedrich Ferdinand. Am 11. Februar 1819 zog er mit seiner Gemahlin in Köthen ein, von den Untertanen ebenso begeistert wie erwartungsvoll empfangen. Ferdinand wurde am 25. Juni 1769 in Pleß (heute Pszczyna/ Polen) geboren und hatte sich bereits als

---

[64] Ebenda.

Soldat in der preußischen Armee ausgezeichnet. Insbesondere hatte er sich während der Befreiungskriege im schlesischen Landsturm hervorgetan. Allerdings zog er sich im Laufe seines militärischen Dienstes auch mehrere Verletzungen zu, die ihn mit zunehmendem Alter immer mehr plagten. Seine erste Frau Luise von Schleswig-Holstein-Sonderburg-Beck starb schon kurz nach der Hochzeit im Alter von nur 20 Jahren. Bei der Thronbesteigung in Köthen war er aber bereits in zweiter Ehe mit der Gräfin Sophie Julie von Brandenburg verheiratet.[65] Julie war eine Tochter Friedrich Wilhelms II[66] und dessen Gemahlin 'zur linken Hand', Gräfin Sophie von Dönhoff. Die familiäre Bindung an das preußische Königshaus sollte eigentlich ein Garant für ein gutes Verhältnis zu dem mächtigen Nachbarstaat sein, zumal Anhalt-Köthen nach dem Wiener Kongress vollständig von Preußen eingeschlossen war. Politische und religiöse Differenzen sorgten aber in den folgenden Jahren für eine deutliche Abkühlung der diplomatischen Beziehungen.[67]

Durch den plötzlichen Tod des minderjährigen Ludwig waren die langfristigen Planungen für die Besetzung der Baumeisterstelle Köthens, die bis dahin von der Landesdirektion und dem jeweiligen Seniorfürsten vorangetrieben worden waren, allerdings wieder in Frage gestellt. Bandhauers Prüfung zum Baukondukteur in Darmstadt fiel vermutlich genau in diese Zeit, und er musste nun zunächst einmal abwarten, ob sich der neue Herzog aus Pleß an die Zusagen seines Vorgängers gebunden fühlen würde.

Im Sommer 1819, also schon wenige Monate nach Ferdinands Thronbesteigung, waren sich die Köthener Landesregierung und der neue Herzog darüber einig, dass die Fülle der Bau- und Sanierungsmaßnahmen der öffentlichen Bauten im Lande zukünftig nicht mehr von einem einzigen Baumeister erledigt werden konnten. Ferdinand plante als äußeres Zeichen seiner Souveränität und zur Unterstreichung seines Machtanspruches Erweiterungen der herzoglichen Schlösser, eine neue Reithalle und weitere repräsentative Bauten im ganzen Land. Der Baumeister Behr musste sich selbst um seinen neuen Mitarbeiter kümmern und erhielt im August 1819 den Auftrag, sich nach einem geeigneten Kandidaten umzusehen. An die Vorstellungen des verstorbenen Ludwig anknüpfend, kam dafür vermutlich gar kein anderer als Bandhauer in

---

[65] www.wikipedia.de: Ferdinand Friedrich von Anhalt-Köthen [November 2013].

[66] Friedrich Wilhelm II (1744 - 1797) stammte aus der Familie der Hohenzollern und war von 1786 bis 1797 König von Preußen. Beim Volk erwarb er sich den Namen: *"der dicke Lüderjahn".*

[67] Siehe auch Kurzbiografie zu Herzog Ferdinand im Anhang.

Frage. Behr bemühte sich jedenfalls zielstrebig um die Anwerbung des Landessohnes, dessen Aufenthaltsort am Rhein in Köthen bekannt war.[68]

Vermutlich ahnte Behr in diesem Moment noch nicht, dass dieser junge Mann ihn schon bald als oberster Baumeister ablösen und ihn letztlich sogar seine Anstellung kosten würde. Die Möglichkeit einer von vornherein bestehenden Absprache mit Behr, die nur einen 'Zeitvertrag' bis zur Übernahme der Dienstgeschäfte durch Bandhauer vorsah, kann ausgeschlossen werden. In den Akten geht es immer wieder um die zukünftige Aufgabenverteilung zwischen den beiden Baumeistern. Insofern gab es für ein baldiges Ausscheiden Behrs zu diesem Zeitpunkt noch keinerlei Anzeichen.

Einige Details rund um Bandhauers Anstellung in Köthen ergeben sich aus einer Akte, in der es um einen Sonderbereich des Köthener Bauamtes ging, nämlich die Liegenschaften im Eigentum der Kirche. Durch das seltene Zusammentreffen eines neuen Herzoges mit einem neuen Baumeister, sah das Konsistorium[69] offenbar eine günstige Konstellation gekommen, die seit längerer Zeit ungeklärte technische Betreuung der kirchlichen Bauten neu zu ordnen. Damals wurde dies durchaus als staatliche Aufgabe angesehen, wenn auch die Finanzierung zum Teil durch die Kirchen selbst erfolgen musste. Zu diesen Liegenschaften zählten alle Gotteshäuser, Schulen und Pfarrhäuser sowie die zugehörigen Ställe, Scheunen und sonstigen Nebengebäude. In einem Vortrag des Konsistoriums vom 30. August 1819 an den Herzog heißt es:

*"Es verlautet nähmlich, daß erw. Herzogl. Durchl. die Anstellung eines neuen Bauconducteurs zu befehlen geruhet haben. Sollte dies nun wirklich der Fall seyn, so wagt das Consistorium das ehrerbietigste Gesuch: Höchstdieselben möchten die Gnade haben huldreichst zu bestimmen, daß entweder jenem neuen Bauconducteur, oder dem gegenwärtigen Baumeister Behr von jetzt an zur Pflicht gemacht werde, die Revision der Bauten und Reparationen an den Kirchen- Pfarr- und Schulgebäuden und die Prüfung der diesfallsigen Anschläge, ohne zu verabreichen-*

---

[68] [LHASA], Z 70, C 14 Nr. 4.

[69] *"Das Consistorium nennt man im eigentlichen Sinne ein von dem Landesherrn, oder dessen Unterthanen angeordnetes Collegium oder Gesellschaft, welche die der Kirche zuständigen Rechte, in Ansehung einer oder mehrerer Kirchen eines gewissen Landesbezirks oder einzelnen Ortes, ausübt"* [Brockhaus Conversations-Lexikon Bd. 7. Amsterdam 1809].

*de Vergütigung aus den Aerario ect. Carol. oder den Local-Kirchenärarien, zu besorgen."* [70]

Man wollte also einem der beiden Baumeister neben der Betreuung der herzoglichen Bauten noch eine zusätzliche Verantwortung auferlegen, für die er aber nicht bezahlt werden sollte, zumindest nicht aus dem Kirchenvermögen. Dabei spielte aber die herzogliche Rentkammer nicht mit, die den Konsistorialvortrag zur Stellungnahme erhielt. Im Antwortschreiben vom 8. Oktober 1819 wird der Name Bandhauer in den Köthener Akten zum ersten Mal erwähnt. Auch hier scheint es keinen Zweifel über die zukünftige Rangordnung im Bauamt zu geben, indem Behr als Baumeister und Bandhauer als Kondukteur bezeichnet wird:

*"Dem Baumeister Behr, der bei seinem mit beständigen Fristen verknüpften Posten, viele Arbeiten zu besorgen hat, diese Nebengeschäfte zu übertragen, scheint uns nicht rathsam; dagegen könnte der von Ew. gnädigst angenommene Bauconducteur Bandhauer die Revision der Bauten und Reparaturen an Kirchen- Pfarr- und Schulgebäuden wohl mit besorgen; unbillig aber würde es seyn, wen man ihm zur Pflicht machen wollte, dies unentgeltlich zu thun. Dem Bandhauer, welcher seit geraumer Zeit nichts wieder von sich hören lies und durch dieses lange Schweigen in Ungewißheit gelaßen, ob er seinen Posten noch wirkl. antreten wird, ist ein Jahresgehalt von 300 rth. huldreichst bewilligt worden und er wird sich bei jezziger Vertheuerung aller Lebensbedürfniße sehr einrichten müßen, wen er damit als eine einzelne Persohn auskommen will; daher wären ihm Nebenarbeiten bei Privatbauten, oder durch Vermessungen pp. insofern es ohne Hintenansezzung seiner Dienstgeschäfte geschehen kann, wohl zu gönnen; wollte man ihm aber die unentgeltliche Revision der Kirchen- Pfarr- und Schulbauten zur Pflicht machen, so würde man ihm dadurch die Zeit zu anderem Nebenverdienste rauben und er noch überdies bei den dieserhalb nötigen Reisen, durch mehr Verbrauch an Kleidungsstücken pp. von seinem Gehalt zusezzen müßen."* [71]

Dieses Aktenzitat ist aus mehreren Gründen sehr interessant. Bandhauer wird hier bereits als *"gnädigst angenommener Bauconducteur"* bezeichnet, obwohl er erst im selben Monat einen Arbeitsvertrag bei der preußischen Bauverwaltung in Düsseldorf unterschrieben hatte. Durch die Bemerkungen über das *"lange Schweigen"* wird aber auch bestätigt, dass die Verhandlungen um

---

[70] [LHASA], Z 70, C 14 Nr. 4.
[71] Ebenda.

Bandhauers Anstellung in Köthen schon viel früher begonnen hatten. Bandhauer scheint im Sommer 1819 noch unentschlossen über seinen weiteren Lebensweg gewesen zu sein.

Zwei sehr unterschiedliche Möglichkeiten eröffneten sich ihm: auf der einen Seite Preußen, mit einer der größten und modernsten Bauverwaltungen Europas, mit all ihren Karrierechancen und interessanten Aufgaben in allen möglichen Bereichen des Bauwesens. Auf der anderen Seite bot ihm der Herzog in Köthen eine Lebensstellung, mit der langfristigen Perspektive, irgendwann die Position des höchsten Beamten in der Baubehörde eines souveränen Staates zu bekleiden. Durch Bandhauers Zögern scheint sich diese Entscheidung im Winter 1819/ 20 zugespitzt zu haben.

In Köthen war man sich wohl durchaus darüber im Klaren, dass ein Jahresgehalt von 300 Talern für einen ausgebildeten Baukondukteur sehr knapp bemessen war. Deshalb wollte man dem Kandidaten die Stelle dadurch schmackhaft machen, dass ihm Nebenverdienste bei privaten Auftraggebern grundsätzlich erlaubt wurden.

*Herzog Friedrich Ferdinand regierte Anhalt-Köthen ab Februar 1819.*

Ein Privileg von dem Bandhauer später auch durchaus Gebrauch machte. Die Rentkammer hatte aber offenbar erkannt, dass ihm das schon aus zeitlichen Gründen kaum möglich sein dürfte, wenn er nebenbei und unentgeltlich auch noch für die Kirchenbauten im ganzen Land verantwortlich gemacht werden sollte. Vielleicht wusste man von Bandhauers Unentschlossenheit und wies deshalb die Begehrlichkeiten des Konsistoriums weitgehend zurück. Letzten Endes entschied der Herzog persönlich, Bandhauer für die Aufsicht über die Kirchengebäude jährlich 50 Taler extra zu bezahlen und ihm die Nebentätigkeiten außerdem zu erlauben.

Dennoch scheint das Angebot der Köthener Rentkammer zunächst nicht besonders attraktiv für Bandhauer gewesen zu sein, denn wie das Zitat beweist, zögerte er die Stelle anzutreten und lies den Herzog noch längere Zeit über seine weiteren Absichten im Unklaren. Im Oktober 1819 begann seine Tätigkeit beim Kasernenbau in Düsseldorf, die er offenbar auch mit voller Kraft und zur Zufriedenheit seiner Vorgesetzten ausübte. Durch die Absetzung des Adolf von Vagedes rückte Bandhauer schon innerhalb eines Monats in der Baustellenhierarchie auf, indem er zum verantwortlichen Aufseher für ein eigenes Gewerk bestimmt wurde. Wenn er dabei auch dem Oberaufseher Felderhoff unterstellt war, lies es sich in der preußischen Bauverwaltung doch gar nicht so schlecht für ihn an.

Vermutlich änderte sich dieser positive Eindruck aber wieder, als er erkennen musste, dass er ohne das zweite Staatsexamen in Preußen nicht weit kommen würde, während der Herzog in Köthen bereit war, auf dieses Zeugnis zu verzichten. Etwa im Frühjahr 1820 war Bandhauers Entscheidung zugunsten Köthens gefallen und er bat um seine Entlassung aus dem preußischen Dienst. Dies ergibt sich aus dem oben schon zitierten Bericht an den Oberpräsidenten der Provinz Jülich-Cleve-Berg vom 16. April 1820. Dort heißt es:

*"...der Bau-Conducteur Bandhauer, welchem unter der Leitung der Bau-Inspectoren Felderhoff und Hampel die Ausführung des Baues der hiesigen Kavallerie-Kaserne anvertraut ist, hat von der herzoglichen Rentkammer in Cöthen einen Ruf als ethatmäßigem Bau-Conducteur mit einem fixen Gehalt von 300 Thalern erhalten, und hat hierauf um seine Entlassung bei uns nachgesucht. [...] Ueberzeugt von dem Nachtheil, welcher aus der jetzigen Entfernung des Bandhauer für den Bau der Kavallerie-Kaserne hervorgehen würde, dagegen aber auch berücksichtigend, wie hart es für ihn sein würde, wenn er bei der durch die Verfügung des hohen Ministeriums des Innern vom October v.J. ihm gegebenen untergeordneten und precären Dienststellung von der Annahme einer sicheren Stelle in seinem Vaterlande abgehalten würde, haben wir sein Gesuch nicht abweisen zu können geglaubt, sondern haben uns darauf beschränkt, die Köthensche Rentkammer um die Bewilligung eines Urlaubes, wenn auch nicht zur gänzlichen Vollendung des Baues, doch bis zum Ende dieses Sommers zu ersuchen."* [72]

---

[72] Geheimes Staatsarchiv Preußischer Kulturbesitz: HStA Düsseldorf, Oberpräsidium Köln, Nr. 635: *"Reisen von Baubeamten, deren Diäten; Funktionen; Verzeichnis und Konduitenliste der Baubeamten"*; 1816-1822. Schreiben der Bezirksregierung in Düsseldorf an den königlichen Präsidenten Herrn Grafen zu Solms-Laubach, vom 16.04.1820.

Die Rentkammer stimmte dem Aufschub des Dienstantrittes in Köthen schließlich zu und Bandhauer blieb noch bis zum Herbst 1820 beim Kasernenbau in Düsseldorf.

## Köthen

Kurt Buchberger datierte Bandhauers Dienstantritt in Anhalt-Köthen genau auf den 21. Oktober 1820.[73] Grundlage für diese exakte Angabe sind die herzoglichen Kammerrechnungen, nach denen Bandhauer für das Haushaltsjahr 1820/ 21 insgesamt 225 Taler Gehalt ausbezahlt wurden. Die Berechnung Buchbergers beruht auf dem Jahresgehalt in Höhe von 300 Talern, sodass die 225 Taler genau der Bezahlung für drei Quartale entsprechen würden. Weil sich das Rechnungsjahr im Herzogtum Köthen auf den Zeitraum vom 21. Juli bis zum 20. Juli des Folgejahres bezog, ermittelte Buchberger den Dienstbeginn genau auf den 21. Oktober. Das Datum ist also durchaus plausibel, stimmt aber nur unter der Voraussetzung, dass in dem ausbezahlten Gehalt die 50 Taler für die Aufsicht über die kirchlichen Bauten noch nicht enthalten waren.

Unstrittig ist aber der Dienstantritt noch im Jahr 1820, weil uns Bandhauer in seiner Verteidigungsschrift zum Brückeneinsturz selbst einen Beleg dafür liefert. Dort heißt es zum Wunsch der Nienburger Bevölkerung nach einer Saalebrücke:

*"…und so wurde auch ich bei irgendeiner Gelegenheit schon in den ersten Wochen meines hiesigen Dienstes (1820) und nachher noch öfter und dringender darum ersucht Sr. Durchlaucht, dem Herren Herzoge, das Anliegen der Nienburger unterthänigst vorzustellen…"*.[74]

Für Bandhauer wurde in der Bauverwaltung Köthens eine zusätzliche, im Haushaltsplan verankerte Stelle als Baukondukteur geschaffen, wobei der Herzog auf das in größeren Ländern erforderliche zweite Staatsexamen verzichtete. Offiziell blieb Baumeister Behr aber zunächst noch Chef der herzoglichen Bauverwaltung. Den Köthener Akten ist zu entnehmen, dass Ludwig Behr die Leitung des Bauamtes 1815 von einem Vorgänger namens Förder aus Magdeburg übernommen hatte.[75] Bandhauer war in seinem ersten Dienstjahr Behrs Mitarbeiter und sollte eigentlich von ihm eingearbeitet werden.

---

[73] [Buchberger], Seite 9.

[74] [Bandhauer], Seite 15.

[75] Aus dieser Akte ergibt sich auch Behrs Vorname.

Inoffiziell dürfte sich die Rollenverteilung aber sehr schnell geändert haben, denn Bandhauer begann sofort mit der eigenständigen Umsetzung von Bauprojekten des Herzogs, aus denen sich Behr offenbar weitgehend heraushielt. Bei intensiverer Beschäftigung mit den vorhandenen Quellen keimt allerdings schnell der Verdacht auf, Bandhauer könnte den amtierenden Baumeister regelrecht aus dem Amt verdrängt haben.

Behr hatte bis 1813 an der Berliner Bauakademie studiert, die zu diesem Zeitpunkt noch an die 'Akademie der Künste und mechanischen Wissenschaften' angegliedert war. Anschließend konnte er aber nicht in den preußischen Staatsdienst übernommen werden, weil er *"zwar die besten Zeugnisse besitzt, das vorschriftsmäßige architektonische Examen aber nicht bestanden hat"*.[76] Behr fehlte also schon die erste staatliche Prüfung, die es ihm erlaubt hätte, in Preußen den Titel 'Baukondukteur' zu führen. Stattdessen war er noch im gleichen Jahr im Köthener Bauamt eingestellt worden, also während der Regierungszeit des minderjährigen Ludwig. Auch bei dieser Gelegenheit nahm man es in Köthen mit der Vorlage von Zeugnissen also längst nicht so genau wie in Preußen. Dennoch ist es erstaunlich, dass man Behr im Bauamt einstellte, obwohl er überhaupt keinen entsprechenden Abschluss im Baufach vorweisen konnte. Zwei Jahre später übernahm er sogar die Leitung des Bauamtes von Förder, der aus unbekannten Gründen um seine Entlassung gebeten hatte.

Die Einstellung Behrs ohne das entsprechende Examen sowie seine schnelle Beförderung an die Spitze des Bauamtes, während das Land von einem minderjährigen Herzog regiert wurde, legen den Verdacht der 'Vetternwirtschaft' nahe. Vermutlich belästigte man den Seniorfürsten in Bernburg mit den Problemen Köthens nur wenn es unumgänglich war, sodass die Fäden während der Regentschaft Ludwigs von anderen Personen im Hintergrund gezogen wurden. Der Name Behr war zu dieser Zeit in der Köthener Beamtenschaft gleich mehrfach vertreten, darunter auch in der Rentkammer, der das Bauamt direkt unterstellt war.

Bandhauer legte dem Herzog schon im ersten Monat seiner Tätigkeit den Entwurf für eine Reithalle in unmittelbarer Schlossnähe vor, mit deren Bau er noch 1820 begann. Das Reithaus in Köthen gilt daher als die erste, selbständig geplante und ausgeführte Arbeit Bandhauers. Nach Buchbergers Vermutung sind die Zeichnungen aber schon vor der Zeit in Köthen entstanden, weil sie keinerlei Beziehung zu den umliegenden Gebäuden des Schlossbezirkes

---

[76] Hans Caspary: *"Nachrichten über Ludwig Behr, den ersten Kreisbaumeister in der preußischen Rheinprovinz"* in *"Kunst und Kultur am Mittelrhein – Festschrift für Fritz Arens"*; Worms 1982. Caspary bezieht sich hier auf preußischen Schriftverkehr aus dem Jahr 1834.

erkennen lassen und eher wie ein idealtypischer Entwurf wirken. Bandhauer hat spätestens beim Bau der Kavalleriekaserne in Düsseldorf eine überdachte Reitanlage gesehen aber auch Moller hatte sie in seinem Repertoire.[77] Reithäuser galten damals in Fürstenhäusern und Adelskreisen ohnehin gerade als 'schick' und gehörten zur Grundausstattung jeder herrschaftlichen Residenz. Wegen der großen stützenfreien Grundfläche stellt ein solches Gebäude besonders hohe Anforderungen an die Dachkonstruktion, denen Bandhauer mit seinen unbestreitbaren Fähigkeiten als Konstrukteur und Zimmermann aber spielend gerecht wurde.

Schon bei dieser allerersten Probe seines Könnens bewies Bandhauer nicht nur künstlerisches, sondern vor allem auch ökonomisches Geschick, was ihm beim Herzog viele Sympathiepunkte einbrachte. Mit anderen Worten: er war dazu in der Lage, ausgesprochen kostensparend zu bauen. Für das Reithaus hatte er Baukosten von nur 4.807 Talern veranschlagt, was selbst der Lan-

*Das Reithaus beim Köthener Schloss mit der ursprünglichen Dachkonstruktion (ca. 1940). Im Hintergrund die katholische Kirche St. Maria.*

desregierung sehr knapp erschien. Man schaute dem neuen Kondukteur daher genau auf die Finger, um zu sehen *"ob der Herr Bandhauer wirklich im Stande sey, so wohlfeil zu bauen, als dessen Anschlag besagt".*[78] Als die Reithalle im Dezember 1821 eingeweiht wurde, hatte sie sogar noch einmal 10% weniger gekostet, was auch für die damalige Zeit eher ungewöhnlich war.

---

[77] Seine schönste Reithalle verwirklichte Moller erst 1838 beim Stadtschloss in Wiesbaden. Der Bau ist heute nicht mehr vorhanden, weil er 1960 dem Plenarsaal des Hessischen Landtages weichen musste.
[78] [Buchberger], Seite 17.

Die auffällige Sparsamkeit bei der Bauausführung zieht sich wie ein roter Faden durch Bandhauers Projekte und gehörte zweifellos zu seinem Berufsethos. In seiner Verteidigungsschrift zum Brückeneinsturz schreibt er, *"...dass es überhaupt eine der ersten Pflichten des ausübenden Baumeisters ist, der Summe des Anschlages treu zu bleiben..."*.[79] Seine ökonomische Bauweise sicherte ihm das Wohlwollen des Herzogs, führte aber im Umgang mit den beauftragten Bauunternehmern zu manchem Unmut. So klagte schon bei der Grundsteinlegung für die Saalebrücke in Nienburg ein Handwerker darüber, dass er angesichts der niedrigen Preise kaum noch einen Gewinn aus dem Auftrag ziehen könne.[80]

Das Reithaus war auch in architektonischer Hinsicht ein sehr gelungener Einstand in die Baubehörde Köthens. Bandhauer bewies hier bereits seine überragenden Fähigkeiten als Künstler, wenn er auch keinen streng klassizistischen Bau nach der reinen Lehre entstehen ließ, sondern in einigen Details deutlich romantische Einflüsse sichtbar wurden.[81] Vielleicht war sein jugendliches Temperamt für diese Verspieltheit verantwortlich. Andererseits waren aber auch an den Bauten von Weinbrenner und Moller gelegentlich derartige Tendenzen feststellbar. In Deutschland bestanden die Stilrichtungen Romantik und Klassizismus zu Anfang des 19. Jhd. ohnehin parallel nebeneinander. Bei der Reithalle in Köthen waren insbesondere die ausladenden Voluten der Außenpfeiler zwischen den Fenstern pure Dekoration, obwohl sich darunter die Enden der Stützbalken für die Dachkonstruktion befanden. Bandhauer hat sie nur auf der Schauseite zum Schloss hin so wirkungsvoll ausgebildet. Sie sind für das äußere Erscheinungsbild des Bauwerkes von charakteristischer Bedeutung, widersprechen aber streng genommen seinem eigenen Grundsatz, *"daß überhaupt kein Bau im Äußeren anders scheinen soll, als was er im Innern wirklich ist"*.

Leider ist die Reithalle in ihrer heutigen Form nur noch ein Torso des ursprünglichen Gebäudes, weil ihr Dach nach einem Brand am 23. Januar 1941 einstürzte. Die Brandursache waren aber nicht etwa Kriegshandlungen, sondern ein Defekt in der Elektroinstallation. Während der gesamten DDR-Zeit und auch die ersten Jahre nach der Wiedervereinigung verfielen die nackten und unbedachten Außenmauern der Ruine auf dem Schlossplatz mehr und mehr, bevor eine - allerdings diskussionswürdige - Lösung gefunden wurde, um das Baudenkmal vor dem weiteren Niedergang zu bewahren. Seit dem Jahre 2008 bedeckt ein preisgekrönter quaderförmiger Aufbau die erhalten

---

[79] [Bandhauer], Seite 67 (Fußnote).
[80] Zeitung für die elegante Welt, Ausgabe vom 17.05.1824, Seite 782.
[81] [Buchberger], Seite 14.

gebliebenen Mauern. Heute beherbergt die ehemalige Reithalle den Johann-Sebastian-Bach-Saal mit 450 Sitzplätzen, der vor allem für Konzerte genutzt wird.[82]

Auch Bandhauers Zusatztätigkeit im Bereich 'kirchliche Bauten' beschäftigte ihn schon unmittelbar nach seinem Dienstantritt in Köthen. Er hatte regelmäßig die Bausubstanz entsprechender Bauwerke zu überprüfen und mit den Kirchenvertretern vor Ort notwendige Reparaturen zu besprechen. Am dringendsten erwies sich eine Entscheidung bezüglich der kleinen

*Die Voluten am ehemaligen Reithaus beim Köthener Schloss, heute "Johann-Sebastian-Bach-Saal".*

Dorfkirche in Gnetsch, deren Alter zu dieser Zeit bereits 500 Jahre betrug und die wegen der desolaten Kassenlage lange Zeit vernachlässigt worden war. Behr und Bandhauer kamen übereinstimmend zu dem Ergebnis, dass eine Sanierung des Gebäudes nicht mehr möglich war, sondern nur noch ein Abriss mit anschließendem Neubau in Frage kam.

Ein schon früher aufgestellter Entwurf Behrs war nicht finanzierbar gewesen und seine Umsetzung deshalb schon mehrfach verschoben worden. Anfang 1821 erhielt Bandhauer offiziell den Auftrag, einen neuen Entwurf für die Kirche anzufertigen, die dann noch im Dezember des gleichen Jahres eingeweiht werden konnte.[83] Und auch dies sollte zu einem Markenzeichen Bandhauers werden: er baute schnell. Die Kosten der heute leider nicht mehr vorhandenen Kirche hatten nur wenig mehr als die Hälfte dessen betragen, was Behr einst kalkuliert hatte. Auch dieser Erfolg Bandhauers muss für den amtierenden Baumeister sehr demütigend gewesen sein, denn nur wenige Monate nach

---

[82] Johann Sebastian Bach war von 1717 bis 1732 Hofkapellmeister in Köthen und schuf in dieser Zeit einige seiner bekannten Werke, wie z.B. *"Das wohltemperierte Klavier"*.

[83] [Buchberger], Seite 39.

dem Dienstantritt seines neuen Mitarbeiters hatte ihn dieser durch seine Fähigkeiten bereits ins Abseits gestellt.

Bandhauer eroberte die Sympathien des Herzogs im Sturm, indem er alles billiger und schneller machte und auch neue architektonische Ideen aus Süddeutschland einführte. Durch die noch frischen Lehrstunden bei Moller brachte er eine moderne Spielart des Klassizismus nach Köthen, die auch ganz anders war als das, was Erdmannsdorff in Dessau praktiziert hatte. Man kann sich eigentlich kaum vorstellen, dass es Behr nicht gekränkt hat, wie der neue Kondukteur seine Kostenanschläge halbierte, die Projekte in kürzerer Zeit verwirklichte und ihm als dem amtierenden obersten Baumeister in jeder Weise den Rang ablief. Sicher hat sich Bandhauer später an diese Situation erinnert, als ihm einige Monate später selbst ein neuer Mitarbeiter zur Seite gestellt wurde. Vielleicht lag hier die Wurzel für das vergiftete Verhältnis zu diesem Berufskollegen, weil Bandhauer Angst hatte, selbst das Opfer eines jüngeren und vielleicht noch besser ausgebildeten Baumeisters zu werden.

In technischer und künstlerischer Hinsicht ist die kleine Dorfkirche in Gnetsch auch deshalb sehr interessant, weil sie wie eine Vorstudie zu der zehn Jahre später entstandenen katholischen Kirche in Köthen wirkte, die Bandhauers bedeutendstes Bauwerk werden sollte. Schon in Gnetsch projektierte er einen Zentralbau auf dem Grundriss eines griechischen Kreuzes, mit einem sehr hohen Turm in der Mitte, der im Verhältnis zur Größe der Kirche ihr gesamtes Erscheinungsbild dominierte. Auf Wunsch des Herzogs hatte Bandhauer den Standort der neuen Kirche verlegen müssen, der sich dadurch über einem aufgefüllten ehemaligen Dorfteich befand. Er gründete die Fundamente daher auf Eichenroste, die jedoch wegen einer allmählichen Absenkung des Grundwasserspiegels 85 Jahre nach dem Bau trocken lagen. Dadurch verlor das Gebäude seine Standsicherheit und musste 1908 gesprengt werden.[84]

Schon wenig später erhielt Bandhauer die erste Gelegenheit auch einen Beweis seiner überragenden Fähigkeiten als Konstrukteur abzuliefern. Herzog Ferdinand plante zur Unterstreichung seines Machtanspruchs als souveräner Landesfürst eine Umgestaltung des Thronsaales im Köthener Schloss. Das Gebäude stammte ursprünglich aus der Übergangszeit vom 16. zum 17. Jhd. und genügte nach dem Selbstverständnis Ferdinands nicht mehr seinen Repräsentationszwecken. Auch diese Aufgabe wurde Bandhauer schon 1821 übertragen, obwohl zu diesem Zeitpunkt Behr noch Chef des herzoglichen Bauamtes war. Hier zeigt sich abermals das enorme Vertrauen, das Ferdinand dem jungen Baumeister schon nach den ersten erledigten Bauaufgaben

---

[84] [v. Kempen], Seite 36.

entgegenbrachte. Den Umbau des Thronsaales haben schon Salzmann, van Kempen und Buchberger ausführlich beschrieben. Besondere Aufmerksamkeit erregte dabei immer wieder die Durchdringung des Tonnengewölbes, weil es Bandhauer gelang, sie ohne Abnahme des Daches auszuführen.

Anlässlich des 30. Geburtstages von Herzogin Julie, wurde der vollendete Thronsaal im Januar 1823 feierlich eingeweiht.[85] Der heute 'Spiegelsaal' genannte Raum beeindruckt noch immer durch seine gut abgestimmten Proportionen und seine künstlerische Gestaltung. Auch der Herzog zeigte sich sehr zufrieden mit seiner neuen Repräsentationshalle, in der er ausländische Diplomaten und wichtige Staatsgäste empfing. Bandhauer wurde für diese Leistung eine Sonderzahlung in Höhe von 100 Talern 'huldvollst' bewilligt, was immerhin einem Drittel seines damaligen Jahresgehaltes entsprach.

Bandhauer widmete sich mit seiner ganzen Kraft und Leidenschaft der neuen Aufgabe und ergriff gelegentlich vor dem Herzog oder der Landesregierung selbst die Initiative für weitere Bauvorhaben. Dabei zeigte er sich stets aufgeschlossen gegenüber technischen Neuerungen aller Art. Dies wird auch aus einer Empfehlung deutlich, die er Ferdinand im Zusammenhang mit dem Ausbau des Thronsaales unterbreitete. Schon im Dezember 1821 reichte er über die Rentkammer den Vorschlag ein, einen Teil des herzoglichen Schlosses durch ein System von Röhren und Mauerzügen mit erwärmter Luft zu beheizen. Dieses neuartige Verfahren war im selben Jahr von Professor Meißner in Wien veröffentlicht worden.[86] Der Herzog war mit diesem *"höchst zweckmäßigen Vorschlag"* [87] einverstanden und ordnete die Ausführung für das Frühjahr oder den Sommer des folgenden Jahres an, was dann aber aus nicht bekannten Gründen unterblieb. Bandhauer realisierte die Warmluftheizung aber ein paar Jahre später beim Bau des Hospitals *"Zum Heiligen Geist"*.[88]

Leider wissen wir nicht, welche der damaligen Fachzeitschriften oder Magazine Bandhauer zugänglich waren, oder auf welchem Wege er sich sonst über technische Neuerungen im Bauwesen auf dem Laufenden hielt. Ebenso fehlen uns jegliche Informationen über die Ausstattung seiner Bibliothek. Jedenfalls stellte er auch beim Brückenbau in Nienburg und bei anderen Gelegen-

---

[85] [Nestler], Seite 45.

[86] Paul Traugott Meißner: *"Die Heizung mit erwärmter Luft als das wohlfeilste, bequemste und zugleich die Feuersgefahr am meisten entfernende Mittel zur Erwärmung größerer Räume ..."*; Wien 1821.

[87] [LHASA], Z 70, A 13 Nr. 8 *"Der von dem Bauinspektor Bandhauer gemachte Antrag bezüglich der Heizung mehrerer Räume des herzoglichen Schlosses zu Köthen mit erwärmter Luft"*, 1821.

[88] [Buchberger], Seite 31.

heiten immer wieder unter Beweis, dass er mit seinem Fachwissen stets am Puls der Zeit war und auch über internationale Entwicklungen gut Bescheid wusste.

Im Dezember 1821, also nur 14 Monate nach Bandhauers Dienstantritt, schied Ludwig Behr aus dem Köthener Staatsdienst aus und verließ kurz darauf die Stadt und das Herzogtum. Über das persönliche Verhältnis zwischen Bandhauer und Behr ist leider nichts bekannt. Viele Jahre später äußerte sich Bandhauer in einem Aufsatz für den 'Allgemeinen Anzeiger' aber durchaus respektvoll über seinen ehemaligen Vorgesetzten. Eigentlich ging es in dem Text um die langsam eskalierenden Auseinandersetzungen mit seinem neuen Mitarbeiter Hengst: *"Er war bestimmt den Baumeister Behr zu ersetzen, einen jungen Mann von ebenso reellem Charakter als Wissen".* [89] Dieses Zitat stammt allerdings aus einer Zeit, als Bandhauer sein Amt schon an Hengst verloren hatte und ihm wohl allmählich bewusst wurde, dass Behr ein loyaler Mitarbeiter gewesen wäre. Das exakte Geburtsdatum Behrs ist derzeit unbekannt, muss aber zwischen März 1789 und Februar 1790 liegen. Behr war also nur ein paar Monate älter als Bandhauer. Dazu passt auch, dass Bandhauer ihn in dem o.g. Aufsatz als *"jungen Mann"* bezeichnete.

Aufgrund der Aktenlage scheint sich der Wechsel an der Spitze der Köthener Baubehörde wie folgt abgespielt zu haben: Behr war seit mehr als fünf Jahren Chef des herzoglichen Bauamtes und glaubte sich trotz der fehlenden Zeugnisse fest im Sattel, als Ludwig August im Alter von 16 Jahren überraschend verstarb. Der neue Herzog Ferdinand plante umfangreiche Baumaßnahmen und erteilte den Befehl, zu Behrs Unterstützung einen zweiten Baumeister einzustellen. Mit der Auswahl und der Kontaktaufnahme wurde Behr selbst beauftragt, genauso wie Bandhauer später einen Vorschlag für seinen eigenen Mitarbeiter zu machen hatte. Nach dem Dienstantritt Bandhauers dürfte aber schon bald das Problem aufgetreten sein, dass der neue, eigentlich untergeordnete Mitarbeiter, eine höherwertige Ausbildung vorzuweisen hatte als sein Chef. Die internen Machtverhältnisse im Bauamt dürften sich daher schwierig gestaltet haben, zumal schnell deutlich wurde, dass Bandhauer auch in der Praxis über die größeren Fähigkeiten verfügte. Vermutlich wurde nach seinen ersten Erfolgen dann irgendwann von höchster Stelle entschieden, die Rollen des Vorgesetzten und des Mitarbeiters zu tauschen. Darauf deutet auch die schon erwähnte Bemerkung im 'Allgemeinen Anzeiger' hin, nach der Herzog Ferdinand *"das Verhältnis bald wieder änderte"*.

---

[89] [Allg. Anzeiger], Jahrgang 1833, Nr. 182, Spalte 2358.

Die Behörden gaben Behr ein wohlwollendes Zeugnis mit auf den Weg, aus dem hervorging, dass er in Köthen *"neun Jahre als Architekt zur besonderen Zufriedenheit seiner Oberen gedient, aber freiwillig diese Dienste quittiert und nach dem Zeugnis der Baubehörde sich den Bauwissenschaften mit Eifer gewidmet hat"*.[90] Dieses Zitat ist u.a. ein Beleg dafür, dass Behr direkt nach dem nichtbestandenen Examen (1813) in den Köthener Staatsdienst eingetreten ist. Die Landesregierung bescheinigte ihm weiterhin ein *"gefälliges Äußeres, Bescheidenheit und sittliches Betragen"*. Er sei ein Mann *"von strenger Rechtlichkeit und Moralität im Dienst und im Privatleben"*. Da nur einige Monate später wieder ein zweiter Baumeister eingestellt wurde, liegt die Vermutung nahe, dass Behr ein Problem damit hatte ins zweite Glied zurückzutreten oder anderweitige Spannungen mit dem Herzog aufgetreten sind. Da man in Köthen offenbar durchaus Bedarf und auch das Geld für einen zweiten Baumeister hatte, erfolgte der Rückzug Behrs möglicherweise doch nicht so ganz freiwillig. Dafür spricht auch die Tatsache, dass sich Behr unmittelbar nach dem Tode Ferdinands und dem fast gleichzeitigen Ausscheiden Bandhauers erneut um eine Anstellung in Köthen bewarb.[91]

Bandhauer wurde zum 1. Januar 1822 die alleinige Leitung der herzoglichen Baubehörde übertragen. Für ihn persönlich bedeutete dies auch die erste Beförderung zum Bauinspektor und die Verdoppelung seines Grundgehalts auf 600 Taler jährlich. Die größere Verantwortung drückte sich auch darin aus, dass er nun einmal pro Woche an den Sitzungen der Rentkammer teilnehmen durfte. Die Rentkammer, der das Bauamt direkt unterstellt war, kontrollierte die Finanzen des Herzogtums, hatte also über alle Einnahmen und Ausgaben zu wachen und jährlich einen Haushaltsplan aufzustellen. Bandhauer musste vor der Rentkammer für alle geplanten Baumaßnahmen deren Notwendigkeit erläutern, Varianten und Alternativen vorschlagen und die Kosten rechtfertigen. Bei allen Ausgaben die das Bauwesen direkt betrafen, hatte er darüber hinaus auch Stimmrecht.

Nach dem Abgang Behrs reichte Bandhauers Arbeitstag kaum noch aus, um die Fülle seiner vielfältigen Aufgaben alleine zu bewältigen. Neben Bau- und Unterhaltungsmaßnahmen an den herrschaftlichen Gebäuden, Straßen und Brücken, war er auch für die Wasserversorgung, den Hochwasserschutz, die Pflege der Parks und Friedhöfe sowie die Instandhaltung von öffentlichen Fähren, Kähnen und Hafenanlagen verantwortlich. Durch die Zusatzvereinbarung über die kirchlichen Liegenschaften hatte er sich außerdem auch um die Got-

---

[90] Hans Caspary: *"Nachrichten über Ludwig Behr..."*. Aus dem Schriftverkehr der bayrischen Baubeamten Vorherr und Wiebeking vom September 1822.
[91] Siehe auch Kurzbiografie Ludwig Behrs im Anhang.

teshäuser, Schulen, Pfarrhäuser sowie alle zugehörigen Grundstücke und Nebengebäude zu kümmern. Auch die Anstellung und Bezahlung der benötigten Arbeitskräfte, sowie die Festlegung der Arbeitszeiten und Gehälter des Baupersonals, fielen in seine Zuständigkeit.

*Der sogenannte "Ferdinandsbau" am Köthener Schloss.*

Die Bauleidenschaft des Herzogs wurde durch die billige und schnelle Arbeitsweise seines neuen Baumeisters zusätzlich angeregt. So führte Bandhauer schon bald eine grundhafte Sanierung des Lustschlosses in Geuz durch und errichtete mehrere neue Zollhäuser sowie herzogliche Wirtschaftsgebäude. Parallel dazu sanierte er Schulen und Kirchen im ganzen Land und führte gelegentlich auch Privataufträge durch. Im Juli 1823 wurde der Grundstein für einen neuen Flügel des Köthener Schlosses gelegt, der an der Stelle des ehemaligen Pagenhauses entstand und bis heute nach dem regierenden Herzog 'Ferdinandsbau' genannt wird. Der wuchtige Anbau beherbergte von seiner Fertigstellung im Juli 1828 bis zum Aussterben der Linie Anhalt-Köthen-Pleß die höchsten Gremien der Verwaltung und den Sitzungssaal der Landesregierung.

## Leben und Arbeit im Herzogtum Anhalt-Köthen

Spätestens ab 1823 beschäftigte sich Bandhauer auch mit dem Bau von Ketten- und Hängebrücken, die zu diesem Zeitpunkt in ganz Europa als technische Innovation galten. Erster Anstoß für sein Interesse an diesem Thema war der Wunsch der Nienburger Bevölkerung, die überlastete und unzuverlässige Saalefähre dauerhaft durch eine Brücke zu ersetzen. Allerdings beteiligte er sich schon vor Baubeginn der Saalebrücke an einer internationalen Ausschreibung der Stadt Wien für eine Brücke über die Donau, die jedoch nicht zur Ausführung kam. Am 22. März 1824 fand in Nienburg die feierliche Grundsteinlegung für die Kettenbrücke über die Saale statt. Im Verlauf der Bauarbeiten kam es zu vielen Verzögerungen, sodass die Einweihung nicht mehr im gleichen Jahr stattfinden konnte, wie Bandhauer es eigentlich geplant hatte. Dadurch wurde er gezwungen, die Bauarbeiten über den Winter zu unterbrechen.[92]

Im März 1825, gerade als sich Bandhauer daran machte, die Nienburger Brücke zu vollenden, brachen Herzog Ferdinand und seine Gemahlin zu einem langen und ereignisreichen Auslandsaufenthalt auf, von dem sie erst kurz vor Jahresende wieder zurückkehrten. Die Ärzte hatten der kränkelnden Julie zu einer Reise nach Frankreich geraten, auf der Ferdinand sie begleitete. Am längsten waren sie dabei in Paris, wo sie sich im Laufe ihres Aufenthalts offenbar zunehmend mit religiösen Fragen beschäftigten. Der österreichische Diplomat Adam Müller, ein enger Vertrauter Ferdinands, scheint dabei eine entscheidende Rolle gespielt zu haben.

Die folgenreiche Angelegenheit kulminierte schließlich im gemeinsamen Übertritt des Herzogpaares zum Katholizismus, der am 24. Oktober 1825 in der Kirche von Conflans bei Paris vollzogen wurde.[93] Ferdinand sprach später aber lieber von der *"Rückkehr zum alten Glauben"*, weil auch seine Vorfahren vor der Reformation katholisch gewesen waren. Aus heutiger Perspektive könnte man vielleicht meinen, dies sei keine große Sache gewesen, sondern eher eine Privatangelegenheit. In Anbetracht der damaligen gesellschaftlichen Verhältnisse war es aber ein Schritt mit weitreichenden Folgen. Der politische Einfluss der Kirche war damals noch ungleich größer als heute und auch im Leben der einfachen Bevölkerung waren Glaube und Religion tief verwurzelt. Insofern war es für die ganz überwiegend protestantische Bevölkerung Köthens sehr wohl von Bedeutung, dass sich ihr Landesherr plötzlich einer anderen Konfession zuwandte.

Buchberger bezeichnete den Religionswechsel in seiner Dissertation als *"rein staatspolitisches Manöver hinter der demutsvollen Maske eines Gläubigen"*.[94] Sicherlich erwarb sich der Herzog durch diesen Schritt das Wohlwollen des Papstes, Frankreichs und vor allem Österreichs, von dem er sich unter anderem Beistand bei den Zollstreitigkeiten mit Preußen erhoffte. Auf der anderen

---

[92] Bau und Einsturz der Nienburger Kettenbrücke werden im zweiten Kapitel ausführlich behandelt.

[93] Dr. Franz Schulte: *"Herzog Ferdinand und Herzogin Julie von Anhalt-Cöthen. Eine religionsgeschichtliche und religions-psychologische Studie"*. Cöthen (Anhalt). Verlag des Sächsischen Tageblattes, 1925.

[94] [Buchberger], Seite 41.

Seite wirkten sich die weitgehende Ablehnung der Bevölkerung und das Missfallen des preußischen Königshauses so negativ aus, dass die These Buchbergers zumindest fragwürdig erscheint. Herzogin Julie blieb der katholischen Gemeinde in Köthen jedenfalls bis zu ihrem Tode eng verbunden und unterstützte sie auch dann noch großzügig, als ihr Gatte längst verstorben war und sie selbst nicht mehr in Köthen lebte.

Wenige Tage nach der Rückkehr des Herzogpaares stürzte in Nienburg die erst seit drei Monaten vollendete Kettenbrücke ein. Dabei wurden vor den Augen des Herzogs viele Menschen getötet oder schwer verletzt. Dieses tragische Ereignis verhinderte zunächst das heikle Eingeständnis des Konfessionswechsels in der Öffentlichkeit, das der Herzog vermutlich für Weihnachten oder Neujahr geplant hatte. Der erste katholische Gottesdienst in Köthen fand an Weihnachten 1825 daher verschwiegen in der Schlosskapelle statt. Entsprechend spärlich war der Besuch, zumal die katholische Gemeinde zu diesem Zeitpunkt erst wenige Personen umfasste und nur eine Handvoll Eingeweihter von dem Religionsübertritt wusste. Den günstigen Moment auf den er gewartet hatte, sah Ferdinand am 13. Januar 1826 gekommen, als er die Nachricht vom Konfessionswechsel gemeinsam mit einem großzügigen Hilfsprogramm für die Opfer und Hinterbliebenen des Brückeneinsturzes bekannt geben konnte.[95]

Für Bandhauer war dieses Unglück die erste wirkliche Niederlage seines Berufslebens. Bald sollte sich jedoch herausstellen, dass der Brückeneinsturz nur der Beginn einer schleichenden Demontage seiner Person als oberstem Baumeister Köthens war. Daran konnte auch der Freispruch der Universität Göttingen vom Februar 1829 nichts mehr ändern, denn während der drei Jahre dauernden Ungewissheit über den Ausgang des Verfahrens, wurde seine Position in der Öffentlichkeit zunehmend in Frage gestellt.

Bei Bandhauer selbst überwog nach dem Göttinger Urteil aber zunächst einmal die Erleichterung über das glückliche Ende der Untersuchungen, die man bei der Lektüre seiner Verteidigungsschrift deutlich spüren kann. Mit einem Mal waren alle düsteren Gedanken der letzten Monate verflogen, alle Gegner und Kritiker - zumindest vorläufig - zum Schweigen gebracht. Auch der Herzog dürfte mit dem Ausgang des Verfahrens sehr zufrieden gewesen sein. Er brauchte Bandhauer jetzt mehr denn je, weil der Konfessionswechsel auch neue Bauvorhaben nach sich zog.

---

[95] Dr. Franz Schulte: *"Herzog Ferdinand und Herzogin Julie..."*

Im folgenden Frühjahr schickte der Papst den belgischen Jesuitenpater Pierre Jean Beckx vom Priesterseminar in Hildesheim zur Betreuung der kleinen katholischen Gemeinde nach Köthen. Insgeheim hofften sowohl der Vatikan als auch Herzog Ferdinand, dass viele Untertanen dem Beispiel ihres Landesherrn folgen würden. Kurz vor Ostern 1826 kam der Geistliche in Köthen an, wurde von der Bevölkerung aber mit eisiger Kälte empfangen. Er musste sechs Wochen lang in einem Gasthof übernachten, bis er endlich jemanden fand, der bereit war ihm eine Wohnung zu vermieten.[96] Einige Zeit später kam noch ein zweiter Pater nach Köthen, der Beckx bei dem erhofften massenhaften Religionsübertritt der Bevölkerung unterstützen sollte, der aber ausblieb.

Um dem Ereignis des Konfessionswechsels ein weithin sichtbares Zeichen zu verleihen und gleichzeitig die Unumstößlichkeit seiner Entscheidung zu demonstrieren, veranlasste Ferdinand schon bald den Bau eines neuen katholisches Gotteshaus in Köthen. Bandhauer, der mit der Aufstellung des Entwurfes und der Bauausführung beauftragt wurde, schenkte der Kirche fortan seine größte Aufmerksamkeit. Dabei war er sich der Bedeutung dieser Aufgabe vollkommen bewusst, weil er den Stellenwert dieses Projektes für den Herzog kannte. Entsprechend sorgfältig und konzentriert ging er an die Vorbereitungen für das wichtigste Bauwerk seines Lebens heran, zumal die Folgen des Brückeneinsturzes noch immer schwer auf ihm lasteten. Zu diesem Zeitpunkt konnte er noch nicht ahnen, dass die noch heute bestehende Kirche endgültig zu seinem beruflichen Schicksal werden sollte.

Trotz der angespannten Situation in der sich Bandhauer zu dieser Zeit befand, gilt die katholische Kirche St. Maria in baukünstlerischer Hinsicht als seine bedeutendste Arbeit. Van Kempen und Buchberger haben sich ausführlich mit diesem Bauwerk beschäftigt und seine Bedeutung für den deutschen Klassizismus herausgestellt. Als Standort für die Kirche hatte Ferdinand den sogenannten 'Roten Garten' ausgewählt, ein freies Grundstück direkt hinter Bandhauers Reithaus und in unmittelbarer Nähe zum Schloss. Bandhauer legte im März 1827 drei Varianten für das neue Gotteshaus vor. Leider sind aber nur zwei Entwürfe erhalten geblieben, die jeweils den gleichen Zentralbau mit unterschiedlich gestalteten Türmen zeigen. Vermutlich wies auch die dritte, leider verschollene Variante, diesen Grundriss auf, den Bandhauer aus der Form eines griechischen Kreuzes entwickelte. Bei St. Maria sind die Ecken des Kreuzes allerdings ausgefüllt und nur durch schwach vorspringende Risalite angedeutet. Dadurch entstand ein nahezu quadratisches Gebäude von etwa

---

[96] Johannes Mertens: *"Die Geschichte der Köthener Jesuitenmission"*. [http://www.johannes-mertens.de/jesuiten_koethen/jesuiten_koethen.html]

25 x 25 Metern Grundfläche, über dessen Zentrum sich ein gewaltiger Turm erheben sollte.

Nicht ganz überraschend entschied sich der Herzog für die monumentalste der drei Varianten, die einen Turm mit drei abgestuften Ebenen vorsah. Im Stile eines hellenistischen Tempels sollten sich aus der untersten Plattform 12 dorische Säulen erheben. Interessanterweise kamen alle Autoren die sich intensiv mit der architektonischen Seite des Bauwerks beschäftigt haben, übereinstimmend zu dem Ergebnis, dass die nicht ausgeführte Turmvariante wesentlich besser zum wuchtigen Unterbau des Gebäudes gepasst hätte.

Bei der Betrachtung des von herzoglichen Gnaden genehmigten Entwurfes fällt sofort das ungewöhnliche Größenverhältnis zwischen dem eigentlichen Kirchengebäude und dem mächtigen hohen Turm ins Auge. In statischer Hinsicht hätte dessen gewaltige Masse dem Unterbau eine enorme Belastung zugemutet. Aber auch das Tonnengewölbe war für die damalige Zeit eine architektonische Sensation. Mit einer Spannweite von 34,5 Kalenberger Fuß verstieß es gegen Eytelweins *"Theorie der Gewölbe vom Keile"*, in der er etwas mehr als 22 Fuß als größtmögliche Spannweite eines solchen Gewölbes angegeben hatte.

Bandhauer war ein gewissenhafter Konstrukteur und hat sich mit diesen Problemen intensiv auseinandergesetzt. Das Tonnengewölbe hatte er aus einer eigenen Theorie entwickelt, die er 1831 als Buch veröffentlichte, die punktuell aber im Widerspruch zu Eytelweins Werken stand.[97] Es spricht für sein Selbstbewusstsein als Architekt und Baumeister, dass er sich nach den gerade erst überstandenen Rechtsstreitigkeiten wegen des Brückeneinsturzes an ein solch anspruchsvolles Projekt heranwagte und nicht etwa eine auf Sicherheit bedachte Lösung vorschlug. Um den repräsentativen Ansprüchen des Herzogs zu genügen, ging er erneut ein hohes Risiko ein, und erntete dafür von einigen Berufskollegen wiederum Unverständnis und boshafte Kritik.

Die Finanzierung des Kirchenbaues gestaltete sich einfacher als zunächst gedacht, denn er wurde durch großzügige Geld- und Sachspenden aus dem In- und Ausland unterstützt. So stifteten König Karl X. von Frankreich, König Friedrich August von Sachsen ('der Gerechte') und Kaiser Franz I. von Österreich größere Geldbeträge, während der Papst geweihte Gerätschaften und eine Reliquie aus Rom schickte. Zur Grundsteinlegung am 22. April 1827 kamen hohe Würdenträger der Katholischen Kirche nach Köthen, darunter Bi-

---

[97] Gottfried Bandhauer *"Theorie der Gewölbe und Kettenlinien. Ein Handbuch für praktische Baumeister und Maurer"*; Leipzig (1831).

schof Mauermann aus Dresden. Im Laufe der Zeremonie wurde am späteren Standort des Altars ein drei Meter hohes Holzkreuz aufgestellt.

Obwohl der weitaus größere Bevölkerungsanteil Anhalt-Köthens evangelisch war und dem Religionsübertritt des Herzogs äußerst kritisch gegenüberstand, überboten sich die Untertanen offensichtlich dabei, den Kirchenbau auf die eine oder andere Weise zu unterstützen. Man wusste was dem Herzog das neue Gotteshaus bedeutete und erhoffte sich kleine Vorteile, wenn man Geld- oder Sachspenden überreichte, Handwerksleistungen kostenlos zur Verfügung stellte oder Freifuhren des Baumaterials übernahm. Van Kempen meinte sogar: *"es war geradezu ein Wettlauf um die Gunst des Herzogs, den weiteste nichtkatholische Kreise der Bevölkerung in Stadt und Land Köthen damals unternahmen."*[98]

Nach den vielen aufregenden Monaten zwischen dem Brückeneinsturz und dem entlastenden Urteil aus Göttingen, machte sich aber auch in Bandhauers Privatleben plötzlich ganz neuer Lebensmut bemerkbar. Während er nach eigenem Bekunden bislang seine gesamte Energie ausschließlich in den Beruf gesteckt hatte, brach für ihn nun ein völlig neuer Lebensabschnitt an: er heiratete! Nach dem Aufgebot im Kirchenbuch der evangelischen Gemeinde St. Agnus in Köthen, fand die Eheschließung mit Luise Friederike Matthiae am 08.06.1829 in Roßlau statt.[99] Warum sich das Paar nicht in Bandhauers damaligem Wohnort (und Friederikes Geburtsort) Köthen trauen ließ, lässt sich nicht mit Sicherheit sagen. Ob sich dadurch, wie verschiedentlich angedeutet, bereits der Bruch mit der Residenzstadt abzeichnete, sei einmal dahingestellt. Immerhin war Roßlau aber Bandhauers Geburtsort und wahrscheinlich lebte seine Mutter noch dort.[100]

Luise Friederike Matthiae stammte eigentlich aus Köthen, lebte zu diesem Zeitpunkt aber mit ihrer Mutter in Törten, einem kleinen Ort der heute mit Dessau-Roßlau zusammengewachsen ist. Ebenso wie Bandhauer war sie ein unehelich geborenes Kind aus einfachsten Verhältnissen. Bei der Eheschließung war Bandhauer schon 39 Jahre alt, während Friederike mit 21 Jahren

---

[98] [v. Kempen], Seite 22.

[99] Kirchenbuch der Pfarrei St. Agnus in Köthen; *"Aufgeboths- und Trauungs-Register (1829)"*; Nr. 15.

[100] Nach Koschig starb Bandhauers Mutter erst 1855. Bei Bandhauers Hochzeit war sie 58 Jahre alt. Da ihr eigener Ehemann bereits 1809 verstorben war, ist es gut möglich, dass sie 1829 noch (oder wieder) in Roßlau lebte.

deutlich jünger war.[101] Leider ist über Bandhauers Ehefrau nur sehr wenig bekannt, ebenso über Ort und Zeitpunkt an dem er sie kennenlernte. Friederike scheint nicht ungebildet gewesen zu sein. Diesen Eindruck machen zumindest zwei erhalten gebliebene Briefe, die sie Ende 1833 an den Hofarzt Samuel Hahnemann schrieb.[102] Sie hatte eine saubere, gut lesbare Handschrift, drückte sich gewählt aus und machte kaum Rechtschreibfehler. Friederike scheint Bandhauer bis zu seinem Tod eine treue Begleiterin gewesen zu sein und schenkte ihm im Laufe der nächsten Jahre vier Kinder.

Im Zusammenhang mit Bandhauers Eheschließung muss aber noch eine nachdenklich stimmende Begebenheit angesprochen werden, die sich kurz darauf im 350 Kilometer entfernten Darmstadt ereignete. Dort starb nämlich, ganze 12 Tage nach Bandhauers Trauung, Maria Catharina Becker, also die Frau, mit der Bandhauer zwei uneheliche Kinder hatte und die er im Mai 1819 verlassen hatte. Die zeitliche Nähe der beiden Ereignisse ist sehr auffällig, könnte aber auch reiner Zufall sein. Der Eintrag im Sterberegister der Evangelischen Kirche in Darmstadt gibt keinerlei Auskunft über irgendwelche Besonderheiten oder gar die Todesursache. Es wird sogar ausdrücklich erwähnt, dass sie *"christlich zur Erde"*[103] bestattet wurde, was damals in Suizidfällen durchaus nicht selbstverständlich gewesen wäre. Trotzdem bleibt ein etwas beklemmendes Gefühl zurück, denn der zeitliche Abstand zwischen den beiden Ereignissen spricht eher für, als gegen einen Zusammenhang. Ein Brief benötigte 1829 noch relativ lange, um die Strecke von Köthen nach Darmstadt zurückzulegen, zumal er auf diesem Weg von zwei unabhängigen Postgesellschaften transportiert werden musste.

Es dürfte Bandhauer kaum gelungen sein, seine frühere Beziehung in Darmstadt und die beiden unehelichen Kinder vor seiner Familie und der Köthener Gesellschaft zu verheimlichen. Mit dem Zimmermann August Kettmann *"von Anhalt-Cöthen"* gab es ohnehin einen Eingeweihten im direkten Umfeld Bandhauers, der Taufpate seiner zweiten Tochter in Darmstadt und wahrscheinlich auch sein Stiefbruder war. Kettmann kannte Maria Catharina Becker – zumindest von der Taufe – persönlich und lebte bei Bandhauers Hochzeit in Roßlau oder Umgebung. Möglicherweise hat er oder ein anderer die Nachricht von Bandhauers Eheschließung nach Darmstadt übermittelt. Man sollte aber auch hier die Möglichkeit nicht außer Acht lassen, dass Bandhauer die ganze Zeit

---

[101] Der Rufname Friederike ergibt sich aus dem Kirchenbucheintrag zur Geburt der ersten Tochter Anna und aus dem Nachlass des Homöopathen Samuel Hahnemann.

[102] [IGM] B331297 und B331098

[103] Zentralarchiv der evangelischen Kirche in Hessen und Nassau, Standort Darmstadt; Best. 244, Bl./s. KB 56 Film 2778, Seite 825, Nr. 214.

über Unterhalt für seine unehelichen Kinder gezahlt hat und daher ohnehin eine regelmäßige Kommunikation nach Darmstadt pflegte.

Maria Catharina Becker war bei ihrem Tod erst 35 Jahre alt und immer noch unverheiratet. Zu ihren beiden Kindern heißt es im Sterberegister des Kirchenbuchs: *"Diese Verstorbene hinterläßt eine Tochter, Luise Christine Bandhauer, geboren den 3ten Februar 1815. Die zweite Tochter Auguste, geboren den 8ten October 1817, ist den 9ten März 1821 gestorben."*[104] Es ist nicht bekannt ob oder wann Bandhauer vom Tod seiner früheren Partnerin erfahren hat. Jedenfalls holte er die 14-jährige Luise Christine danach nicht zu sich nach Köthen, und wir wissen auch nicht, bei wem sie nach dem Tod ihrer Mutter Unterschlupf gefunden hat.

Als die Bauarbeiten an der katholischen Kirche schon ein fortgeschrittenes Stadium erreicht hatten, fiel Bandhauer noch ein weiteres großes Projekt zu, das ebenfalls durch den Konfessionswechsel im Fürstenhaus ausgelöst wurde. Im Juli 1829 wurde in der Wallstraße der Grundstein für das Kloster und Hospital der 'Barmherzigen Brüder' gelegt, mit dem Ferdinand in der Bevölkerung die Akzeptanz für seinen unpopulären Schritt erhöhen wollte. Während für das Kloster nur ein bestehendes Wohnhaus umgebaut werden musste, errichtete Bandhauer für das Spital ein neues Gebäude mit einer eleganten klassizistischen Fassade. Das für die damalige Zeit hochmoderne Krankenhaus verfügte über eine großzügige Raumaufteilung, ein Badezimmer mit mehreren Badewannen, eingemauerte Wasserleitungen mit Wasserhähnen und die schon Jahre vorher für das Schloss geplante Warmluftheizung.

Obwohl der Konfessionswechsel nun schon einige Jahre zurücklag, protestierten weite Teile der Bürgerschaft immer noch mehr oder weniger offen dagegen. Während der Bauarbeiten am Hospital kam es zu anonymen Drohungen gegen die Barmherzigen Brüder und alle Katholiken, die das Kloster unterstützten. Am 30. Mai 1830 brach ein Feuer auf der Baustelle aus, das *"in aller Stille"* gelöscht werden konnte.[105] Das Spital war fast bezugsfertig, als Herzog Ferdinand überraschend verstarb. Etwa zwei Monate später konnten die ersten Patienten in das neue Krankenhaus verlegt werden. Nach dem Tod Ferdinands brachen aber alle Dämme und viele Köthener trugen ihre Abneigung gegen die Katholiken nun offen zur Schau. Im Schutz der Nacht rottete sich der Mob in den Straßen Köthens zusammen und es kam zu *"schimpflichsten*

---

[104] Ebenda.

[105] Inge Streuber: *"Geschichte des Klosters und Spitals der Barmherzigen Brüder in Köthen"*, in *"Gottfried Bandhauers Spital in Köthen – Festschrift zur Wiederherstellung und Neueröffnung als Europäische Bibliothek für Homöopathie"*; Köthen 2009.

*Reden und gräulichsten Ausdrücken".* Die Mönche äußerten die Befürchtung, dass die hasserfüllten Massen *"das Kloster anstecken und uns abstechen werden".*[106]

Obwohl auch der nachfolgende Herzog Heinrich das Hospital gelegentlich durch *"Gnadengaben"* unterstützte, genoss es nun nicht mehr den gleichen Stellenwert und die gleichen Privilegien wie zu Lebzeiten Ferdinands. Auf lange Sicht konnte es daher weder ökonomisch noch politisch bestehen und wurde schon nach drei Jahren wieder aufgegeben. In den folgenden Jahren diente das Spitalgebäude als Armenschule, Lehrerseminar, Militärkrankenhaus und schließlich viele Jahrzehnte lang als Tischlerei. Nach einer überaus wechselvollen Geschichte wurde das Gebäude in jüngerer Zeit aufwändig restauriert und erstrahlt seit 2009 wieder in seinem alten Glanz. Es ist eines der wenigen, wirklich gut sanierten Bauwerke Bandhauers, das die Zeit überdauert hat. Hinter der eleganten klassizistischen Fassade in der Wallstraße ist heute die 'Europäische Bibliothek für Homöopathie' untergebracht.

Parallel zum Bau des Krankenhauses waren die Arbeiten an der katholischen Kirche durch die vielfältige Unterstützung zügig vorangeschritten, sodass man sich Anfang 1829 mit den Details zum Turmbau beschäftigen konnte. Als Bandhauer inmitten der Vorbereitungen von dem Einsturz eines Kirchturms in Földvár (Ungarn) hörte, ließ er sich nähere Informationen und Planunterlagen darüber zukommen.[107] Genauso wie er sich vor dem Brückenbau über die Gründe für den Einsturz der Hängebrücke im schottischen Dryburgh Abbey informiert hatte, versuchte er auch jetzt aus anderenorts gemachten Erfahrungen und Fehlern zu lernen. Allerdings wurde auch der Herzog von diesem Unglück aufgeschreckt und bekam beim Betrachten der Zeichnungen seiner Kirche mit dem gewaltigen Turm offenbar 'kalte Füße'.

Im Unterschied zum Nienburger Brückenprojekt war Ferdinand ohnehin sehr an dem Kirchenbau interessiert und ließ sich von Bandhauer ständig über die Fortschritte auf der Baustelle informieren. Nach dem Unglück in Földvár ordnete er die Unterbrechung der Bauarbeiten an und forderte am 17. Juli 1829 über den anhaltischen Minister-Residenten Freiherr von Rebeur ein technisches Gutachten von der preußischen Oberbaudeputation an. Bandhauer musste seine Pläne und Berechnungen für das Gotteshaus zusammenstellen und dem Gesandten in Berlin übergeben. Bei dieser Gelegenheit kreuzten sich einmal mehr die Wege Bandhauers und Albert Eytelweins, der den Baumeister aus Köthen inzwischen wohl einzuordnen wusste.

---

[106] Ebenda.
[107] [v. Kempen], Seite 24.

Eytelwein scheint durch die Anfrage aus Köthen etwas in Verlegenheit gekommen zu sein, denn es lag auf der Hand, dass Bandhauers Entwurf im Widerspruch zu seiner eigenen Gewölbetheorie stand. Seine Antwort ließ daher längere Zeit auf sich warten und erforderte eine nochmalige Nachfrage Rebeurs. In der mit Datum vom 8. August 1829 ausgefertigten Stellungnahme musste Eytelwein den Fehler in seiner Schrift zugeben, stellte ansonsten aber fest, dass gegen Bandhauers Entwurf nichts einzuwenden sei,

*"... wenn vorausgesetzt wird, daß der Bau nicht übereilt und durchgängig zu demselben tüchtige Materialien verwendet, auch bei der Ausführung keine Fehler, der entworfenen Konstruktion zuwider, gemacht werden. Besonders wird es nothwendig sein, daß die Gewölbebögen nicht eher ausgeführt werden, bis die Widerlager gut ausgetrocknet sind und die erforderliche Cohäsion erhalten haben".*[108]

Dieses Urteil wirkte beruhigend auf die Verantwortlichen in Köthen, denn Eytelwein galt in ganz Deutschland als einer der angesehensten Baufachleute seiner Zeit. Wenn auch sein Gutachten viele Ermahnungen zur Sorgfalt und größter Vorsicht enthielt, wurden die Arbeiten an der Kirche nach einmonatiger Unterbrechung wieder aufgenommen und zügig vorangetrieben.

Im Sommer 1830 waren die Mauern soweit vorbereitet, dass man die unterste Ebene des Turmes mit den wuchtigen Säulenreihen in Angriff nehmen konnte. Das Baumaterial wurde mit Hilfe einer im Kirchenraum aufgestellten Winde mittels Flaschenzug nach oben gezogen und über ein Gerüst auf die eigentliche Arbeitsplattform gehievt. Dieses Gerüst hatte unter den Zimmerleuten und Maurern ein gewisses Unverständnis hervorgerufen, weil es nicht wie sonst üblich vom Fußboden aus in die Höhe aufgebaut war. Vielmehr handelte es sich um ein Kraggerüst, das an den bereits hergestellten Mauern befestigt wurde. So etwas kannten die Handwerker in Köthen offenbar noch nicht. Es spricht aber einmal mehr für Bandhauers ökonomische Arbeitsweise, dass er ein zeit- und materialsparendes Verfahren anwendete, das sich anderenorts schon seit langem bewährt hatte.

Das notwendige Steinmaterial für die Mauern war schon ohne Schwierigkeiten nach oben befördert worden. Nun fehlten nur noch die 12 großen Säulen, die eine Länge von über sechs Metern und Durchmesser von 1,50 Metern hatten.[109] Um Gewicht zu sparen hatte Bandhauer sie nicht massiv, sondern hohl herstellen lassen, indem er sie der Länge nach durchbohren ließ. Dennoch versagte kurz vor Mittag des 2. Juli 1830 das Gerüst beim Emporheben einer

---

[108] Ebenda, Seite 25.
[109] [Nestler], Seite 76.

Säule und stürzte mitsamt den darauf befindlichen Arbeitern und einem Teil des gelagerten Steinmaterials in die Tiefe. Dabei wurden weitere Arbeiter unter den Trümmern begraben, die im Kirchenraum die Winde bedient hatten. Vier Menschen waren auf der Stelle tot. Sieben Arbeiter, von denen in den folgenden Tagen noch zwei weitere starben, wurden schwer verletzt. In einer Münchner Zeitung hieß es später, darüber hinaus sei die Frau eines getöteten Zimmermanns über dem Leichnam ihres Mannes zusammengebrochen und ebenfalls auf der Stelle verstorben.[110]

*St. Maria mit dem von Bandhauer geplanten Turm. Zeichnung des Hofmaurermeister Carl Schulze.*

Erst ein gutes Jahr war vergangen, seit Bandhauer das erlösende Urteil zum Einsturz der Saalebrücke verlesen worden war und schon wurde er erneut beschuldigt, durch Unachtsamkeit bei der Bauausführung für den Tod von Menschen verantwortlich zu sein. Obwohl er zum Zeitpunkt des Unfalls nicht auf der Baustelle anwesend war, wurde Bandhauer sofort verhaftet und auf der Schlosswache in Arrest gesetzt. Drei Tage später suspendierte ihn Ferdinand vom Dienst und enthob ihn seiner Ämter. Wahrscheinlich ahnte Bandhauer in diesem Moment noch nicht, dass damit seine Karriere im herzoglichen Dienst plötzlich beendet war und er - gerade einmal 40 Jahre alt - nie wieder eine feste Anstellung finden würde.

Nach van Kempen war der Herzog von dem Vorfall tief erschüttert, denn er hatte das Unglück vom Fenster des Schlosses aus mit angesehen. Bandhauers Wunsch ihm den Unfall und dessen Ursachen aus seiner eigenen Sicht persönlich zu schildern, versagte ihm Ferdinand. Vielleicht spielte bei der Inhaftierung auch der Schutz Bandhauers vor dem entfesselten Volkszorn eine Rolle, denn wie aus den

---

[110] *"Bayerischer Volksfreund"*, Ausgabe Nr. 113 vom 15.07.1830.

Berichten der damaligen Zeitungen hervorgeht, musste man sogar seine Familie und sein Haus durch das Aufstellen von Wachen schützen.[111]

Erst zehn Tage später und nach Zahlung einer Kaution, wurde Bandhauer wieder auf freien Fuß gesetzt, blieb aber weiterhin vom Dienst suspendiert. Wahrscheinlich erfolgte die Haftentlassung auch unter Berücksichtigung seiner gesundheitlichen Umstände, denn noch am selben Tag konsultierte er den Hofarzt Hahnemann. Der berühmte Homöopath erwähnt in seinen Aufzeichnungen den Besuch Bandhauers mit den Worten: *"hatte nach dem unglücklichen Einsturz einige Tage ausgesetzt".*[112] Bandhauer klagte über Stechen in der Brust und zwischen den Schulterblättern, sowie ein Brennen im Hals. Abschließend vermerkt Hahnemann aber: *"Gemüth nach Umständen sehr ruhig".* In den Tagen nach der Haftentlassung besuchte Bandhauer die Sprechstunde Hahnemanns in kurzen Abständen wegen unterschiedlichster Beschwerden. Die Entlassung aus der Haft war mit der Auflage erfolgt, dass er sich ohne Genehmigung nicht weiter als eine Stunde von Köthen entfernen durfte. Frustriert zog er sich in sein Haus zurück, anfangs vielleicht noch in der Hoffnung, dass sich alles noch zum Guten wenden werde. Einen knappen Monat vor dem Unglück war Bandhauers Tochter Anna geboren worden, deren Taufe wegen der Inhaftierung verschoben werden musste. Trotz des erfreulichen Anlasses dürfte im Hause Bandhauer bei der Feier nicht die beste Stimmung geherrscht haben.

Bandhauer muss die Zeit nach dem neuerlichen Unglück wie ein Déjà-vu des Alptraumes vom Brückeneinsturz vorgekommen sein. Wieder schloss sich an die Katastrophe eine langwierige Untersuchung an. Schon wenige Stunden nach dem Gerüsteinsturz begann die Befragung der Zeugen und beteiligten Handwerker durch den Regierungsrat Pasor. Da man auch technischen Sachverstand brauchte, bat der Herzog den Baumeister Peter J. Krahe[113] aus dem Herzogtum Braunschweig um Rat, der ein Gutachten zu dem Unglück und eine Empfehlung zur Fortsetzung der Bauarbeiten abgeben sollte. Anfang August traf Krahe mit seinem Sohn in Köthen ein.[114] Die von ihm vorgelegte Expertise belastete Bandhauer schwer, wobei er allerdings etwas dürftig ar-

---

[111] *"Flora - ein Unterhaltungs-Blatt"*, 10. Jahrgang 1830, Seite 573, et al.

[112] Samuel Hahnemann: *"Krankenjournal D34 (1830)"*; Transkription von Ute Fischbach-Sabel, Heidelberg 1998; Seite 819.

[113] Peter Joseph Krahe (*08.04.1758 in Mannheim; †07.10.1840 in Braunschweig) war Kammer- und Klosterrat sowie oberster Baumeister im Herzogtum Braunschweig. Auch er war ein Vertreter des Spätklassizismus.

[114] *"Allgemeine Realencyclopädie oder Conversationslexikon für das katholische Deutschland"*, Sechster Band; Regensburg 1848

gumentierte, der Gerüsteinsturz beweise die Mangelhaftigkeit der Konstruktion ja schon zur Genüge. Bandhauer legte Protest dagegen ein und verlangte ein weiteres technisches Gutachten durch *"eine Bauakademie oder die obere Baubehörde eines großen Staates"*.[115] Immerhin gewährte ihm die Köthener Regierung diesen Wunsch und erwirkte noch im August eine weitere Stellungnahme von dem Münchner Oberbaurat Pertsch.[116] Der verlegte sich mehr auf Formalien, beklagte die unvollständigen Pläne, die sich für eine gründliche Untersuchung nicht eigneten und verlangte Nachlieferungen.[117]

Bandhauers Verteidigungslinie ging dahin, dass er nicht für jedes Detail des Kirchenbaus allein verantwortlich war, sondern der Aufbau des Gerüstes von einem Kondukteur beaufsichtigt worden sei. Dabei kann es sich nur um seinen Mitarbeiter Hengst gehandelt haben, da er zu dieser Zeit der einzige Baukondukteur in Köthen war. Der eigentliche Gerüstbau war von einem Zimmermeister namens Kuchmann besorgt worden. Trotzdem hatte Bandhauer als oberster Baumeister natürlich eine Mitverantwortung für alle Vorgänge auf der Baustelle. Bei den Untersuchungen erwiesen sich die Aussagen Kuchmanns auf der einen und die der Arbeiter auf der anderen Seite, als höchst widersprüchlich. So behauptete der Zimmermann, noch eine Stunde vor dem Unglück auf dem Gerüst gewesen zu sein und alles in bester Ordnung vorgefunden zu haben. Außerdem wollte er schon vorher auf Verstärkungen des Gerüstes gedrungen haben, was von den Vorarbeitern aber bestritten wurde. Die mit der Untersuchung betrauten Beamten gaben sich die größte Mühe herauszufinden, ob Bandhauer wegen der Konstruktion des Gerüstes gewarnt worden sei. Van Kempen konnte in den einschlägigen Akten keine Hinweise darauf finden. Aber selbst wenn es eine Warnung gegeben hätte, würde dies noch lange nicht erklären, warum das Gerüst abgestürzt war.

Wie schon beim Brückeneinsturz in Nienburg waren neben den technischen Stellungnahmen auch zwei Rechtsgutachten in Auftrag gegeben worden. Diesmal hatte man die juristischen Fakultäten der Universitäten in München und Halle-Wittenberg um ihr Urteil gebeten, die aber beide zu keinem eindeutigen Ergebnis kamen. Vermutlich fehlten ganz einfach notwendige Informationen, vor allem technischer Art, die eine abschließende Entscheidung erlaubt hätten. Zum Nachteil Bandhauers wurde das weitere Verfahren dadurch jahrelang verschleppt und er weder freigesprochen, noch verurteilt. Das Gutachten der Universität München wurde erst im September 1832 vorgelegt. Dadurch

---

[115] [v. Kempen], Seite 26.

[116] Johann Nepomuk Pertsch (*1780 oder 1784 in Buchhorn / Bodensee; †27.07.1835 in München) war Oberbaurat in München.

[117] [v. Kempen], Seite 26.

befand sich Bandhauer monatelang in einem Zustand der Ungewissheit, der es ihm weder erlaubte den Dienst in Köthen wieder aufzunehmen, noch sich anderenorts um eine neue Anstellung zu bewerben. Nach Aktenlage ist es dabei auch geblieben, vermutlich weil Bandhauer zu diesem Zeitpunkt ohnehin schon suspendiert war und sich bald niemand mehr für den Fall interessierte.

Die Ursache des Gerüsteinsturzes wurde letztlich nie aufgeklärt, wenn auch die Köthener Akten gleich mehrere Mutmaßungen darüber enthalten. Eine davon besagt, der Wind habe die Plattform von unten angehoben und die eingehängten Kragverbindungen gelöst. In diesem Falle hätten die erforderlichen Sturmverankerungen gefehlt, was aber nicht bewiesen wurde. Eine andere Meinung ging dahin, der eigentliche Grund für das Unglück sei der alkoholisierte Zustand der Arbeiter auf dem Gerüst gewesen. Aus heutiger Sicht ein Urteil über die Ursache des Einsturzes abzugeben scheint völlig unmöglich, zumal die umfangreichen Akten im Landeshauptarchiv in Dessau keine Zeichnungen von dem Gerüst enthalten. Der Leidtragende war Bandhauer, obwohl nie deutlich ausgesprochen wurde, welchen konkreten Fehler man ihm eigentlich vorwarf. Nun rächte es sich bitter, dass er durch das Unglück in Nienburg bereits mit einer erheblichen Hypothek vorbelastet war, die das Vertrauen der Öffentlichkeit in seine Fähigkeiten zerstört hatte. Allerdings hatten auch einige Personen tatkräftig daran mitgewirkt, dass sich dieser Eindruck in weiten Teilen der Köthener Gesellschaft verfestigen konnte. Hier muss an erster Stelle sein Mitarbeiter (und Gegenspieler) Hengst genannt werden.

Dem Herzog blieb wohl kaum etwas anderes übrig als sich der vorherrschenden Volksmeinung anzuschließen, die in Bezug auf den vom Pech verfolgten Baumeister etwa so viel besagte wie: *"Das Maß ist voll!"* Dabei war Ferdinand während der schweren Jahre immer Bandhauers größter Rückhalt gewesen und zum Schluss wahrscheinlich sogar der einzige. Es war daher ein weiteres großes Unglück für Bandhauer, dass Herzog Ferdinand am 23. August 1830 verstarb, also nur 52 Tage nach dem Unfall beim Kirchenbau. Gelegentlich wurde sein Tod sogar als direkte Folge der Aufregungen um den Gerüsteinsturz dargestellt, was aber nicht der Wahrheit entspricht. Ferdinand hatte schon weit früher gesundheitliche Probleme und plagte sich zudem seit vielen Jahren mit alten Kriegsverletzungen herum. Sein Hofarzt Hahnemann registrierte darüber hinaus schon im Juni 1830 ein eitriges Geschwulst an seinem Scheitel, das bis zu seinem Tod nicht mehr abheilte.[118]

---

[118] Samuel Hahnemann: *"Die Krankenjournale, Krankenjournal D34 (1830)"*; Transkription und Kommentar von Ute Fischbach-Sabel in 2 Bänden; (1998). Da Hahnemann der Leibarzt des

Da die gesundheitlichen Probleme des Herzogs nur den Wenigsten bekannt waren, lieferte sein Tod neue Nahrung für die 'göttliche Bestrafungstheorie', die sich seit dem Brückeneinsturz hartnäckig in der Köthener Bevölkerung hielt. Hinter vorgehaltener Hand wurde immer wieder behauptet, die beiden Unglücksfälle beim Brücken- und Kirchenbau, sowie der plötzliche Tod des Herzogs seien allesamt Strafen des Himmels für den heimlich vollzogenen Konfessionswechsel. Für Bandhauer war Ferdinands Tod allerdings wirklich eine Tragödie, denn wenn es überhaupt noch jemanden gegeben hatte, der ihm vielleicht in seine frühere Dienststellung zurückverholfen hätte, dann sicher nur der verstorbene Herzog.

Die frühere Herzogin Julie musste schon kurz nach Ferdinands Tod erkennen, dass sie ohne seinen Rückhalt in Köthen nicht mehr in Frieden leben konnte. Sie, die früher so große Sympathien in der Bevölkerung genossen hatte, sah sich nun offenen Anfeindungen, ja sogar blankem Hass schutzlos ausgeliefert. Gemeinsam mit Pater Beckx verließ sie das Herzogtum nur drei Wochen nach Ferdinands Tod und zog sich zuerst nach Stolberg im Harz und schließlich nach Wien zurück. Erst zur Einweihung der katholischen Kirche und der Umbettung ihres Ehemannes kam sie zum ersten Mal wieder nach Köthen zurück. Nach ihrem eigenen Tod am 27. Januar 1848 brachte man ihre sterblichen Überreste nach Köthen, wo sie seitdem in der Fürstengruft der Marienkirche wieder mit Ferdinand vereint ist.

Da Ferdinand kinderlos geblieben war, bestieg sein Bruder Heinrich (*30.7.1778 in Pleß; †23.11.1847 in Köthen) noch im selben Jahr den Thron des Herzogtums. Heinrich war Ferdinand ja schon 1819 als Fürst von Anhalt-Pleß gefolgt, als er selbst nach Köthen abberufen worden war. Heinrich war und blieb evangelisch, ebenso wie seine Frau Auguste, trieb den katholischen Kirchenbau aber ganz im Sinne seines verstorbenen Bruders weiter voran. Der kleinen katholischen Gemeinde versprach er die gleichen Privilegien und den gleichen Schutz wie der evangelischen Bevölkerung, was aber später zu vielen Konflikten führte und letztlich nicht eingehalten werden konnte.

Nach der Absetzung Bandhauers wurde die Leitung aller anstehenden Baumaßnahmen kommissarisch dem Geheimen Finanzrat von Albert übertragen. Das Köthener Bauamt war formal der Rentkammer unterstellt, sodass Albert ohnehin der direkte Vorgesetzte Bandhauers war. Wahrscheinlich wollte der Herzog den laufenden Untersuchungen nicht vorgreifen und vermied daher

---

Herzoges war, lässt sich aus dem Krankenjournal von 1830 einiges über den Gesundheitszustand Ferdinands erfahren. Allerdings geht Hahnemann nicht näher auf das Ableben des Herzogs ein, obwohl er bei seinem Tode persönlich anwesend war [Kommentarband Seite 165].

zunächst die Neubesetzung der obersten Baumeisterstelle. Da Albert aber keine technische Ausbildung besaß, übernahm Hengst de facto sofort die Oberaufsicht über alle Baumaßnahmen im Lande. Dazu gehörte natürlich auch die Bauleitung an der katholischen Kirche, was für Bandhauer besonders schmerzlich war. Auf Vorschlag Krahes hatte der verstorbene Herzog schon am 14. August 1830 eine 'vorläufige' Änderung der Baupläne genehmigt, die den völligen Verzicht auf einen Turm vorsah und stattdessen die Abdeckung der Kirche mit einem niedrigen hölzernen Dach empfahl.[119] Wie so oft wurde aus einem Provisorium dann aber eine Dauerlösung, die später lediglich durch eine solidere Bauweise ersetzt wurde.

Die katholische Kirche St. Maria wurde 1832 nach den Plänen Bandhauers vollendet und am 2. Juni 1833 von Bischof Karl Anton Lüpke aus Osnabrück eingeweiht.[120] Am Tag nach der Zeremonie wurde in Anwesenheit von Julie der Sarkophag des verstorbenen Herzogs in die Familiengruft unter dem Altar überführt. Bei einem Kirchenbau gehörte es damals übrigens auch durchaus zu den Aufgaben des Baumeisters, sich um das 'Mobiliar' eines Gebäudes zu kümmern. So teilt uns Bandhauer in einem Aufsatz im 'Allgemeinen Anzeiger' mit, dass auch die erste Orgel der Kirche nach seinen eigenen Entwürfen angefertigt wurde.[121]

*Die katholische Kirche St. Maria in Köthen, in ihrem heutigen Zustand (2013).*

Einige der großen dorischen Säulen, die ja eigentlich den Kirchturm zieren sollten, konnte Hengst 1831 beim Bau des Magdeburger Tores in Köthen verwenden.[122] Eine umfassende Sanierung und Erneuerung von St. Maria wurde

---

[119] [v. Kempen], Seite 26.

[120] Johannes Mertens: *"Die Geschichte der Köthener Jesuitenmission"*.

[121] [Allg. Anzeiger], Jahrgang 1833, Nr. 182, Spalte 2356.

[122] Das Magdeburger Tor wurde bereits 1890 aus kaum nachvollziehbaren Gründen abgerissen, was van Kempen als *"unbegreifliche Abderitentat"* bezeichnete.

2009 abgeschlossen. Dabei wurde auch die bunte Innenbemalung entfernt, die noch von einer Renovierung aus den Jahren 1887/ 88 stammte. Seitdem erstrahlt der Kirchenraum wieder in seiner ursprünglichen Farbgebung, die vorwiegend aus einem feierlichen Weiß besteht.

Die katholische Gemeinde Köthens unternahm später noch manche Anstrengung, um den gewünschten Kirchturm doch noch durchzusetzen. Das dies nicht gelang lag mit Sicherheit auch daran, dass nach Herzog Ferdinands Tod der größte Befürworter des Kirchenbaus fehlte. Kurz vor Bandhauers Tod beauftragte man Carlo Pozzi,[123] den Chef der herzoglichen Bauten in Anhalt-Dessau, mit der Ausarbeitung eines Turmprojektes. Im März 1837 legte er seinen Entwurf vor, der nur ein leichtes Kuppeldach aus Holz vorsah, das mit Kupfer verkleidet werden sollte. Schriftlich erklärte er, sein Vorschlag sei *"ohne alle Gefahr"* für die Mauern der Kirche. Letzterem widersprach aber Hengst in einem Gutachten und verhinderte damit den nachträglichen Turmbau. Ob er dabei wirklich Bedenken wegen der Statik hatte sei einmal dahingestellt, denn die Mauern der Kirche sind außergewöhnlich massiv, weil sie ja eigentlich ein viel schwereres Gewicht tragen sollten. Aufgrund von jahrelangen Auseinandersetzungen mit Bandhauer ließ er sich bei seinem Gutachten aber vielleicht weniger von technischen Notwendigkeiten leiten, sondern wollte ihm einfach nicht den Triumph gönnen, dass die von ihm entworfene Kirche nachträglich noch eine künstlerische Aufwertung erfuhr.

Da sich im Laufe der Jahre Risse in den Wänden der Kirche zeigten, war ihre Statik immer wieder Gegenstand von technischen Untersuchungen, die teilweise auch grundsätzliche Kritik an dem ganzen Bauwerk enthielten. Besonders unrühmlich zu erwähnen ist in diesem Zusammenhang der Nürnberger Architekt Heideloff,[124] der sich 1846 in einem Gutachten wie folgt äußerte:

*"Diese falsch construirte und im ganz verfehlten Style, gegen allen Charakter eines katholischen Gotteshauses erbaute Kirche, ein Muster schlecht verstandener Architektur, steht sie bedauerlich da, gegen alle Regel, Statik und Ordnung, und es kann noch als ein Glück betrachtet werden, daß das abentheuerliche Bauwerk eines Thurmes über der Kirche nicht hat ausgeführt werden können. Es ist ein großer Unsinn unterblieben und vielleicht großes Unglück verhütet worden".*[125]

---

[123] Carlo Ignazio Pozzi (*29. oder 30. Juli 1766, †26. Juni 1842).

[124] Carl Alexander Heideloff (*02.02.1789 in Stuttgart; † 28.09.1865 in Haßfurt) war Architekt, Konservator und Kunsthistoriker.

[125] [Nestler], Seite 80.

Mit diesem vernichtenden Urteil stellte er sich aber nicht nur gegen Bandhauer, sondern auch gegen Eytelwein, der die grundsätzliche Realisierbarkeit des Turmes ja bestätigt hatte. Heideloff war wohl schon aus ideologischen Gründen gegen den Bau voreingenommen, weil er als Neugotiker kein Verständnis für die klassizistische Architektur Bandhauers aufbrachte. Im Übrigen waren die Risse in den Mauern möglicherweise gerade auf das Fehlen des Turmes zurückzuführen, denn dessen enormer Gegendruck zum Gewölbe war ja eingerechnet worden und fehlte nun.

Für einen ehrgeizigen Mann wie Bandhauer muss das Leben in Köthen nach seiner Entlassung aus dem Staatsdienst unerträglich geworden sein. Durch die langwierigen juristischen Auseinandersetzungen ohne abschließendes Urteil hatte er seine gesellschaftliche Stellung eingebüßt, und seine finanzielle Situation war noch prekärer als beim Dienstantritt in Köthen. Auch für seine junge Frau und die erst wenige Monate alte Tochter, waren die Anfeindungen der Köthener Bevölkerung offensichtlich nicht länger zu ertragen. Nach dem Tod Herzog Ferdinands und dem Umzug Julies nach Wien, traf Bandhauer daher die unvermeidbare Entscheidung und kehrte der Residenzstadt für immer den Rücken.

Bandhauers letzter Lebensabschnitt in seiner Heimatstadt Roßlau wurde immer wieder als 'Exil' oder 'Verbannung' bezeichnet, aber es gibt keine Beweise dafür, dass Bandhauer von offizieller Seite aufgefordert wurde, Köthen zu verlassen. Im ersten Halbjahr 1831 bezog die dreiköpfige Familie ein Haus in der Friedrich-Ebert-Straße 105 in Roßlau,[126] heute Hauptstraße 103. Ob Bandhauer dieses Haus selbst gebaut hat, wie van Kempen meint, ist aber nicht sicher. Das heute noch vorhandene Gebäude wird in Roßlau gewöhnlich als 'Bandhauerhaus' bezeichnet, befindet sich jetzt allerdings in einem bedauernswerten Zustand. Das große Fenster im Obergeschoß ist im sogenannten 'Thermenmotiv' gehalten, ein architektonisches Detail, das Bandhauer gerne verwendete. Kurz nach dem Umzug nach Roßlau wurde Johanne Pauline Berta geboren, die zweite Tochter der Bandhauers, der in kurzen Abständen noch zwei weitere Kinder folgten.

In Roßlau versuchte Bandhauer an private Bauaufträge heranzukommen, um die Einkünfte seiner wachsenden Familie aufzubessern. Noch im Jahr des Umzuges baute er in Roßlau ein Wohnhaus für den Amtsmühlenbesitzer Johann Christian Liebe, das noch heute durch seine repräsentative Fassade gefällt.[127] Van Kempen und Buchberger sind sich allerdings darin einig, dass

---

[126] [v. Kempen], Seite 83.
[127] Das Haus befindet sich in der Hauptstraße 110 in Dessau-Roßlau.

dieses Bauwerk wegen seiner inneren Gestaltung zu Bandhauers schwächsten Arbeiten gehört und glaubten in dieser Fehlleistung die Folgen seiner gebrochenen Schaffenskraft zu erkennen. Das restaurierte Haus in Roßlaus Hauptstraße ist an seiner klassizistischen Straßenansicht leicht zu erkennen. Es ist nicht nachweisbar, ob Bandhauer danach noch einmal einen privaten Bauauftrag angenommen hat, obwohl einige Bauwerke in und um Roßlau seinen Einfluss deutlich spüren lassen.

Durch den Umzug konnte Bandhauer zwar den Anfeindungen der Köthener Bevölkerung entgehen, nicht aber dem immer noch drohenden Prozess wegen des Gerüsteinsturzes. Anfangs hatte er noch auf einen Anwalt verzichtet, weil er ihn sich nach eigener Darstellung nicht leisten konnte. Erst 1833, als sich die Entscheidung über eine förmliche Anklage zuspitzte, bat er die Landesregierung um die Übernahme der Prozesskosten und die Bereitstellung eines Rechtsbeistandes. Nach einem weiteren Jahr des Stillstandes beantragte Bandhauer bei Herzog Heinrich die Einstellung des Verfahrens *"aus Menschlichkeit"*. Das Schreiben in den Akten des Landesarchivs macht Bandhauers ganze Verbitterung deutlich. Er habe seit dem Unglück und seiner Suspendierung *"unbeschreiblich gelitten unter stetem Mangel, Kummer und bittersten Demütigungen"*.[128] Das Schreiben endet mit einem massiven Vorwurf gegen den neuen Herzog und die Landesregierung:

> *"Ärmer bin ich aus dem Staatsdienst geschieden, als ich eingetreten bin; Zufriedenheit, Glück und Gesundheit habe ich darin gelassen. Wie soll ich es möglich machen, mich und meine Familie ferner zu ernähren?"*

1833 vollendete Hengst im Köthener Schlossbezirk das Remisengebäude, das letzte Bauwerk das Bandhauer als Chef der herzoglichen Bauten entworfen hatte. Allerdings ist die Urheberschaft Bandhauers hier nicht ganz unumstritten, denn van Kempen will Hengst als Planer des Gebäudes sehen und führt dafür stilistische Gründe an. Er steht aber mit dieser Meinung recht alleine da, sodass dieses Gebäude wohl doch eher als Bandhauers Spätwerk angesehen werden muss. Da sich die Remise direkt neben dem Reithaus vor dem Köthener Schloss befindet, sind heute Bandhauers erste und seine letzte Arbeit für den Herzog direkt nebeneinander zu bewundern.

Erst im September 1834, über vier Jahre nach dem Unglück beim Kirchenbau, entschied Herzog Heinrich das Verfahren wegen des Gerüsteinsturzes endgültig einzustellen. Bandhauer wurde nie angeklagt, geschweige denn verurteilt und war insofern ein unbescholtener Mann. In Wirklichkeit war er aber

---

[128] [Nestler], Seite 33.

beruflich erledigt, denn inzwischen waren die Weichen in der Bauverwaltung neu gestellt worden. Vielleicht war die Niederschlagung des Verfahrens auch ein 'Deal' zwischen dem Herzog und Bandhauer, dessen Kehrseite das endgültige Ausscheiden aus dem Köthener Staatsdienst bedeutete. Dafür spricht auch die Tatsache, dass Bandhauer die Residenzstadt schon verließ, noch bevor in der Sache eine Entscheidung gefallen war. Möglicherweise hat ihm der neue Herzog frühzeitig klargemacht, dass er auch dann nicht in das Bauamt zurückkehren könne, wenn die Untersuchung zum Gerüsteinsturz positiv für ihn verlaufen sollte.

Das dritte Argument für eine gütliche Einigung mit seinem früheren Arbeitgeber ist die fast gleichzeitige Gewährung des Armenrechts, einer Art herzoglicher Sozialhilfe. Bis zu einer eventuellen Besserung seiner finanziellen Lage wurde Bandhauer eine Unterstützung von 400 Talern pro Jahr zugesprochen. Wie schon erwähnt, hatte Bandhauer bei seiner Einstellung als junger Baukondukteur ein Jahresgehalt von 300 Talern plus 50 Taler für die Instandhaltung der kirchlichen Bauten erhalten. Dieses Einkommen war schon 1819 vom Konsistorium als sehr knapp für *"eine einzelne Person"* bezeichnet worden. Nun, fast 15 Jahre später, musste er also mit nur wenig mehr seine sechsköpfige Familie ernähren.


## Christian Conrad Hengst

Die von beiden Seiten mit großer Verbitterung geführte Auseinandersetzung mit seinem Mitarbeiter und Widersacher Conrad Hengst war eine menschliche Tragödie, die Bandhauer über mehrere Jahre schwer belastete. Es begann als ganz normales Dienstverhältnis, bei dem es aber schon bald zu ersten Meinungsverschiedenheiten kam, eskalierte in einer öffentlich ausgetragenen Schlammschlacht und endete schließlich in einem peinlichen Gerichtsverfahren. Diese Entwicklung ist auch deswegen so unbegreiflich, weil Hengst seine Einstellung in Köthen in erster Linie Bandhauer zu verdanken hatte.

Nach dem Ausscheiden Ludwig Behrs im Dezember 1821 wurde schnell klar, dass Bandhauer die umfangreichen Bauvorhaben des Herzogs und die Unterhaltung der kirchlichen Liegenschaften nicht ohne Unterstützung bewältigen konnte. Bandhauer wurde daher schon bald bei Ferdinand vorstellig und bat zu seiner Hilfe und als rechte Hand einen jungen Baukondukteur einstellen zu dürfen. Er argumentierte u.a. mit seinem ersten Dienstposten beim Kasernenbau in Düsseldorf, bei dem er auch nicht alle Leitungsaufgaben alleine habe ausführen müssen, sondern schon damals gut ausgebildete Mitarbeiter gehabt hätte. Der Herzog, der bis zum Ausscheiden Behrs ja schon zwei Baumeister beschäftigt hatte, erteilte daraufhin Bandhauer die Erlaubnis und den Auftrag, nach einem geeigneten Kandidaten Ausschau zu halten. Mit diesem Anliegen wandte sich Bandhauer noch im Jahr 1822 an Friedrich Weinbrenner in Karlsruhe. Nach den vorliegenden Akten hat er darüber hinaus keine weiteren Anstrengungen unternommen, obwohl man vielleicht auch eine entsprechende Anfrage bei seinem Ausbilder Georg Moller erwartet hätte. Es ist unklar warum dies unterblieb, denn Moller war zu dieser Zeit auf der Höhe seiner Schaffenskraft und hatte mit Sicherheit auch Bauschüler.

Weinbrenner beantwortete die Anfrage aus Köthen mit den folgenden Worten:

*"In Hinsicht aber der an mich gemachten Forderung Ihnen einen jungen talentvollen praktischen Mann aus meiner Schule für Ihren durchlauchtigsten Herzog in Diensten anzuweisen, habe ich die Ehre Ihnen zu erwiedern, daß es der Zufall will, daß sich gerade ein solcher junger Mann, Herr Architect Hengst, von Durlach gebürtig, in meinem Bureau befindet, welcher, wie ich glaube, in jeder Hinsicht ganz für den Dienst Ihres durchlauchtigsten Herzogs, so wie Sie mir denselben beschrieben haben, paßt und wie ich hoffe, auch Ihnen persönlich gefallen wird. … Herr Architect Hengst ist gegenwärtig etwas über 26 Jahre alt, hat nach seinen Schuljahren bei seinem Vater das Zimmerhandwerk erlernt und dann bei einem meiner Schüler die höhere Baukunst und die dahin einschlagenden mathematischen und übrigen hierzu gehörenden Wissenschaften zu studieren angefangen. Während vier Jahren habe ich denselben als einen jungen thätigen, talentvollen, selbst auf meinem Bureau aufgenommen und ihm sehr oft die Exekution bedeutender Gebäude anvertraut. Er ist deshalb im praktischen und theoretischen Theil der Baukunst ziemlich bewandert und hat auch selbst nach seinen Plänen schon verschiedene Bauwesen ausgeführt, so daß man ihm also, die Ausführung eines jeden Gebäudes und selbst auch die Entwerfung der Baupläne, Fertigung der Überschläge mit dem Wasser und Straßenbau ohne alle Anstande übertragen kann. Hinsichtlich seines Charakters verdient er ebenfalls Lob, und bei dem, daß er ein schöner, wohlgebildeter junger Mann ist, genießt er auch die beste Gesundheit."* [129]

In der beigefügten förmlichen Beurteilung heißt es dann weiter:

*"Dem Herrn Architekten Conrad Hengst von Durlach gebe ich hiermit das Zeugniß, daß er während den letzten vier Jahren bei mir sein architektonisches Studium mit besonderem Fleiß und Talent fortgesetzt, und*

---

[129] [v. Kempen], Seite 86.

*dabei auch die ihm übertragen gewesene Ausführung verschiedener Baulichkeiten mit vieler Pünktlichkeit und praktischen Kenntnissen besorgt habe."*

Wie Bandhauer selbst hatte auch Hengst also zunächst das Zimmermannshandwerk erlernt und sich anschließend mit dem süddeutschen Klassizismus vertraut gemacht. Allerdings wird aus dem Schreiben Weinbrenners nicht recht deutlich, ob sich Hengst in Baden dem ersten oder gar dem zweiten staatlichen Examen gestellt hat, denn er bezeichnet ihn stets als Architekten, nicht aber als Baukondukteur.

Angesichts solch hervorragender Referenzen entschied sich der Herzog im Einvernehmen mit Bandhauer für die Einstellung Hengsts, der seinen Dienst in Köthen zum 1. Juli 1823 antrat. Der junge Baumeister wurde zunächst für ein Jahr zur Probe angestellt und sogleich beim Ferdinandsbau am Schloss eingesetzt. Bandhauers Verhältnis zu dem nur sechs Jahre jüngeren Hengst scheint zunächst unproblematisch gewesen zu sein, obwohl er ihm nach dem Probejahr etwas lakonisch eine Leistung *"zur Zufriedenheit der Behörden"* [130] bescheinigte. Daraufhin wurde Hengst am 24. August 1824 fest angestellt und der Titel eines Baukondukteurs mit entsprechendem Grundgehalt verliehen.

Für Bandhauer sollte sich aber schon bald herausstellen, dass die Unterstützung Hengsts bei seiner Einstellung einer der größten Fehler seines Lebens gewesen war, denn dieser zeigte nach dem Probejahr sehr wenig Respekt und schon gar keine Dankbarkeit gegen seinen Vorgesetzten. Wodurch die erste Konfrontation ausgelöst wurde, lässt sich heute nicht mehr ohne weiteres feststellen. Tatsache ist jedoch, dass Hengst Bandhauer für den Rest seines Lebens immer wieder in Streitigkeiten verwickelte und wohl auch entscheidend zu seinem Ansehensverlust in der Öffentlichkeit beitrug.

Nach dem Drama des Brückeneinsturzes stand Bandhauer für viele Monate sehr stark in der Kritik, bis er schließlich von den Juristen der Göttinger Universität für unschuldig erklärt wurde. Während dieser Zeit stand Hengst offenbar nicht immer loyal zu seinem Vorgesetzten, wie man es eigentlich erwarten sollte, sondern er nutzte die Gelegenheit um seinen angeschlagenen Chef immer wieder zu diffamieren. Dies gelang ihm nach Buchberger vor allem deshalb so gut, weil es ihm, anders als Bandhauer, innerhalb kurzer Zeit gelang, einen beachtlichen Freundeskreis in Köthen aufzubauen. Dadurch verfügte er über ausreichend Gelegenheit, bei Empfängen in den Salons der Stadt Gerüchte zu streuen und hinter vorgehaltener Hand von angeblichen

---

[130] [Buchberger], Seite 142.

Fehlern oder Unzulänglichkeiten des herzoglichen Baumeisters zu berichten. Bandhauer hingegen war von ganz anderem Holz geschnitzt: er konzentrierte sich einzig und allein auf seine Arbeit. Zu den gehobenen Kreisen der Köthener Gesellschaft pflegte er keine nachweisbaren Beziehungen, obwohl dies seiner Position als Chef des herzoglichen Bauamtes gut zu Gesicht gestanden hätte.[131]

Die Auseinandersetzungen mit Hengst werden erstmals 1827 im Zusammenhang mit dem Bau eines Schafstalles in Grimschleben aktenkundig, in dessen Verlauf sich der Herzog gezwungen sah, mäßigend auf die beiden Streithähne einzuwirken. Bandhauer hatte Hengst zum verantwortlichen Bauleiter vor Ort bestimmt, als beim Aufrichten des Dachstuhls ein Teil des Zimmerwerks einstürzte. Da Hengst bei dem Unfall nicht auf der Baustelle anwesend war, wies ihn Bandhauer öffentlich zurecht und machte ihm heftige Vorwürfe; vielleicht auch etwas zu heftig, weil sich schon einiges an Unmut in ihm aufgestaut hatte. Hengst zeigte sich aber keineswegs einsichtig, sondern verhielt sich nur noch aufsässiger, sodass die beiden Kontrahenten schon kurz davor waren, den Streit vor Gericht auszutragen. Das konnte der Herzog gerade noch verhindern, indem er beide schriftlich zur Mäßigung aufrief:

> *"Es hat sich hierführo der p. Hengst sich eines bescheidenen und gehorsamen Benehmens gegen seinen Vorgesetzten den p. Bandhauer zu befleißigen, wogegen letzterer sich bemühen wird, einen milderen und gemäßigteren Ton gegen seine Untergebenen anzunehmen".*[132]

Spätestens ab diesem Zeitpunkt war das Tischtuch zwischen den beiden Baumeistern endgültig zerschnitten. Das nun allgegenwärtige Problem mit seinem renitenten Mitarbeiter, dem er im beruflichen Alltag eigentlich vertrauen musste und dem er ja auch schlecht aus dem Weg gehen konnte, kostete Bandhauer fortan sicherlich sehr viel Kraft.

Buchberger beschreibt Bandhauers Widersacher in seiner Dissertation mit folgenden Worten: *"Hengst war ein geselliger, mittelmäßig begabter Mensch mit hoffärtigen Manieren der 'guten alten Schule' und Charakterlosigkeit. Diese Verbindung war äußerst unglücklich und für Bandhauer verhängnisvoll".*[133] An anderer Stelle: *"...hoffärtig, redegewandt, lebenslustig und von Weinbrenner als 'schöner Jüngling' bezeichnet".*[134] Es wird nicht recht deutlich, woher Buchberger sein Wissen über Hengsts Charakter bezogen hat, aber auch auf-

---

[131] Ebenda, Seite 143.
[132] [v. Kempen], Seite 75.
[133] [Buchberger], Seite 30.
[134] Ebenda, Seite 144.

grund der vorhandenen Akten scheinen diese Beschreibungen zumindest einen wahren Kern zu enthalten. Dennoch wäre eine einseitige Schuldzuweisung für die jahrelangen Auseinandersetzungen wohl fehl am Platze. Die völlige Aufopferung für den Beruf, das über allem stehende Pflichtbewusstsein, das er in gleicher Weise auch seinen Mitarbeitern abverlangte und die ständige Angst, seine Arbeitsleistung könnte als nicht ausreichend empfunden werden, lassen erahnen, dass es für Bandhauers Mitarbeiter nicht immer ganz leicht gewesen sein kann, mit ihm auszukommen.

Nach der Entlassung Bandhauers aus herzoglichen Diensten übernahm Hengst auch die Leitung der Bauarbeiten an der katholischen Kirche in Köthen. Zur Untätigkeit verurteilt musste er nun aus der Ferne mitansehen, wie sein größter Feind sich daran machte, sein Lebenswerk zu vollenden. Die Vorstellung, mit welcher Selbstverständlichkeit Hengst seine frühere Position vereinnahmte, die von ihm entworfenen Bauwerke vollendete und die Lorbeeren dafür einsammelte, überstieg Bandhauers Leidensfähigkeit bei weitem. Sicher berichtete ihm gelegentlich jemand vom Baufortschritt an der Marienkirche und es wäre höchst erstaunlich, wenn er niemals der Versuchung erlegen wäre, selbst nach Köthen zu reiten und sich das Bauwerk mit eigenen Augen anzusehen (sei es auch bei 'Nacht und Nebel'). Vermutlich wurde Bandhauer im Juni 1833, obwohl er der geistige Schöpfer des Bauwerkes war, noch nicht einmal zur feierlichen Kircheneinweihung eingeladen, denn zu diesem Zeitpunkt waren die Untersuchungen wegen des Gerüsteinsturzes noch immer nicht abgeschlossen.

Etwa einen Monat nach der Einweihung bäumte sich Bandhauer noch ein letztes Mal gegen sein Schicksal auf, indem er versuchte, sich mit einer offenkundigen Verzweiflungstat in Erinnerung zu bringen. Im 'Allgemeinen Anzeiger' erschien am 8. Juli 1833 ein anonymer Aufsatz, der aber mit Sicherheit von Bandhauer stammt. Gegenstand des mit *"Baukunst"* überschriebenen Beitrages war das architektonische Grundkonzept der katholischen Kirche in Köthen. Der Text ist in vielerlei Hinsicht sehr aufschlussreich, schon weil uns Bandhauer hier einiges über seine bautechnische Gesinnung verrät. Er rechtfertigt sehr detailliert, warum er einen fast quadratischen Grundriss wählte und den gewaltigen Turm zentral darüber anordnete. Den nicht gebauten Turm bezeichnete er als *"die Krone des Baues selbst. [...] Für Kirchen folgt daher ganz von selbst, daß - Kirche und Thurm Eins - und das Höchste in der Mitte - seyn muß"*.[135]

---

[135] [Allg. Anzeiger], Jahrgang 1833, Nr. 182, Spalte 2357.

Vermutlich hatte Bandhauer die Absicht, der Öffentlichkeit noch einmal in Erinnerung zu rufen, wem das Verdienst für die soeben eingeweihte Kirche in Wahrheit gebührte und welcher architektonische Glanzpunkt der Residenzstadt durch den Verzicht auf den Turm entgangen war. Der erhoffte positive Effekt wurde aber völlig ins Gegenteil verkehrt, weil er es sich nicht verkneifen konnte, massivste persönliche Angriffe gegen Hengst in den Text einfließen zu lassen. Wörtlich schreibt er über ihn:

*"Er hatte dazu ein um so freyeres Feld, da Jeder ihn wohl für unbedeutend, aber gut, hielt, und der ernste, nur seinem Berufe lebende Baumeister von Vielen verkannt wurde, während jener, bey Spiel und lustigen Gelagen selten fehlend, sich viele Freunde erwarb, indem sein argloses Aeußeres nichts weniger, als Hinterlist, ahnen ließ […] Nur so ist zu erklären, was bey uns in Bausachen – auch nur seit der Anwesenheit des H., Nachtheiliges vorfiel. Zu unserer Ehre ist derselbe kein Anhaltiner, sondern der Sohn eines Zimmermannes im Städtchen Durlach bei Karlsruhe […] Dieser H. dagegen hatte zwar viel versprochen, vermochte aber nachher in Wirklichkeit nicht ein rundes Stück Holz cubisch zu berechnen, und die Einrichtung einer Gewerksschule mußte unterbleiben, weil er die Anfangsgründe nicht lehren konnte".*[136]

Damit hatte Bandhauer die letzte, leider sehr unschöne, juristische Konfrontation seines Lebens selbst ausgelöst, denn Hengst war nicht gewillt diese Beleidigungen auf sich sitzen zu lassen und strengte einen *"Injurienprozeß"*[137] gegen ihn an. Über dessen Verlauf geben zwei prall gefüllte Akten im Landeshauptarchiv Dessau lebhaft Auskunft.[138]

In der Ausgabe Nr. 284 des 'Allgemeinen Anzeigers' kündigte Hengst die Klage schon an, ohne im Detail auf Bandhauers Vorwürfe einzugehen. Daraufhin legte Bandhauer noch einmal nach und verkündete in der Ausgabe Nr. 331, die Entgegnung Hengsts zeige auffällige Parallelen zu den anonymen Angriffen gegen seine Bauwerke in den Zeitungen:

*"Es wird dieser speciell bezeichneten zwey Bauten an verschiedenen Stellen mehrmahl, und zwar in derselben boshaften Art, wie es schon früher in mehreren Zeitungen geschehen, ganz so gedacht, als wenn je-*

---

[136] Ebenda.

[137] Injurien = Beleidigungen.

[138] [LHASA], Z 70, A 9b Nr. 38b.

*ne Zeitungsartikel und dieser von Herrn Hengst unterzeichnete Aufsatz einen und denselben Verfasser hätten."* [139]

Erneut - und diesmal ausschließlich durch seine eigene Schuld - sah sich Bandhauer einem juristischen Verfahren ausgesetzt, noch bevor die Ermittlungen zum Gerüsteinsturz einen Abschluss gefunden hatten. Waren die beiden früheren Untersuchungen noch einigermaßen glimpflich für ihn verlaufen, kam es diesmal tatsächlich zu einem förmlichen Prozess, den Bandhauer erwartungsgemäß verlor. Trotz Beistand eines Rechtsanwalts scheint er sich vor Gericht sehr ungeschickt verhalten zu haben, was seine Position eher noch verschlechterte.[140] In ihm hatten sich unendlich viel Frustration und Hass gegen Hengst aufgestaut, weil er ihn allein für seine Situation verantwortlich machte. Nach seiner Überzeugung hatte Hengst, der ihm ja schließlich seine Stelle zu verdanken hatte, sein Vertrauen missbraucht, seinen Ruf ruiniert und ihn letztlich seine Existenz gekostet. Kurzum, all das, was ihm sein Leben lang etwas bedeutet hatte, war ihm von Hengst genommen worden. Da er schon in ganz alltäglichen Situationen sein Temperament schlecht zügeln konnte, war ihm vor Gericht ein sachliches Auftreten offenbar nicht möglich. Die Berliner Juristenfakultät sprach ihn im Februar 1835 der Beleidigungen für schuldig und verurteilte ihn zu acht Tagen Gefängnis, öffentlicher Abbitte mit Widerruf sowie Begleichung sämtlicher Gerichtskosten.[141]

Am 18. August 1835 entschuldigte sich Bandhauer bei einem Termin in Köthen offiziell bei Hengst. Dieser für ihn sicherlich sehr peinliche Akt wurde amtlich protokolliert und anschießend in der gleichen Zeitung in der die Beleidigungen stattgefunden hatten, veröffentlicht.[142] Die gesamte Köthener Landesregierung war angetreten und Hengst erschien in Begleitung seines Anwalts, des Justizrates Isensee. Bandhauer musste erklären, dass alle in seinem Aufsatz geäußerten Vorwürfe und Beleidigungen gegen Hengst *"unrichtig und unwahr sind"*. Hatte Bandhauer die öffentliche Entschuldigung sicherlich schon sehr viel Kraft gekostet, sah er sich zum Antritt der Haftstrafe sowie zur Begleichung der Gerichtskosten vollkommen außer Stande.

Aus gesundheitlichen Gründen musste der Haftantritt immer wieder verschoben werden, während seine Frau mehrfach bei Herzog Heinrich vorstellig

---

[139] [Allg. Anzeiger], Jahrgang 1833, Nr. 331, Spalte 4189.

[140] [Buchberger], Seite 188. Bandhauer wurde während des Prozesses von einem Dr. Sintenis aus Roßlau vertreten.

[141] Wilhelm van Kempen: *"Christian Gottfried Heinrich Bandhauer"*, veröffentlicht in: 'Mitteldeutsche Lebensbilder', fünfter Band; Magdeburg 1930.

[142] [Allg. Anzeiger], Jahrgang 1835, Nr. 283, Spalte 3685.

wurde, um eine Begnadigung zu erwirken. Als sich sein Gesundheitszustand - vor allem auch in psychischer Hinsicht - zusehends verschlechterte, hatte der Herzog endlich ein Einsehen und hob die Haftstrafe am 13. November 1835 auf. Somit blieben noch die Verfahrenskosten, deren größter Teil überraschend von einem Bürstenmacher aus Köthen übernommen wurde. Der Rest wurde ihm schließlich von Heinrich erlassen.[143] Nach den Einwohnerlisten Köthens gab es um 1835 nur einen Bürstenbinder in der Stadt, dessen Name Christian Friedrich Heinrich Thiemann war und der im Haus Nr. 533 wohnte.[144] Ob Thiemann in einer besonderen Beziehung zu Bandhauer stand und aus welchen Gründen er die Schulden übernahm, ließ sich bisher nicht ermitteln. Damit war der Vorhang über dem letzten Kapitel der unschönen Auseinandersetzungen mit Conrad Hengst gefallen.

Ganz im Gegensatz zu Bandhauer soll Hengst im Laufe seines Berufslebens ein großes Vermögen angehäuft haben, wobei es vielleicht nicht immer mit rechten Dingen zuging. Jedenfalls wurde ihm einige Jahre später, wie allerdings vielen anderen Beamten auch, Korruption und Veruntreuung von Staatsgeldern vorgeworfen. So soll er sich selbst und einige gute Freunde beim Bau des Bahnhofsrestaurants in Köthen (Fertigstellung 1840) persönlich bereichert haben. Diese Vorwürfe mündeten aber nie in einer juristischen Aufarbeitung oder gar einer Verurteilung, sodass über ihren Wahrheitsgehalt heute nur spekuliert werden kann. Hengst blieb bis zu seinem 81. Lebensjahr (!) im anhaltischen Staatsdienst und konnte sogar noch das seltene 50-jährige Dienstjubiläum begehen. Er starb am 8. Juli 1877 unverheiratet und kinderlos in Köthen.[145]

## Schriftstellerische Tätigkeit

Nach der Entlassung aus dem Staatsdienst und dem Umzug nach Roßlau unternahm Bandhauer manche Anstrengung, um bei einem anderen Dienstherrn wieder eine Anstellung als Baumeister zu finden. Auch mit seinem Buch *"Bogenlinien des Gleichgewichts oder Theorie der Gewölbe und Kettenlinien"* (Leipzig 1831) beabsichtigte er nach eigenem Bekunden auf sich aufmerksam zu machen, um in absehbarer Zeit wieder *"ein festes Unterkommen in fremdem Staatsdienste"* zu finden.[146] Inhaltlich versucht Bandhauer in dem Werk

---

[143] W. v. Kempen: *"Christian Gottfried Heinrich Bandhauer"*.
[144] *"Liste der Einwohner der Residenzstadt Coethen, 1836"*, [www.familysearch.org].
[145] Siehe auch Kurzbiografie zu Christian Conrad Hengst im Anhang.
[146] [Nestler], Seite 32.

auch die Vorzüge seines Brückensystems von Nienburg herauszustellen, indem er seine Schrägseilbrücke einer gewöhnlichen Hängebrücke mit gleichen Abmessungen gegenüberstellte. Dabei kam er zu dem Ergebnis, dass seine Brücke nur ca. 1/3 des Eisenmaterials einer Ketten-Hängebrücke benötigte, um die gleiche Tragfähigkeit zu erreichen.[147]

Allerdings unterschätzte Bandhauer offenbar die öffentliche Wirkung der beiden Unglücksfälle, die nun im ganzen deutschsprachigen Raum mit seinem Namen in Verbindung gebracht wurden. In den Zeitungen hieß es, 'seine Brücke' und 'sein Gerüst' seien eingestürzt, während über den jeweiligen Freispruch kaum noch etwas berichtet wurde, mit Ausnahme der Aufsätze, die Bandhauer selber schrieb. Er sah sich als Opfer und berief sich darauf, dass ihm nie ein Verschulden nachgewiesen werden konnte. Auch seine wissenschaftlichen Publikationen führten nicht zu der öffentlichen Rehabilitation, die ihm eine Chance auf die gewünschte Stelle im Staatsdienst eröffnet hätte.

Offenbar blieb Bandhauer für viele seiner Berufskollegen auch jetzt noch die Reizfigur, die er schon immer gewesen war. So blieb auch seine *"Theorie der Gewölbe und Kettenlinien"* nicht ohne Widerspruch. In der 'Allgemeinen Literatur Zeitung' erschien 1833 eine Rezension, die Bandhauers Schrift in Bausch und Bogen vernichtete. Der Kritiker schrieb unter anderem:

*"...daß ihm kaum jemals ein Buch vorgekommen ist, welches stärkeres Zeugniß von der Unbekanntschaft des Schriftstellers mit dem Gegenstande über den er schreibt, giebt, als das gegenwärtige. —Mathematiker werden des Vfs. Unkenntniß der Statik auf jeder Seite finden; und Baumeister, die ohne von der Statik etwas mehr als die Anfangsgründe wissen, das Buch etwa zu gebrauchen gedächten, werden sich, nach Durchlesung der ersten Bogen, wie in einem Irrgarten fühlen und hoffentlich sämtlich vernünftig genug seyn, dasselbe in ihrem Curiositäten-Kabinet aufzustellen; für die Ausübung aber davon schwerlich jemals Gebrauch zu machen auch nur versuchen."*[148]

Es spricht allerdings nicht unbedingt für den Autor, dass er es angesichts einer so harten Kritik vorzog anonym zu bleiben.

Bandhauer, der sein Leben lang niemals einer fachlichen Konfrontation aus dem Weg gegangen war, setzte als Antwort auf diesen Artikel in verschiedenen Zeitungen eine Prämie von 10 Louis d'or für denjenigen aus, der ihm ei-

---

[147] [Allg. Anzeiger], Jahrgang 1831, Seite 1062.
[148] Allgemeine Literatur Zeitung, Jahrgang 1833, Nr. 76, Spalte 601; [http://www.urmel-dl.de/].

nen Fehler in seiner Gewölbetheorie nachweisen konnte.[149] Nach Ablauf der von ihm gesetzten Frist gab er das Ergebnis des Aufrufes bekannt:

> *"Den ausgesetzten Preis von 10 Louis d'or für Nachweisung eines Fehlers an den 'Bogenlinien des Gleichgewichts' hat niemand verlangt oder verdient. Nur beifällige Urtheile darüber sind eingegangen".*[150]

Neben den schon erwähnten Büchern veröffentlichte Bandhauer ab 1828 auch immer häufiger Artikel in Fachzeitschriften. Darunter waren technisch-wissenschaftlich orientierte Aufsätze zu verschiedensten Themen des Bauwesens aber auch Besprechungen literarischer Neuerscheinungen mit bautechnischem Bezug. Eine zentrale Rolle spielte dabei immer wieder die schon mehrfach angesprochene Zeitschrift *"Allgemeiner Anzeiger und Nationalzeitung der Deutschen"*,[151] die Bandhauer und seine Gegner schon häufig als Plattform für ihre Auseinandersetzungen genutzt hatten. Auch Bandhauers Fachpublikationen erschienen meistens in dieser Zeitung, wurden dann aber häufig auch von anderen Blättern übernommen. Nachdem 1836 in Wien die erste Ausgabe der *"Allgemeinen Bauzeitung"* erschienen war, nutzte er auch diese Zeitschrift für seine Veröffentlichungen. Schon in der zehnten Ausgabe erschien dort eine längere Abhandlung Bandhauers über seine Quadrathohlbauten.[152]

So bezeichnete Bandhauer einen ökonomischen Typ von Wirtschaftsgebäuden mit einem quadratischen Grundriss und einem pyramidenförmigen Dach. Nach diesem einfachen Prinzip errichtete er Scheunen, Schafställe, Futterspeicher, Zollhäuser, die Schule in Baasdorf und die neue Brauerei in Roßlau. Das System geht von dem Grundgedanken aus, dass die Summe der Seitenlängen eines Quadrates kleiner ist als die eines Rechtecks mit der gleichen Grundfläche. Dadurch ist ein quadratischer Bau grundsätzlich billiger, weil er ein günstigeres Verhältnis zwischen dem benötigten Baumaterial für Wände und Dach zum Volumen des umbauten Raumes hat. Auch die Dorfkirche in Gnetsch und die Marienkirche in Köthen hatte er mit nahezu quadratischen Grundrissen geplant. Nach seinen ursprünglichen Vorstellungen sollte sogar das Reithaus in Köthen quadratisch werden, was aber vom Herzog abgelehnt wurde, weil dies nicht der 'klassischen' Vorstellung von einer Reitbahn entsprach.

---

[149] Anhalt-Cöthensche Zeitung 1832, et al.

[150] *"Neues allgemeines Repertorium der neuesten in- und ausländischen Literatur für 1833"*, Leipzig 1833.

[151] Die Zeitung hieß bis 1830 *"Allgemeiner Anzeiger der Deutschen"*.

[152] Allgemeine Bauzeitung, Wien; 1. Jahrgang 1836, Seite 75.

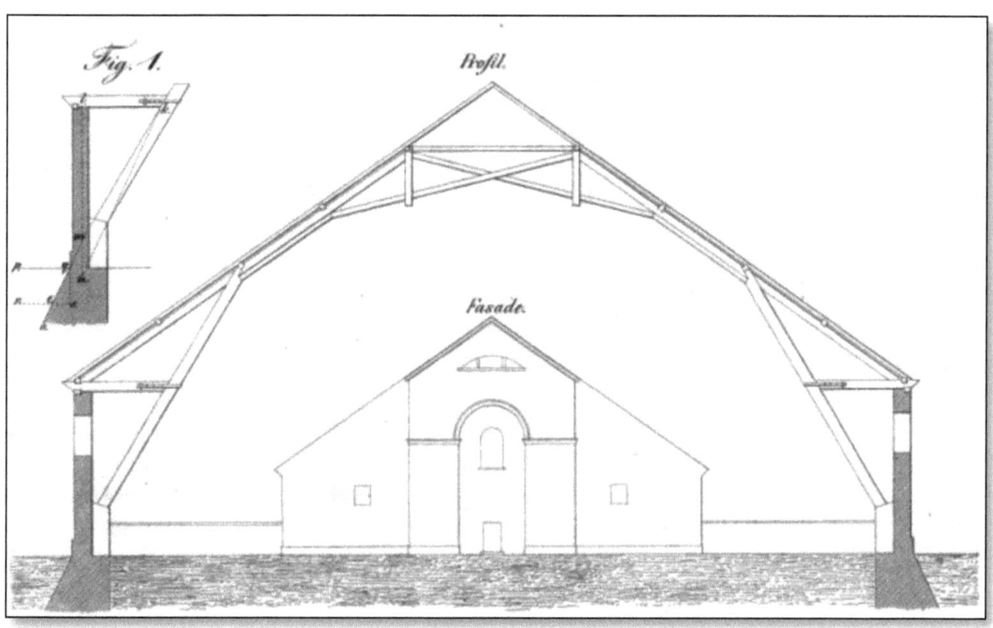

*Die Scheune in Baasdorf. Ein Quadrathohlbau nach dem System Bandhauers.*
*Allgemeine Bauzeitung, Wien, Nr. 11/1836, Beilage 19.*

Es ist bezeichnend für das angespannte Verhältnis zwischen Bandhauer und der preußischen Bauverwaltung, dass niemals einer seiner Beiträge im *"Journal für die Baukunst"* veröffentlicht wurde. Das Journal war die erste deutschsprachige Fachzeitschrift für Architektur und Bauwesen und erschien ab 1829 bei Reimer in Berlin. Die von August Leopold Crelle herausgegebene Zeitung war u.a. von Albert Eytelwein initiiert worden, der dort gelegentlich auch selbst publizierte. *"Crelles Journal"* war sozusagen das Sprachrohr der preußischen Bauverwaltung, in dem es aber offenbar keinen Platz für Bandhauer gab. In den Jahrgängen von der Ersterscheinung bis zu seinem Tod (1829-1837) wird Bandhauers Name darin kein einziges Mal erwähnt! Das 'Journal für die Baukunst' hätte Bandhauer geografisch natürlich viel näher gelegen als die 'Allgemeine Bauzeitung', aber dennoch erschienen seine fachlichen Publikationen vorzugsweise in Österreich. Dabei ist unklar, ob Bandhauers Aufsätze von der Redaktion des 'Journal für die Baukunst' regelmäßig abgelehnt wurden, oder ob er gar nicht erst versucht hat, dort etwas zu veröffentlichen.

Obwohl Bandhauer an bautechnischen Neuerscheinungen seiner Zeit nachweislich immer sehr interessiert war, gehörte er nicht zu den offiziellen Subskribenten des Journals, die im ersten Jahrgang namentlich genannt wurden. Es spricht also vieles dafür, dass sich die Baufachleute in Köthen und Berlin ganz bewusst gegenseitig ignorierten. Wahrscheinlich war Bandhauer in diesem Kontext aber einfach nur das Opfer der jahrelangen Auseinandersetzungen zwischen Preußen und Anhalt, die sich aus den Zollstreitigkeiten entwickelt hatten und durch den Religionsübertritt des Herzogpaares noch verschärft worden waren.

Gelegentlich erschienen auch Rezensionen Bandhauers in der *"Allgemeinen Literatur-Zeitung"* in Halle, der damals meistgelesenen deutschsprachigen Zeitschrift für Neuerscheinungen auf dem Buchmarkt. Im Juni 1836 wurde dort eine Besprechung Bandhauers über das Werk *"Hydrotechnische Bemerkungen"* von Georg Jakob Dittler abgedruckt.[153] Dittler war Großherzoglicher Baurat bei der badischen Wasser- und Straßenbau-Direktion in Karlsruhe. Der mit *"Reisebeschreibung"* betitelte Aufsatz bearbeitete eine Art Bildungsreise des Autors durch mehrere Länder Europas, darunter auch das damals in der Ingenieurtechnik führende England. Mit einer solchen Studienreise rundete man im 19. Jhd. gewöhnlich ein technisches oder künstlerisches Studium ab, sofern der Schüler sich das damals enorm teure Reisen mit Postkutsche und Segelschiff leisten konnte. Waren Moller, Weinbrenner, Schinkel, Erdmannsdorff, Behr und viele andere noch vorwiegend nach Italien gereist, besuchten spätere Generationen von Bautechnikern die Schweiz, Frankreich, Großbritannien und zunehmend auch Amerika. Bandhauer war eine solche Reise nie vergönnt gewesen, denn er stammte aus sehr einfachen Verhältnissen und verfügte auch nicht über die notwendigen Beziehungen, um nach der Ausbildung in den Genuss eines Stipendiums zu kommen. Dabei wäre es gerade für ihn als Klassizist sehr lehrreich gewesen, die antiken Vorbilder seines bevorzugten Baustils an den historischen Schauplätzen zu studieren.

Bandhauer hat sich in seinen wissenschaftlichen Arbeiten sogar noch mit dem Aufkommen der Eisenbahn auseinandergesetzt, deren Anfänge in Europa er miterlebte. Bekanntlich wurde die erste deutsche Eisenbahnlinie 1835 zwischen Nürnberg und Fürth eröffnet, aber mit Sicherheit hat er auch schon den Beginn dieser wahrhaft 'technischen Revolution' in Großbritannien verfolgt. In seinem Aufsatz *"Eisenbahnen und lange bauliche Anlagen überhaupt"* behandelt er die Probleme bei der Vermessung von Straßen, Kanälen und Eisenbahntrassen, welche durch die Krümmung der Erdoberfläche entstehen.[154] Trotz dieses nüchternen bautechnischen Themas wurde einmal mehr deutlich, dass Bandhauer unter seinen Berufskollegen viele Gegner hatte, denn auch

---

[153] Allgemeine Literatur Zeitung, Jahrgang 1836, Nr. 107, Spalte 233.
[154] [Allg. Anzeiger], Jahrgang 1836, Nr. 218, Spalte 2791.
Nur drei Jahre nach Bandhauers Tod erhielt Köthen einen Eisenbahnanschluss im Zuge der Strecke Magdeburg-Leipzig.

dieser Beitrag provozierte wieder mehrere *"Berichtigungen"* und Gegendarstellungen im 'Allgemeinen Anzeiger'.

Im November 1836, vier Monate vor Bandhauers Tod, erschien eine seiner letzten Veröffentlichungen unter dem Titel: *"Schöne Kunst"*. In dieser Rezension behandelt er das Buch *"Der Stadtbau oder Anweisung zum Entwerfen von Gebäuden aller Art"* von Johann Andreas Romberg.[155]

## Eine Herzensangelegenheit: die Bauschule

In einem Teil der vorhandenen Literatur wird uns Bandhauer nach dem Ausscheiden aus dem Staatsdienst und der juristischen Niederlage gegen Hengst, als ein von Depressionen heimgesuchter Mann beschrieben, dessen Lebenswille und Schaffenskraft für immer gebrochen waren. Vielleicht ist ein Funken Wahrheit daran und ganz sicher ging es ihm in dieser Zeit weder körperlich noch seelisch sehr gut. Dennoch sprechen die objektiven Tatsachen gegen jede Form der Selbstaufgabe, denn er gab sich keineswegs mit der herzoglichen Armenhilfe zufrieden. Ganz im Gegenteil entfaltete er eine Vielzahl von Aktivitäten, um die finanzielle Situation seiner jungen Familie wieder in bessere Bahnen zu lenken. So führte er in Roßlau und Umgebung private Bauvorhaben durch, die uns heute vermutlich nur teilweise bekannt sind. Er unternahm diverse Anstrengungen, um wieder eine dauerhafte Anstellung in einer ausländischen Baubehörde zu finden. Um seinen Bekanntheitsgrad zu steigern aber vermutlich auch wegen der Honorare, veröffentlichte er zahlreiche Fachbeiträge in diversen Zeitschriften.

Nachdem seine Hoffnung auf eine feste Anstellung in weite Ferne gerückt war, wandte er sich verstärkt einer früheren Idee zu, nämlich der Einrichtung einer Bau- und Zeichenschule. Nach eigenem Bekunden war Bandhauer ja schon während seiner Zeit in Darmstadt als Lehrer an der dortigen Bauschule tätig gewesen, die vor allem die Weiterbildung von Handwerkern zum Ziel hatte.[156] Diese Tätigkeit scheint ihm in guter Erinnerung geblieben zu sein, denn während seiner aktiven Zeit im Bauamt hatte er Ferdinand diesen Vorschlag ebenso häufig wie erfolglos vorgetragen. Eine ganze Akte dokumentiert Bandhauers Bemühungen, eine solche Institution zur Weiterbildung talentier-

---

[155] Allgemeine Literatur-Zeitung, Jahrgang 1836, Nr. 206, Spalte 409. [http://www.urmel-dl.de/].
[156] Siehe auch Seite 26.

ter Handwerker in Köthen aufzubauen.[157] Auch diese Initiative Bandhauers war absolut am Puls ihrer Zeit, denn viele deutsche Staaten hatten die Notwendigkeit solcher Einrichtungen erkannt aber längst noch nicht überall verwirklicht.

Bereits im Oktober 1823 erläuterte Bandhauer der Rentkammer zum ersten Mal seinen Vorschlag und begründete ihn unter anderem damit, dass keine Fehler *"kostspieliger, in die Augen fallender und dauernder, als die des Baufachs"* seien. Gerade im Bereich der privaten Bautätigkeit sah er großen Bedarf für eine solche Schule, damit die Handwerker *"nicht mehr bloße Stein- und Holzmassen in der Kreuz und Quer ohne Sinn und Verstand zusammenzuhäufen, und dadurch die Geldbeutel der Bauherrn und die Augen der Beobachter zu beleidigen"*.[158] Warnend fügte er hinzu, Fremde könnten aus einer Unordnung im Bauwesen auf eine Unordnung im Staatswesen schließen. Das war geschickt argumentiert, denn falls sich der Herzog schon nicht für die Probleme privater Bauherren interessieren sollte, dann doch wohl wenigstens für den Gesamteindruck, den die Residenzstadt bei Staatsgästen und Durchreisenden hinterließ.

Bandhauer beabsichtigte in der Schule aber auch seine zukünftigen Mitarbeiter selbst auszubilden, indem er dem Herzog die besten Schüler zur Übernahme in den Staatsdienst empfehlen wollte. Sein schriftlich eingereichter Vorschlag für die Bauschule war in 24 Paragraphen bis ins letzte Detail ausgearbeitet. Die Lehranstalt war vor allem für Zimmerleute, Maurer, Steinmetze, Tischler aber auch für Ökonomen aus dem landwirtschaftlichen Bereich gedacht, die ihre mathematischen und zeichnerischen Kenntnisse vertiefen wollten. Bandhauer sah für die Lehranstalt einen Einzugsbereich weit über Anhalts Grenzen hinaus und hoffte auch auf Schüler aus anderen norddeutschen Ländern, ja sogar aus Russland, *"die sonst im Süden die Schule suchen, die ihnen hier näher geboten wird"*.[159] Für Handwerker aus Köthen sollte die monatliche Schulgebühr mit einem Taler pro Monat nur halb so viel kosten wie für 'Ausländer'. Von seiner eigenen bescheidenen Herkunft geprägt, zeigte er bei der Finanzierung der Schule ein großes Herz für die ärmere Bevölkerung, indem er die Möglichkeit einer gänzlichen Befreiung vom Schulgeld vorsah, nur mit Ausnahme der teuren Zeichengeräte.

---

[157] [LHASA], Z 70, C 14 Nr. 10.

[158] Erhard Nestler: *"Christian Gottfried Heinrich Bandhauer – Baumeister des Klassizismus in Anhalt-Köthen"*; Rat des Kreises Köthen (1990).

[159] [Buchberger], Seite 140.

Der Unterricht sollte neben der normalen Arbeit am Samstagnachmittag und Montagmorgen stattfinden, weil viele Handwerker am Montag ohnehin nicht arbeiten und deshalb *"nichts versäumen"* würden. Darüber hinaus sollte die Schule täglich von sechs Uhr morgens bis sechs Uhr abends geöffnet sein, damit wissbegierige junge Männer mit Hilfe der dort vorhandenen Fachliteratur, Zeichnungen und Modellen Eigenstudium betreiben könnten. Bandhauer erklärte sich sogar bereit, zu diesem Zweck seine Privatbibliothek zur Verfügung zu stellen. Der Stundenplan sah u.a. die Fächer Bauzeichnen, Modellieren, Arithmetik und Geometrie, sowie Planzeichnen und Vermessung vor. Um die Motivation der Schüler zu steigern, sollten die besten Zeichnungen und Modelle zu Pfingsten und Weihnachten prämiert und öffentlich ausgestellt werden.

Der Unterricht sollte vorwiegend von seinem Mitarbeiter Hengst und einem Forstkondukteur namens Biermondt gehalten werden, während Bandhauer für sich selbst die Position des Direktors vorgesehen hatte. Persönlich wollte er sonntags zwischen elf und zwölf Uhr öffentliche Vorträge zu verschiedenen Themen aus dem Baufach halten. Im Übrigen wollte er sich auch das letzte Wort bei der Vergabe der Zeugnisnoten vorbehalten. Talentierte Anwärter für eine höhere Ausbildung, etwa zum Baukondukteur, wollte er für einen Louis d'or pro Monat persönlich in seinem Büro ausbilden.

Es gelang Bandhauer bei diesem ersten Vorstoß jedoch nicht, den Herzog und die Landesdirektion von der Notwendigkeit einer solchen Lehranstalt zu überzeugen, obwohl die Initiative generell begrüßt und für wünschenswert erachtet wurde. Letztendlich wurde aber die finanzielle Grundausstattung für den Start des Schulbetriebes nicht zur Verfügung gestellt, obwohl Bandhauer sie mit 60 Talern pro Jahr sehr niedrig angesetzt hatte. Vorerst scheiterte die Idee aber auch an den fehlenden Räumlichkeiten. Bandhauer hatte eine große Wohnung in der Wallstraße dafür vorgeschlagen, die von der kürzlich verstorbenen Witwe des Geheimrates von Below bewohnt worden war. Der Herzog hatte die Räume aber schon für die Unterbringung seiner Gäste vorgesehen und glaubte auch nicht darauf verzichten zu können, solange der Ferdinandsbau am Köthener Schloss noch nicht fertiggestellt war.

Bandhauer verlor die Einrichtung der Lehranstalt aber nie aus dem Blick und erneuerte seinen Vorschlag umgehend, als der Ferdinandsbau fünf Jahre später bezugsfertig war. In einem Schreiben an die Rentkammer wies Bandhauer nochmals auf die Dringlichkeit des Projektes hin: *"In allen nur einigermaßen bedeutenden, selbst Provinzstädten, findet man jetzt dergleichen und polytechnische Unterrichtsanstalten und umso mehr verdienen sie gewiß Resi-*

*denzstädte".*[160] Ob es an den noch laufenden Untersuchungen zum Brückeneinsturz in Nienburg lag oder an etwas anderem, jedenfalls schaffte es Bandhauer auch 1828 nicht, den Herzog von seiner Idee zu überzeugen. Also verschwand sein engagierter Vorschlag zum zweiten Mal in den Aktenarchiven.

Einen dritten Anlauf zur Einrichtung einer Sonntags-Bauschule unternahm Bandhauer zwei Jahre nach der Thronbesteigung Herzog Heinrichs. Zu diesem Zeitpunkt war er bereits von seinen Ämtern suspendiert und lebte in Roßlau. Am 18. August 1833 erschien ein Artikel Bandhauers im 'Allgemeinen Anzeiger', der mit *"Bildungsanstalten; Bau- und Sonntagsschulen in Anhalt"* überschrieben war. Darin kündigte er die baldige Eröffnung einer Baugewerkschule für Handwerker an, deren Lehrbetrieb vorwiegend am Wochenende und in den Wintermonaten stattfinden sollte. Wörtlich hieß es:

*"Der Unterzeichnete ertheilt, in der Art des verewigten Weinbrenner, großherzogl. Oberbaurathes in Karlsruhe, Unterricht in der Architectur und verbindet damit – doch abgesondert – zu gegenseitig größerem Nutzen durch Wechselwirkung, eine Sonntagsschule für Handwerker, die im Winter auch an den Wochentagen ihren Fortgang hat."* [161]

Hier fällt einmal mehr der Bezug auf die Lehrmethoden Weinbrenners ins Auge und nicht etwa auf seinen eigenen Ausbilder Moller. Interessanterweise wollte Bandhauer die technische Lehranstalt jetzt aber nicht mehr in Köthen, sondern in Dessau eröffnen, also im benachbarten Herzogtum. Vielleicht hing dies nur mit seinem neuen Wohnort Roßlau zusammen aber vielleicht ist es auch ein Indiz für den endgültigen Bruch mit seinem ehemaligen Dienstherrn.[162]

Inwieweit die Bekanntmachung der Bauschule mit Herzog Leopold IV von Anhalt-Dessau (*1.10.1794 in Dessau; †22.5.1871 ebenda) abgesprochen war, ist fraglich, denn Bandhauer wurde offenbar umgehend dazu aufgefordert, diese Ankündigung wieder zurückzuziehen. Nur neun Tage später erschien in der gleichen Zeitung der knappe Widerruf: *"Die in Nr. 223 d. Bl. angezeigte Sonntags- und Bauschule in Dessau hat die gehoffte höchste Genehmigung nicht gefunden und unterbleibt deshalb."* [163] Nestler, der sich besonders intensiv mit Bandhauers Schulprojekt befasst hat, sah die Idee zu diesem Zeitpunkt

---

[160] Erhard Nestler: *"Christian Gottfried Heinrich Bandhauer – Baumeister des Klassizismus in Anhalt-Köthen"*; Rat des Kreises Köthen (1990).

[161] [Allg. Anzeiger], Jahrgang 1838, Nr. 232, Spalte 2839.

[162] Die Stadtgrenzen von Dessau und Roßlau lagen damals nur wenige Kilometer voneinander entfernt. Heute ist die Stadt Dessau-Roßlau vereint.

[163] [Allg. Anzeiger], Jahrgang 1838, Nr. 223, Spalte 2954.

endgültig gescheitert, nicht zuletzt, weil die Akte an dieser Stelle endet. Er ging davon aus, dass Bandhauers Gesundheit und seine allgemeinen Lebensumstände 1833 bereits so kritisch geworden waren, dass er das Projekt nicht weiter verfolgen konnte.[164]

Hier ist nun aber eine der seltenen Gelegenheiten, etwas über Bandhauers Hartnäckigkeit und Ehrgeiz in Angelegenheiten zu erfahren, die ihm wirklich wichtig waren. Trotz seiner desolaten Gesundheit, trotz seiner am Boden liegenden seelischen Verfassung, trotz aller Absagen und vorgeschobenen Ausflüchte der regierenden Herzöge, hat er die Idee der Bauschule nie aufgegeben und letzten Endes doch noch verwirklicht. Allerdings weder in Köthen noch in Dessau, sondern überraschenderweise in seiner Heimatstadt Roßlau, die damals zum Staatsgebiet Anhalt-Köthens gehörte. Der Beweis dafür sind Veröffentlichungen in Tageszeitungen und Fachzeitschriften von Magdeburg bis Wien. Nestler, Buchberger und van Kempen verfügten nicht über die modernen Recherchemöglichkeiten des Internets und konnten insofern nicht wissen, dass Bandhauers Traum von der Bauschule doch noch ein 'Happy End' gefunden hat.

In der 'Magdeburger Zeitung' vom 29. Januar 1836 erschien der folgende Aufsatz, der später auch von anderen Zeitungen abgedruckt wurde. Wegen seiner Bedeutung soll er hier vollständig wiedergegeben werden:

*"Technische Lehranstalt zu Roßlau in Anhalt*

*Diese Anstalt nimmt einen so erfreulichen Fortgang, daß es Pflicht scheint, sie zur Kenntniß mehrerer sorglicher Väter und Jünglinge zu bringen. Sie ist für Architekten, für Landwirthe, für die verschiedenen Bauprofessionisten, auch Müller etc., denen es um eine gründliche Ausbildung in ihrem Fache zu thun ist. Besonders förderlich ist dem Unterricht der Architekten und Bauprofessionisten ein besonderer Kursus: die Linienstatik oder Construkzion der statischen Aufgaben durch Linien, wie bei der Optik und Perspektive, wodurch dieser so höchst wichtige Lehrzweig selbst den Professionisten zugänglich wird, und dieselben in den Stand setzt, die Druck- und Widerstandverhältnisse ohne alle arithmetische Weitläufigkeit aus dem Plane selbst mit dem Zirkel nach dem Maßstabe abzumessen und zu bestimmen, was bis jetzt noch auf keiner anderen Schule gelehrt wird. Auch die Theorie des Bogenbaues, d.i. alles, was von der lothrechten, griechischen Stütz- und Construkzionsweise abweicht, kann auf andern Schulen nicht deutlicher und einfacher gelehrt werden, da der Vorsteher dieser Schule selbst der endliche er-*

---

[164] [Nestler], Seite 98.

*schöpfende Begründer dieser Theorie und des dahin einschlagenden bekannten Quadrat-Hohlbau-Systems, vor allen Dingen aber ein viel bewanderter Praktiker ist, wovon bekanntlich die wahrhaft nützliche, produktive Bildung für das praktische Leben, und somit überhaupt das künftige Fortkommen der Jünglinge, die auf ihre eigenen Kräfte ange-wiesen sind, so sehr abhängt. Der Unterricht nimmt alle Tage, von früh bis Abends, in Anspruch, und kostet für gewöhnlich vier Thaler monat-lich. Das Städtchen liegt im freundlichen Kessel-Thale an der Elbe, Des-sau gegenüber, begünstigt eine billige Subsistenz, und ermangelt der verführerischen Gelegenheiten größerer Städte, die der Jugend so oft gefährlich werden.*

*Diejenigen, welche ihre Examen in kostspieligen größern Städten zu machen gezwungen sind, finden hier Gelegenheit, sich zu befähigen, und sie in möglichst kurzer Frist zu bestehen. Nähere Auskunft ist auf kostenfreie Anfragen von dem Herrn Baurath Bandhauer daselbst zu er-halten." [165]*

Da der Artikel Ende Januar 1836 zum ersten Mal veröffentlicht wurde und von einem *"erfreulichen Fortgang"* der Lehranstalt die Rede ist, andererseits Bandhauer im August 1833 die Eröffnung einer Bauschule in Dessau noch widerrufen musste, kann der Gründungszeitpunkt nur irgendwo dazwischen liegen. Realistisch scheint ein Unterrichtsbeginn nur für 1834 oder 1835 zu sein. Möglicherweise verwirklichte Bandhauer das Projekt nun aber ganz ohne staatliche Unterstützung und vielleicht sogar ohne dessen ausdrückliche Zu-stimmung, denn in den Akten beim Landeshauptarchiv in Dessau ist nichts darüber enthalten. Da auch in den einschlägigen Zeitungen nur sehr wenig über die Schule berichtet wurde, ist zu vermuten, dass sie nur kurze Zeit be-standen hat und der Lehrbetrieb unmittelbar nach Bandhauers Tod wieder eingestellt wurde. Allerdings gibt es in einem Vorläufer des 'Baedeker' eine kurze Notiz, nach der es auch um das Jahr 1847 eine technische Lehranstalt in Roßlau gegeben haben soll. [166]

Von der Bauschule in Roßlau ist im Grunde kaum mehr bekannt, als aus dem oben zitierten Text schon hervorgeht. Wir kennen weder die Namen des wei-teren Lehrpersonals, noch wissen wir etwas über die Anzahl oder die Herkunft der Schüler. Auch in welchen Räumlichkeiten der Unterricht stattfand oder wie sich der Stundenplan zusammensetzte, konnte bisher nicht ermittelt werden.

---

[165] [Allg. Anzeiger], Jahrgang 1836, Nr. 98, Spalte 1256. Desgl. Allgemeine Bauzeitung; Jahr-gang 1836, Nr. 14, Seite 112, et al.
[166] Dr. Ernst Förster: *"Handbuch für Reisende in Deutschland"*; München 1847, Seite 249.

Neben den 'normalen' Baufächern scheint man sich an der Lehranstalt aber auch mit recht exotischen Themen beschäftigt zu haben, wie uns weitere Artikel aus damaligen Tageszeitungen verraten.

1836 erschien u.a. im 'Allgemeinen Anzeiger' und in der 'Allgemeinen Bauzeitung' ein gleichlautender Bericht über sogenannte *"Taucherkappen"*, die *"unter Anleitung und Aufsicht der Bauschule zu Roßlau bei Dessau, in Anhalt, auf Bestellung gemacht werden"*.[167] Der Text war nicht namentlich gekennzeichnet, stammte aber mit Sicherheit von Bandhauer selbst. Er sah für derartige Ausrüstungen einen großen Bedarf und versuchte sich damit eine neue Quelle für seinen Lebensunterhalt zu erschließen. In dem Aufsatz rührte er kräftig die Werbetrommel für seine Taucherkappen und empfahl jeder Baubehörde eine oder mehrere davon vorzuhalten, um bei der Untersuchung von tiefen Brunnen, Kellern oder sonstigen Arbeiten,

> *"...im Wasser, als auch mit wenigen Abänderungen in verdorbener und der Gesundheit gefährlicher Luft, nicht nur vor Ertrinken oder Ersticken geschützt zu sein, sondern fast jede beliebige Arbeit verrichten zu können".*

Sogar für die Erforschung gesunkener Schiffe, zum Heben von Schätzen und zur Sondierung des Flussbettes beim Bau von Brückenpfeilern und Hafenanlagen, seien die Kappen geeignet.

Leider existieren keinerlei Zeichnungen von diesem Ausrüstungsgegenstand und auch aus dem Text geht nicht eindeutig hervor, wie man sich eine solche Taucherkappe vorzustellen hat. Die Tauchtechnik steckte um 1835 noch in den Kinderschuhen und war im Wesentlichen von Edmond Halleys Erfindung der Taucherglocke aus dem Jahr 1690 geprägt.[168] Um den Arbeitsradius des Tauchers zu erhöhen, hatte Halley bereits einen Helm mit einem Schlauch entwickelt, der von der eigentlichen Taucherglocke aus mit Luft versorgt werden konnte. Der Helm war im Prinzip selbst eine kleine Taucherglocke, die über den Kopf des Tauchers gestülpt wurde und am unteren Rand offen war. Infolgedessen konnte die Ausrüstung natürlich nur in aufrechter Haltung benutzt werden. Halley perfektionierte seine Erfindung aber schon so weit, dass er damit bis zu vier Stunden auf dem Grund der Themse bleiben konnte.

---

[167] Allgemeine Bauzeitung, Wien; Jahrgang 1836, Nr. 22 Seite 176. Desgl. in 'Der bayerische Landbote', München; Nr. 105 Jahrgang 1836 und 'Polytechnisches Centralblatt'; Nr. 71 Jahrgang 1836 et al.

[168] Der Mathematiker, Physiker und Astronom Edmond Halley (1656 – 1741) ist uns vor allem durch den halleyschen Kometen bekannt, dessen Wiederkehr er richtig vorhergesagt hatte und der daher nach ihm benannt wurde.

Der in England lebende Sachse Augustus Siebe (1788–1872) erreichte 1838 eine erhebliche Verbesserung dieses Systems, indem es ihm gelang, den Helm luftdicht mit einem wasserundurchlässigen Anzug zu verbinden. Nun konnte sich der Taucher auch nach vorn beugen oder den Kopf schräg halten, was ihm natürlich viel mehr Bewegungsfreiheit verschaffte. Das war aber bereits nach Bandhauers Tod, und so stellt sich natürlich die Frage, wo die *"Roßlauer Taucherkappen"* in diesem technischen Kontext einzuordnen sind.

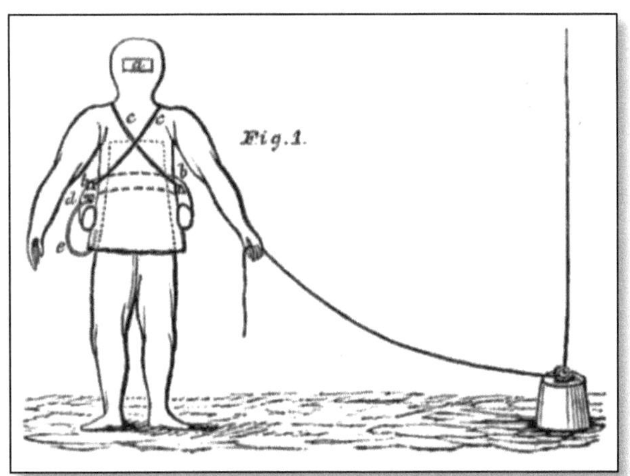


***Charles Conderts Tauchapparat im "Journal of the Franklin Institute", Jahrgang 1835.***

Ein halbes Jahr vor seinem Tod veröffentlichte Bandhauer noch einmal einen Aufsatz über die Taucherkappen im 'Allgemeinen Anzeiger'. Er reagierte damit auf eine kurz zuvor in verschiedenen deutschsprachigen Zeitungen erschienene Nachricht zum Thema Tauchtechnik. [169] Ursprünglich stammte dieser Bericht aber aus dem amerikanischen *"Journal of the Franklin Institute"*.[170] Darin wurde über den Maschinenbauer Charles Condert aus Brooklyn/ New York berichtet, der einen Apparat erfunden hatte, mit dem er schon viele Tauchgänge unternommen hatte. Im August 1832 war er jedoch bei einem solchen Einsatz auf dem Grunde des East River tödlich verunglückt. Bandhauer befürchtete wohl negative Auswirkungen auf den Absatz seiner Taucherkappen und versuchte daher die Unterschiede zu seiner eigenen Erfindung herauszustellen. Er wies auf die einfachere Funktion seiner Kappen hin und meinte, man müsse sich fast schämen nicht schon früher darauf gekommen zu sein. Mehr wollte er aber ganz bewusst nicht von seiner Erfindung verraten, weil es doch zu gewagt sei, eine solch neue Idee in unerfahrene Hände zu geben.

Weiter heißt es in dem Text:

> *"Auch scheint es unter solchen Umständen verzeihlich, wenn der Unterzeichnete den kleinen Erwerbszweig seinen Mitbürgern vorzugsweise*

---

[169] Polytechnisches Journal, Jahrgang 1836, Nr. 27, Seite 153, et al.
[170] *"Journal of the Franklin Institute"*, September 1835, Seite 147.

*wünscht. [...] Uebrigens ist diese Taucherkappe nicht etwa ein Product von Bemühungen dieses Jahres; Unterzeichneter hat jetzt nur Gelegenheit, dergleichen aus seinem früheren Leben gemeinnütziger zu machen. Ueberraschend war es ihm daher, jetzt von der ähnlichen Vorrichtung gerade aus America zu hören."* [171]

Der Aufsatz ist mit 'G. Bandhauer' unterzeichnet. Mit dem Schlusssatz wollte er vermutlich dem Verdacht vorbeugen, er hätte sich seine Erfindung bei Condert nur abgeschaut. Der amerikanische Originalartikel erschien ungefähr ein halbes Jahr vor Bandhauers erster Veröffentlichung zu diesem Thema. Allerdings müssen Bandhauers Kappen doch große Unterschiede zu Conderts Tauchapparat aufgewiesen haben. Letzterer bestand aus einem kompletten wasserdichten Anzug und hatte einen hufeisenförmigen Luftbehälter aus Kupfer, den sich der Taucher um die Hüften legte. Bei Conderts tödlichem Tauchgang war dieser Behälter unter Wasser zerbrochen, sodass er erstickte, bevor man ihn an die Oberfläche holen konnte.

Bisher ließ sich leider nicht feststellen, ob es tatsächlich Prototypen der *"Roßlauer Taucherkappe"* gegeben hat und ob mit ihr entsprechende Versuche unter Wasser durchgeführt wurden. Ebenso ist noch unklar, wer diese Taucherkappen in Roßlau oder näherer Umgebung angefertigt hat oder anfertigen sollte. In zeitgenössischen Journalen sind Berichte über Taucherkleidung zu finden, die aus Leinen hergestellt und mit Guttapercha oder Kautschuk wasserdicht gemacht wurde. Da es in Roßlau um 1835 mit Sicherheit auch Leinwebereien gab, könnte es sich bei Bandhauers Erfindung um ein ähnliches Produkt gehandelt haben. [172] Ob die Taucherkappen aber tatsächlich zu einem wirtschaftlichen Erfolg wurden, muss doch stark bezweifelt werden. Möglicherweise wurden sie überhaupt nicht verkauft, denn vermutlich gab es niemanden, der diese Idee nach Bandhauers Tod weiterverfolgte. Dennoch beweist auch diese Initiative, dass er keineswegs lethargisch vor sich hin vegetierte, sondern immer wieder kreative Ideen produzierte und sich mit ganzer Kraft für die Ernährung seiner Familie einsetzte.

## Bandhauers Ende

Vor dem eben geschilderten Hintergrund kam Bandhauers Tod eher überraschend und kann nicht ohne Weiteres als Spätfolge der unbestreitbaren Na-

---

[171] [Allg. Anzeiger], Jahrgang 1836, Nr. 261, Spalte 3333.
[172] Nach Nestler war auch Bandhauers Mutter die Tochter eines Leinwebers.

ckenschläge im Berufsleben erklärt werden. Sicherlich hatte er eine Reihe von gesundheitlichen Problemen, die aber angesichts der damaligen medizinischen Versorgungslage auch nicht ungewöhnlich waren. Die letzte bisher bekannt gewordene Veröffentlichung Bandhauers ist eine Literaturbesprechung im 'Allgemeinen Anzeiger', in deren Mittelpunkt ein Buch von Julius Burgheim über Geometrie stand.[173] Burgheim war Direktor einer Sonntags-Bauschule in Minden. Die Rezension wurde in der Ausgabe vom 19. Januar 1837 abgedruckt, also ziemlich genau zwei Monate vor Bandhauers Tod. Unterschrieben ist der Aufsatz mit *"Bandhauer, Baurath"*, was er ja eigentlich nicht mehr war. Vielleicht hatte er mit dem Herzog inzwischen ein Abkommen getroffen, das es ihm erlaubte den Titel weiter zu verwenden, denn dieser hätte dem Leiter einer Bauschule sicher gut zu Gesicht gestanden. Anderenfalls hätte er zumindest ein *"a.D."* hinzufügen müssen, wie er es bei früheren Veröffentlichungen auch getan hatte.

Der Zimmermann, Architekt, Ingenieur, Lehrer, Autor und Erfinder Christian Gottfried Heinrich Bandhauer starb am 22. März 1837 in seinem Haus in Roßlau. Der Tod trat gegen ein Uhr Nachts ein, wenige Minuten nach Beginn seines 48. Lebensjahres. Über sein Ableben und die Todesursache informiert uns mit knappen Worten das Kirchenbuch der Evangelischen Gemeinde St. Marien in Roßlau.[174] Die Nachricht vom Tod des Baumeisters wurde dem Pfarrer von einer Auguste Klaus zu Protokoll gegeben, *"Arbeiterfrau in Roßlau"* und bei Bedarf auch als Leichenwäscherin tätig. Als offizielle Todesursache wurde *"Abzehrung"* angegeben. Weil Bandhauer den Hofarzt Hahnemann zu diesem Zeitpunkt nicht mehr konsultierte, ist über seinen gesundheitlichen Zustand in den letzten Lebensmonaten nichts mehr bekannt geworden. Mit dem recht unspezifischen Begriff 'Abzehrung' bezeichnete man im 19. Jhd. meist Krankheiten, die mit einer schnellen Gewichtsabnahme einhergingen. Im Jahr 1837 brach zum zweiten Mal nach 1830/ 31 eine Cholera-Epidemie über Deutschland herein, von der Anhalt aber offiziell verschont blieb. Auch Samuel Hahnemann in Köthen hat angeblich niemals einen Cholerafall zu Gesicht bekommen, obwohl er medizinische Schriften über diese Krankheit veröffentlichte. Die Cholera zeigt einen sehr typischen Krankheitsverlauf mit dramatischem Flüssigkeitsverlust und endet häufig innerhalb weniger Tage

---

[173] [Allg. Anzeiger], Jahrgang 1837, Nr. 18, Spalte 242. Das Buch heißt: *"Die Geometrie in ihrer Anwendung auf das Gewerbe der Bauhandwerker für Bau- Gewerb- und Sonntagsschulen, so wie auch zum Selbstunterricht, namentlich für junge Bauhandwerker, welche sich zur Meisterprüfung vorbereiten wollen"*; Minden, 1836.

[174] Schriftliche Auskunft der Ev. Kirchengemeinde Roßlau: Sterberegister Seite 114, Nr. 14/1837.

mit dem Tod. Da aber jegliche Aufzeichnungen aus dem Umfeld Bandhauers fehlen, wird seine wahre Todesursache wohl niemals aufgeklärt werden.

Zwei Tage nach Bandhauers Tod bestellte seine junge Witwe gegen eine Gebühr von zwei Reichstalern einen Begräbnisplatz auf dem Roßlauer Friedhof.[175] Er selbst hatte sich nie um etwas so banales gekümmert. Die von Friederike ausgewählte Grabstätte befand sich damals an der westlichen Friedhofsmauer, direkt gegenüber vom Haupteingang mit den ägyptischen Pylonen, die Bandhauer 14 Jahre vorher selbst geschaffenen hatte. Die Wahl dieses Standortes sollte sich später als purer Glücksfall herausstellen, denn nur aufgrund seiner Besonderheiten konnte das Grab die nächsten 160 Jahre überdauern. Friederike ließ das Grab als Gruft mit einem Gewölbe aus Backsteinen herstellen, sodass der Sarg 'trocken' aufgestellt werden konnte. Das war zwar deutlich teurer als eine gewöhnliche Erdbestattung aber das Andenken an den verstorbenen Gatten war ihr das wert.

Am 25. März 1837 fand die traurige Zeremonie auf dem Roßlauer Gottesacker statt, über deren Ablauf und mögliche Teilnehmer leider nichts bekannt ist. So wird vermutlich immer im Dunklen bleiben, ob sich der Staat Anhalt-Köthen in irgendeiner Form an einem würdigen Begräbnis seines ehemaligen Baurates beteiligte. Ebenso wenig ist bekannt, ob seine noch lebende Tochter in Darmstadt rechtzeitig von dem Tod ihres Vaters erfahren hat und zur Beerdigung nach Roßlau gekommen ist. Louise Christine Bandhauer war zu diesem Zeitpunkt gerade 22 Jahre alt und noch unverheiratet.

Damit ist die Geschichte vom frühen Tod Bandhauers hinsichtlich seiner vier minderjährigen Kinder aber noch nicht ganz zu Ende erzählt, denn tragischerweise starb seine erst 29-jährige Frau nur vier Monate nach ihm, am 20. Juli 1837. Nach Buchberger, der auch hier das Roßlauer Kirchenbuch zitiert, war *"Gallenfieber"* die Ursache für Friederike Bandhauers plötzlichen Tod.[176] So bezeichnete man früher Typhus oder Krankheiten, die mit Gelbsucht einhergingen. Da Bandhauers Gruft nur Platz für einen Sarg bot, erhielt Friederike ein eigenes, allerdings etwas kleineres Gewölbe, direkt neben dem Grab ihres Mannes.[177] Die exakten Kosten der beiden Bestattungen sind durch einen amtlichen Gütertermin überliefert, bei dem offene Forderungen an das verstorbene Ehepaar vorgetragen werden konnten. Der Text der Bekanntmachung für diesen Termin lautete:

---

[175] [Koschig].

[176] [Buchberger], Seite 188.

[177] [Koschig]. Für die Gruft Bandhauers wurden etwa 1000 Mauersteine benötigt, für Friederikes ca. 700.

*"Alle diejenigen, welche an die Verlassenschaften des allhier verstorbenen vormaligen Herrn Bauraths Christian Gottfried Heinrich Bandhauer und dessen Ehegattin Friederike geb. Matthiae etwa Forderungen haben sollten, werden hiermit geladen, in dem zu deren Anmeldung und Bescheinigung auf den 19. März 1838 angesetzten peremtorischen Termine in hiesiger Amtsstube, bei Verlust ihrer Ansprüche und der Rechtswohlthat der Wiedereinsetzung in den vorigen Stand, zu erscheinen, ihre etwaigen Anforderungen zu liquidiren und zu bescheinigen; welches, auch daß zu Eröffnung eines Präclusions-Bescheides der 26. März 1838 bestimmt und die desfalls erlasseneEdictalcitation an hiesiger Gerichtsstelle angeschlagen worden ist, hierdurch öffentlich bekannt gemacht wird.*

*Roßlau, den 11. September 1837.*
*Herzogl. Anhalt. Justizamt daselbst.*
*F. E. Reinhardt."* [178]

Nach Begleichung der ausstehenden Rechnungen wurden die Wertgegenstände der Familie versteigert. Nestler kam zu der überraschenden Einsicht, dass die Hinterlassenschaft wertvoller war, als man es aufgrund der Lebensumstände Bandhauers - soweit uns diese bekannt sind - hätte erwarten können. So kamen im Dezember 1837 neben gewöhnlichem Hausrat und Möbeln auch teures Geschirr, Gläser, Zeichengeräte, goldene Uhren, Schmuck, Silberzeug, gerahmte Kupferstiche und ein *"fabrikneues Wiener Fortepiano"* zur Versteigerung. [179] Vielleicht hatte die eine oder andere Geschäftsidee Bandhauers doch etwas mehr abgeworfen als man hätte vermuten können.

Einige Tage später wurde in verschiedenen Tageszeitungen der Termin für die Versteigerung seiner umfangreichen Bibliothek bekannt gegeben. [180] Die Bücher Bandhauers kamen ab dem 25. Juni 1838 in Halle an der Saale unter den Hammer, gemeinsam mit den Bibliotheken weiterer kürzlich verstorbener Beamter, darunter der Geheime Justizrat Kreyssig und ein Inspektor namens Rothe. Ein Katalog in dem alle Bücher sorgfältig aufgelistet waren - immerhin etwa 35.000 Titel - wurde damals auch in Buchform veröffentlicht, ist aber leider heute in öffentlichen Bibliotheken nicht mehr nachweisbar. [181] Das ist sehr bedauerlich, denn es wäre z.B. interessant zu wissen, ob Bandhauer die da-

---

[178] Ebenda.

[179] [Nestler], Seite 34. Er bezieht sich auf die Anhalt-Cöthensche Zeitung, Nr. 86 und 96, Jahrgang 1837.

[180] *"Allgemeine Bibliografie für Deutschland"* (Leipzig), Nr. 18, vom 4. Mai 1838, Seite 240, u.a.

[181] Diese Erfahrung musste Buchberger schon 1963 machen [Buchberger, Seite 186].

mals schon erschienen Schriften über Kettenbrücken bekannt waren, wie etwa die einschlägigen Werke von Claude Navier und Bernard Poyet.

Die bedauernswerten Kinder waren durch den Tod der Eltern innerhalb weniger Wochen zu Vollwaisen geworden. Zu diesem Zeitpunkt waren sie etwa drei, vier, fünf und sieben Jahre alt. In Köthen existierte spätestens seit 1724 ein staatlich finanziertes Waisenhaus, aber offenbar kamen alle vier Kinder bei Verwandten unter.[182] Die Mutter Bandhauers, die 1837 noch lebte aber immerhin schon 71 Jahre alt war, dürfte für die Erziehung der Kinder kaum in Betracht gekommen sein. Wie ihr weiterer Lebensweg beweist, erhielten zumindest die beiden Jungen den Umständen entsprechend gute Ausbildungen. Leo Bandhauer trat beruflich in die Fußstapfen seines Vaters, indem er Feldmesser im Herzogtum Anhalt-Dessau wurde und zwischenzeitlich sogar eine Weiterbildung zum Baumeister erwog. Er verstarb jedoch sehr jung, sodass aus diesen Plänen nichts mehr wurde. Auch Bandhauers Tochter Louise in Darmstadt war nach Bandhauers Tod Vollwaise. Falls er sie bis dahin finanziell unterstützt hatte, dürfte sein Tod auch für sie einen erheblichen Einschnitt bedeutet haben.[183]

Von Bandhauers Tod scheinen weder seine Heimatstadt noch die überregionale 'Community' der Baufachleute besondere Notiz genommen zu haben. Gedruckte Nachrufe hat es offenbar nicht gegeben, bis auf eine kurze Nachricht in einer Literaturzeitung:

*"In der Nacht vom 21/22. März zu Rosslau in Anhalt-Cöthen Gfr. Bandhauer, privatis. Baurath, geb. das. am 22. März 1791. Seine Schriften sind in Schmidt´s Anhalt. Schriftst.-Lexikon verzeichnet".*[184]

Noch über seinen Tod hinaus haftete Bandhauer der Ruf des vom Schicksal gebeutelten tragischen Baumeisters an, dem im Leben und vor allem im Beruf nicht viel Glück beschieden war. So geriet er erstaunlich schnell in Vergessenheit, obwohl noch eine Vielzahl seiner Bauwerke existierte. In Bezug auf das Andenken an Bandhauer sollte es aber noch schlimmer kommen.

Im Jahr 1863 war der Friedhof in Roßlau zu klein geworden, sodass die Stadtväter eine Erweiterung des Areals beschlossen, die aber nur in westlicher

---

[182] [Koschig].

[183] Anmerkungen zum weiteren Lebensweg der sechs Kinder Bandhauers befinden sich im Anhang.

[184] Dr. E.G. Gersdorf: *"Repertorium der gesamten deutschen Literatur für das Jahr 1837"* (Leipzig, 1837). Auch hier wurde das falsche Geburtsjahr Bandhauers aus Schmidts Schriftstellerlexikon übernommen.

Richtung möglich war. Dafür musste man einen Teil der Friedhofsmauer abbrechen und den Fußweg, der von den Pylonen bis zu Bandhauers Grab reichte, in einer geraden Linie in die Erweiterungsfläche verlängern. Dabei war Bandhauers Grabstätte im Weg, für die sich 26 Jahre nach seinem Tod aber offensichtlich niemand mehr interessierte. Zu diesem Zeitpunkt war auch Bandhauers Mutter verstorben und keines seiner Kinder lebte in Roßlau, sodass niemand Einspruch gegen die Einebnung des Grabes erhob.

Man machte sich nicht mehr Mühe als unbedingt nötig, beseitigte nur den oberirdischen Teil des Grabes und führte den Fußweg einfach darüber hinweg. Vielleicht wusste auch niemand mehr von dem gemauerten Gewölbe im Untergrund, denn sonst hätte man die Gruft im Hinblick auf die Verkehrssicherheit vielleicht sogar verfüllen müssen. Nach Ablauf der vorgeschriebenen Ruhezeiten wurden alle ringsum liegenden Gräber nach und nach neu belegt. So auch zu einem unbekannten Zeitpunkt das Grab Friederikes. Wegen der Besonderheit seiner Lage blieb Bandhauers Gruft unter dem Fußweg davon aber verschont und konnte dadurch unbeachtet überdauern.[185]

Über 130 Jahre lang 'trampelten' die Roßlauer im wahrsten Sinne des Wortes auf ihrem ehemaligen Baumeister herum, bis der Frost im strengen Winter 1995/ 96 eine Wasserleitung auf dem Friedhof zum Bersten brachte. Bei den anschließenden Reparaturarbeiten stieß die Schaufel eines Kleinbaggers plötzlich auf eine Formation künstlicher Steine, die sich als Teil der verschütteten Gruft Bandhauers herausstellten. So wurde der 30. April 1996 zu einer Art Wiedergeburt Bandhauers, denn nun erinnerte sich plötzlich auch jemand an eine Textpassage des Roßlauer Heimatforschers Max Wolff, in dessen Buch *"Chronik der Stadt Roßlau"*.[186]

Dort heißt es wörtlich: *"Roßlau hat seinen bedeutenden Sohn vergessen. Sogar sein Grab hat man ihm genommen. Es liegt da, wo auf dem kirchlichen Friedhof der Durchgang vom alten zum neuen Teil ist".*[187] Aufgrund dieser Beschreibung konnte man das wiederentdeckte Grab eindeutig Bandhauer zuordnen. Max Wolff hat sich aber nicht nur um die Identifikation von Bandhauers sterblichen Überresten verdient gemacht. Nach den Worten von Klemens Koschig, dem heutigen Oberbürgermeister der Stadt Dessau-Roßlau, war Wolff auch einer der ersten, der sich aktiv bemühte, dem Baumeister wieder zu einem angemessenen Platz im kollektiven Bewusstsein der Bevölkerung zu verhelfen.

---

[185] [Koschig].
[186] Max Wolff und R.O. Irmer: *"Chronik der Stadt Roßlau"*; Magdeburg, 1930.
[187] [Koschig].

Da die Gruft bei den anschließenden Bauarbeiten stark beschädigt wurde und an diesem Standort ohnehin nicht verbleiben konnte, mussten die sterblichen Überreste Bandhauers zunächst einmal gesichert werden. Dabei konnten auch Teile eines relativ gut erhaltenen Gehrocks mit Knöpfen aus Metall geborgen und Proben davon entnommen werden. Vermessungen des Skeletts ließen auf eine Körpergröße von 1,70 bis 1,75 m schließen, was Mitte des 19. Jahrhunderts immerhin schon über dem mitteleuropäischen Durchschnitt lag. Auch einige zum Sarg gehörige Eisenbeschläge wurden sichergestellt, sowie ein weiteres, bisher nicht identifiziertes längliches Metallstück, auf der Höhe der Brust.

Eine rasch einberufene Arbeitsgruppe befasste sich mit der Frage, wo der Baumeister nun endgültig seine letzte Ruhestätte finden sollte und wie eine würdige Gedenkstätte aussehen könnte. Schließlich einigte man sich auf eine buchstäblich 'naheliegende' Lösung, nämlich einen der von Bandhauer selbst geschaffenen Pylonen auf dem Friedhofsgelände. Dennoch dauerte es fast sechs weitere Jahre, bis die Umbettung endlich stattfinden konnte, weil die in die Jahre gekommenen Pylonen zunächst saniert werden mussten. Währenddessen nahm ein ortsansässiger Bestattungsunternehmer die sterblichen Überreste Bandhauers in seine Obhut. Als gelebten Dienst an seiner Heimatstadt und ihrem bekannten Sohn tat er dies kostenlos, ebenso wie die später ebenfalls von ihm durchgeführte Umbettung.

*Bandhauers letzte Ruhestätte: die von ihm selbst geschaffenen Pylonen auf dem Roßlauer Friedhof. Ägyptische Stilelemente waren in der Architektur des 19. Jhd. sehr beliebt.*

Am 22. März 2002, also an Bandhauers 212. Geburts- bzw. 165. Todestag, wurde sein Leichnam in den nördlichen Pylonen auf dem Roßlauer Friedhof überführt. An der feierlichen Zeremonie nahmen Persönlichkeiten aus Politik und öffentlichem Leben teil. Eine Laudatio auf den Baumeister hielt Dr. Erhard Nestler (1933–2011), der den Baumeister schon 17 Jahre vorher im Rahmen seiner Dissertation gewürdigt hatte. Seit diesem Tag kann der interessierte Besucher auf dem Alten Friedhof in Roßlau dem jetzt wirklich an seiner letzten Ruhestätte angekommenen Bandhauer die Ehre erweisen.

Eine Marmorplatte mit folgender Inschrift bedeckt nun sein Grab:

*Baurat*
*Christian Gottfried Heinrich*
*BANDHAUER*
*Architekt*
*des*
*Spätklassizismus*
**22. März 1790*
*†22. März 1837*

# Der Mensch – Charakter und Gesundheit

Die Annäherung an die Eigenheiten und die Persönlichkeit Bandhauers gestaltet sich schwierig, zumal eigene Aufzeichnungen, private Briefe oder gar Portraits nicht mehr vorhanden sind. Insofern bedürfen alle Angaben in Bezug auf das Wesen des Baumeisters einer besonderen Zurückhaltung. Es gibt nur wenige verlässliche Quellen von Zeitzeugen, die Bandhauer persönlich gekannt haben und die uns etwas über seinen Charakter verraten könnten.

Wie jeder Mensch war Bandhauer letztlich ein Produkt seiner Erziehung und der Verhältnisse in der unmittelbaren Umgebung während seiner Kindheit. Dabei spielte mit Sicherheit auch die uneheliche Geburt eine große Rolle, die damals für Mutter und Kind einen nicht zu unterschätzenden gesellschaftlichen Makel bedeutete. 'Illegitime' Kinder wurden hinter vorgehaltener Hand schon mal als *"Bastard"* beschimpft und von den Mitschülern - meist mit Billigung der Erwachsenen - ausgegrenzt (heute würde man wohl eher sagen: 'gemobbt'). Aber auch ganz praktische Benachteiligungen waren an der Tagesordnung. So gab es in Deutschland Regionen, in denen bestimmte Handwerksgilden die Aufnahme unehelicher Söhne verweigerten. Für Bandhauer scheint seine Herkunft durchaus ein bedeutendes Handicap gewesen zu sein, das einige seiner späteren Verhaltensweisen und Charakterzüge in einem anderen Licht erscheinen lassen. Bei den öffentlich ausgetragenen Auseinandersetzungen ging es für ihn immer noch um etwas mehr, denn er kämpfte stets auch um gesellschaftliche Reputation. Und zwar nicht nur um seine eigene, sondern auch um die seiner Mutter.

Eine der wenigen direkten Charakterbeschreibungen Bandhauers stammt ausgerechnet von seinem erbitterten Gegenspieler Conrad Hengst und befindet sich in der Akte zum Beleidigungsprozess beim Landeshauptarchiv in Dessau. Darin beschreibt er Bandhauer so:

> *"...es zeigte sich nur der anmaßende, untrügliche, sich selbst brüstende und rühmende, überall seine Mitmenschen erhaben stehende, von Schwächen und Fehlern reine, egoistisch alle Schuld Andern aufbürdende, kalte, gefühl- und herzlose Bandhauer."*[188]

Das sind sehr viele negative Attribute innerhalb eines einzigen Satzes, die einem Mitarbeiter über seinen Vorgesetzten sicher nicht zustehen. Ob diese Charakterisierung tatsächlich eine realistische Beschreibung Bandhauers ist, muss daher stark bezweifelt werden.

Ein weiterer Hinweis zum Charakter Bandhauers, der noch von einem Zeitgenossen stammt, ist einem Artikel des 'Allgemeinen Anzeiger' vom 23.10.1835 zu entnehmen. Leider ist der Text anonym verfasst und nur mit *"Ein Anhaltiner"* unterzeichnet. Der mit *"Baurath Bandhauer zu Cöthen"* betitelte Aufsatz ist im Prinzip eine Laudatio auf die Lebensleistung Bandhauers und gibt uns eine von Hengsts Charakterisierung gänzlich abweichende Vorstellung des Baumeisters. Der Artikel wurde im August 1835 verfasst und ist damit ganz offensichtlich eine Reaktion auf den kurz zuvor verloren gegangenen Beleidigungsprozess gegen Hengst, sowie die Erniedrigung bei der öffentlichen Entschuldigung. Wörtlich heißt es dort:

> *"Manche Menschen, die ihr Lebensziel ernst und still verfolgen, nicht ahnend, daß Andere, von gewissen Neigungen und Absichten geleitet, ihr redliches Bemühen mißdeuten können, würden, wenn ihre Thaten nicht blieben, kaum jemahls dafür erkannt werden, was sie wirklich sind. Sie leben der Wirklichkeit und nützlichen That, sind gekannt und geachtet von nützlichen Thatmenschen, mit welchen sie sich begegnen, aber diese, wie sie selbst, haben weder Zeit noch Sinn für müßige Worte und Gesellschaften. Zu solchen, der Wirklichkeit und nützlichen That leben-*

---

[188] [LHASA], Z 70, A 9b Nr. 38b. *"Acta in Sachen des Baumeisters Hengst in Köthen gegen den Baurath a.D. Bandhauer in Roßlau wegen Injurien bezüglich des Baues der katholischen Kirche in Köthen"*, Band I.

*den Menschen gehört unser Landsmann Baurath Bandhauer. Dieser Mann hat ausschließlich zum Nutzen seiner Mitbürger und des Staates gewirkt."* [189]

In einer Fußnote deutet der Autor allerdings ein Problem Bandhauers damit an, sein Amt auch abseits des Dienstes in der Öffentlichkeit mit Leben zu erfüllen. Heute würde man wohl von 'mangelhafter Außendarstellung' sprechen. Bandhauer scheint ein introvertierter Mensch gewesen zu sein, der Gesellschaften und öffentliche Veranstaltungen mied, wann immer es ihm möglich war. Als Entschuldigung führte er stets seine Arbeit an, die ihm keine Zeit für derartige Zerstreuungen ließ. Das war nicht unbedingt ein Vorwand, denn aufgrund der vorhandenen Akten ist unbestreitbar, dass er während der zehn Jahre als Chef des Köthener Bauamtes sehr stark durch die Projekte des Herzogs eingespannt war.

Der wahre Grund für seine Zurückhaltung bei gesellschaftlichen Anlässen dürfte aber ein anderer gewesen sein. Vermutlich schätzte er es einfach nicht, im Mittelpunkt des öffentlichen Interesses zu stehen und seine Umgebung durch launige Gespräche zu unterhalten. Dafür spricht auch die Weigerung an einem Volksfest in Nienburg teilzunehmen, bei dem vor allem seine Leistung beim Brückenbau gewürdigt werden sollte. Bandhauer scheint es auch versäumt zu haben, rechtzeitig wichtige Persönlichkeiten der begrenzten Köthener Gesellschaft für sich einzunehmen und sich einen Kreis aus Freunden und Mentoren aufzubauen.

Der 'anonyme Anhaltiner' hatte das ungeschickte Verhalten Bandhauers wohl erkannt und formulierte es in einer Fußnote seines Aufsatzes so:

*"An sich selbst ist dies eben nichts rühmliches, es ist unklug; durch Geselligkeit läßt sich viel Feindschaft und geheimes Entgegenwirken vermeiden, aber – man kann nicht in Gesellschaft seyn, ohne bey der Arbeit zu fehlen – und der bloß Kluge thut seine Pflicht, nicht mehr, lebt demnächst sich selbst, nicht Andern."*

Durch sein Fehlen bei Festen und öffentlichen Veranstaltungen überließ er dieses Feld kampflos seinen Gegnern, vor allem seinem Mitarbeiter Hengst, der nach Buchberger eine Art 'Partylöwe' gewesen sein soll und über einen großen Freundeskreis verfügte.[190] Vielleicht entspricht es der Wahrheit, dass Hengst kein loyaler Mitarbeiter war und dieses Parkett reichlich dazu miss-

---

[189] [Allg. Anzeiger], Jahrgang 1835, Nr. 289, Spalte 3766.
[190] [Buchberger], Seite 144.

braucht hat, um gegen seinen Vorgesetzten Stimmung zu machen. In einer Zeit, in der es mit Ausnahme der wenigen Zeitungen kaum Medien gab, fanden öffentliche Kommunikation und Meinungsbildung gerade auch bei solchen Geselligkeiten statt. Mit dem Amt des obersten Baumeisters war Bandhauer ohnehin eine Person des öffentlichen Interesses, ob ihm das passte oder nicht. Durch seine Introvertiertheit versäumte er es aber die Gespräche in die richtigen Bahnen zu lenken und die Meinung einflussreicher Kreise selbst mitzubestimmen.

Bandhauer hatte also keinen großen Freundeskreis. Er war ein typischer Einzelgänger, der kaum Beziehungen zu den gehobenen Kreisen der Köthener Gesellschaft pflegte, die über den Austausch von unverbindlichen Höflichkeiten hinausging. Das hat Buchberger schon 1966 herausgefunden, als er persönliche Aufzeichnungen von bekannten Bürgern aus der damaligen Residenzstadt ausgewertet hat. In seiner Verteidigungsschrift bezeichnet Bandhauer den herzoglichen Beamten Christian Friedrich Hartmann als seinen *"jetzt verewigten, innig betrauerten geschätzten Freund"*.[191] Angesichts der damals üblichen schwülstigen Ausdrucksweise, insbesondere gegenüber 'Amtspersonen', ist solchen Formulierungen gegenüber allerdings eine gewisse Vorsicht angebracht. Da Hartmann ab 1822 Konsistorialrat und Direktor aller Schulen in der Residenz war, muss Bandhauer regelmäßig mit ihm zu tun gehabt haben. Er war es auch, der noch in der Nacht des Brückeneinsturzes nach Köthen eilte, um Bandhauer von den dramatischen Ereignissen zu berichten. Wenn die beiden Männer wirklich ein freundschaftliches Verhältnis verband, war es für Bandhauer sicherlich sehr schmerzhaft, dass Hartmann schon am 5. Februar 1827 verstarb.[192]

Eine weitere Person die für ein engeres Verhältnis mit Bandhauer in Frage kommt, ist der Bürstenmacher Christian Friedrich Thiemann. Das lässt zumindest van Kempens Behauptung vermuten, dass ein Bürstenbinder aus Köthen Bandhauers Gerichtskosten nach dem verlorenen Prozess gegen Hengst übernommen hat. Falls dies der Wahrheit entspricht, kann man wohl davon ausgehen, dass der mitfühlende Spender auch in einem freundschaftlichen Verhältnis zu Bandhauer gestanden hat.

In Bezug auf seinen Diensteifer und den persönlichen Einsatz im Beruf war Bandhauer kaum etwas vorzuwerfen. Nach den Akten seiner Dienstherren in Düsseldorf und Köthen war man überall sehr zufrieden mit seiner Arbeit und

---

[191] [Bandhauer], Seite 1.

[192] Dr. Heinrich Doering: *"Die gelehrten Theologen Deutschlands im achtzehnten und neunzehnten Jahrhundert"*, Neustadt a.d. Orla (1831).

seinem Engagement. Auf Kritik von Berufskollegen oder selbsternannten Fachleuten reagierte er dagegen immer höchst sensibel und manchmal auch etwas überzogen. Nestler und Buchberger führten auch dies darauf zurück, dass er sich jederzeit seiner *"niederen Herkunft"* bewusst war und sich sein Leben lang vor der Nichtanerkennung seiner Leistungen gefürchtet hat. Dementsprechend nachdrücklich verteidigte er seine Entwürfe und Berechnungen in der Öffentlichkeit. So legte er auch lange nach dem Einsturz der Saalebrücke noch mehrfach schriftlich nieder, warum sein Schrägkettensystem der gewöhnlichen Hängebrücke überlegen sei, womit er langfristig gesehen sogar Recht behalten sollte.

Ein gutes Beispiel für die gereizte Rechtfertigung seiner Arbeit ist die Vorgeschichte zu seinem ersten Buch, den schon erwähnten drei Plänen für das Hospital zum Heiligen Geist.[193] Das alte Hospital war bei einem Feuer am 18. September 1824 bis auf die Grundmauern niedergebrannt. Bandhauer erhielt einen Monat später den Auftrag, Pläne für einen Neubau auszuarbeiten, obwohl er gerade zu dieser Zeit sehr stark eingespannt war. Neben seinen normalen Tätigkeiten hatte er den Stadtvätern in Brieg/ Schlesien einen Besuch für Anfang 1825 zugesagt, um dort seine Pläne für eine Oderbrücke vorzustellen. Weil das Hospital seine Lebensgrundlage hauptsächlich aus dem angegliederten landwirtschaftlichen Betrieb bezog, hatte Bandhauer einen ganzen Gebäudekomplex zu entwerfen. Neben dem eigentlichen Krankenhaus gehörten dazu Ställe, Scheunen, Holz- und Futterlager sowie eine Remise. Da das Hospital direkt am Friedhof lag, musste außerdem eine Leichenhalle und die Wohnung für den Totengräber auf dem Gelände untergebracht werden. Trotz der komplexen Aufgabe schaffte es Bandhauer noch vor seiner Abreise *"im Gedränge der Zeit"*, einen ersten Entwurf für den Wiederaufbau der Wirtschaftsgebäude vorzulegen.

Nach seiner Abreise entschied die Landesregierung aber gemeinsam mit der Hospitalleitung, diesen Plan nicht auszuführen. Bandhauer wusste, dass sein Entwurf nicht perfekt war. Da er nun für mehr als zwei Monate abwesend war - was möglicherweise beim Herzog und der Landesregierung auf wenig Verständnis stieß - entschloss man sich woanders um Rat zu fragen. So kam es zu der Vorlage eines zweiten Entwurfes von einem auswärtigen Baumeister, den Bandhauer in seinem Buch mit dem absichtlich leicht zu enttarnenden Pseudonym *"B•••e in B•••••g"* belegt. Damals wie heute war nicht schwer zu

---

[193] *"Drey Pläne von verschiedenen Baumeistern zu einem Baue, dem Hospital zum heiligen Geist, mit dazu gehörigem Oeconomiehofe in Cöthen. Ein Beitrag zur bürgerlichen und Landbaukunst"*; Leipzig (1826).

erraten, dass damit der Bauinspektor Bunge im benachbarten Herzogtum Bernburg gemeint war, dessen Entwurf aber ebenfalls abgelehnt wurde.[194]

Nach seiner Rückkehr aus Brieg legte Bandhauer umgehend einen neuen Entwurf vor, für dessen Bearbeitung er sich mehr Zeit nahm und der schließlich auch angenommen wurde. Bandhauers Veröffentlichung besteht im Wesentlichen aus einer Gegenüberstellung seiner eigenen beiden Vorschläge mit dem Entwurf Bunges. Der 16 Jahre ältere Bunge kam dabei allerdings nicht gut weg, weil Bandhauer seinen Plan in geradezu polemischer Weise kritisierte. Sein abschließendes Urteil über Bunges Arbeit lautete: *"Es ist schlimm mit der Baumeisterzunft, sie scheuen nicht das Geld, aber die Vernunft!"* [195] Sogar ein Mitarbeiter der Leipziger Literatur-Zeitung bemerkte den unangemessenen Ton gegenüber Bunge, obwohl er generell mit Bandhauers Fazit einverstanden war:

*"Der zweyte Plan ist am wenigsten genügend, und wie die unregelmässige Anlage der Gebäude um den Hofraum auffällt, so lassen auch die äusseren Ansichten noch manches zu wünschen übrig. In den Anmerkungen zu der Beschreibung dieses Planes wird auf alle seine Mängel aufmerksam gemacht; nur wäre zu wünschen, dass diese Bemerkungen weniger bitter ausgefallen seyn möchten, wodurch das Wahre und Gute derselben Bemerkungen seine Würde verliert."* [196]

Schon van Kempen vertrat die Ansicht, Bandhauers eigentliches Motiv für diese Veröffentlichung sei die Herausstellung seiner zweifellos überlegenen Fähigkeiten als Architekt gewesen. Ganz bestimmt wollte er dem Konkurrenten aber auch eine kleine Lektion für die ungebetene Einmischung in seinem Zuständigkeitsbereich erteilen. Obwohl Bunge dafür sicher am wenigsten etwas konnte, betrachtete Bandhauer die Aufstellung eines Entwurfes für ein staatliches Bauprojekt in seinem Wirkungsbereich, dazu noch von einem 'ausländischen' Architekten, offenbar als eine Art Wilderei. Nach dem Erscheinen der *"Drey Pläne"* dürfte daher auch zu diesem Berufskollegen nicht mehr das beste Verhältnis bestanden haben.

Der Vorgang um diese Buchveröffentlichung zeigt, wie Bandhauer im Umgang mit 'Kunstverwandten' manchmal etwas ungeschickt agierte und sich ohne Not

---

[194] Johann August Philipp Bunge (*30.06.1774, †13.04.1866) war zu dieser Zeit Mitarbeiter des Baumeisters Johann Heinrich Christian Bley, der den Auftrag aus Köthen an ihn delegierte. Von 1842 bis zu seinem Tod war Bunge selbst oberster Baumeister in Anhalt-Bernburg.

[195] [Buchberger], Seite 108.

[196] Leipziger Literatur-Zeitung, Jahrgang 1827, Spalte 426.

deren Groll zuzog. Er hätte es auch einfach dabei bewenden lassen können, dass sein zweiter Entwurf als der zweifelsfrei beste anerkannt worden war. Das war ihm aber offenbar nicht genug, denn er konnte es sich nicht verkneifen noch ein wenig gegen Bunge nachzutreten. Nach dem Unfall beim Kirchenbau hätten ihm wohlgesonnene Fachleute durchaus helfen können, weil sie dazu in der Lage gewesen wären, seine Unschuld beim Gerüsteinsturz zu erkennen. Die Kollegen in seiner unmittelbaren Umgebung, also vor allem in den umliegenden Herzogtümern, hatte er aber zum Teil durch eigene Schuld verprellt, während sich die preußischen Baumeister schon aus politischen Gründen aus den Angelegenheiten Köthens heraushielten.

Möglicherweise hat sich diese sinnlose Konfrontation für Bandhauer vier Jahre später bitter gerächt. Denn gerade als ihn Ferdinand 1830 vom Dienst suspendierte, wurde im benachbarten Bernburg durch das Ausscheiden des Baumeisters Bley[197] zufällig eine adäquate Stelle frei. Für Bandhauer, der nach eigenem Bekunden ja möglichst schnell wieder eine Anstellung 'im Ausland' zu finden hoffte, wäre dies eine naheliegende Chance gewesen. Herzog Alexius beförderte stattdessen aber den seit 1815 bei ihm tätigen Bunge zum Chef seines Bauamtes. Auch ihm hatte die Demütigung seines Bauinspektors durch Bandhauer sicherlich sehr missfallen.

Am 13. November 1835 erschien im 'Allgemeinen Anzeiger' einer der wenigen Berichte, in dem sich ein Autor in positiver Weise über Bandhauer äußerte. In dem Aufsatz wurden seine jüngsten Fachpublikationen gewürdigt und gleichzeitig angeregt, er solle doch auch einmal etwas über seine Quadrathohlbauten veröffentlichen. Weiterhin hieß es dort: *"Ueberhaupt wünschten wir dem Baurath B. eine andere Stellung (Lage), wir wünschten ihn z.B. auf einem Lehrstuhle an einer größern technischen Schule zu erblicken".*[198] Der Verfasser dieses Artikels muss gut über Bandhauer und seine Arbeit informiert gewesen sein, denn er kannte die Quadrathohlbauten schon vor den ersten Veröffentlichungen und wusste offenbar auch, dass Bandhauer gerne als Lehrer an einer Bauschule tätig geworden wäre.

Schmidthammer bezieht sich in seiner kurzen Bandhauer-Biografie u.a. auf diesen Zeitungsartikel und führt dazu weiter aus:

*"Sein Wunsch, in eine erneute Anstellung zu treten, welcher vom Legationsrath Dr. Hennicke zu Gotha wohlwollend im Allgemeinen Anzeiger*

---

[197] Johann Heinrich Christian Bley (*15.06.1753, †07.11.1843) war von 1782 bis 1830 oberster Baumeister im Herzogtum Anhalt-Bernburg.
[198] [Allg. Anzeiger], Jahrgang 1835, Nr. 310, Spalte 4049.

*der Deutschen mit Beziehung auf die wissenschaftliche Tüchtigkeit des Mannes unterstützt ward, ist nicht in Erfüllung gegangen."* [199]

Johann Friedrich Hennicke war der damalige Chefredakteur des Allgemeinen Anzeigers. In einem Aufsatz Bandhauers über die geplante Bauschule fügte Hennicke folgende Fußnote ein: *"Der Unternehmer dieser Bauschule nimmt unter den großen Baumeistern unserer Zeit als Zeichner, als Baumeister und als Schriftsteller über Theorie der Baukunst einen hohen Ehrenplatz ein".* [200] Drei Jahre später äußerte sich Hennicke noch einmal sehr positiv über Bandhauers Arbeit. Wiederum war es eine Fußnote zu einem kurzen Artikel Bandhauers, in dem er sich für den Zuspruch eines anonymen Autors bedankt. Hennicke schreibt:

*"Die in d. Bl. vorkommenden ehrenvollen Aeußerungen über die ausgezeichneten Verdienste des Baurathes B. kamen nicht aus dessen Wohnorte oder Umgegend von Freunden oder Bekannten desselben, sondern von freymüthigen, unbefangenen Kennern der Baukunst, die entfernt von dem Genannten, und außer Verhältnissen mit demselben leben. Aus wahrer Theilnahme an dem Geschicke eines, vorzüglicher Achtung würdigen Mannes, der mir nicht nur durch seine ausgezeichneten Schriften und meine innige Bewunderung erregenden architectonischen Handzeichnungen mannichfaltiger Art, sondern auch persönlich bekannt ist und von mir hoch geachtet wird.*
*Gotha, den 11. Jul. 1836                                    Dr. J.F.H."*

Bandhauer hatte - vielleicht weil er selbst aus einfachsten Verhältnissen stammte - eine soziale Grundeinstellung und ein großes Herz für die ärmere Bevölkerung. Das geht z.B. aus seinen Plänen für die Einrichtung der Bau- und Zeichenschule hervor, für die er bei entsprechender Bedürftigkeit die vollständige Befreiung vom Schulgeld vorsah, *"weil es unter der armen Masse viel Talente gibt".* [201] Zu diesem Charakterzug passt auch eine schöne Anekdote vom Bau der Dorfkirche in Gnetsch. Im Ort gab es damals einen reichen Gutsbesitzer namens Lindstedt, der den Kirchenbau finanziell unterstützte, dafür aber von Bandhauer auch eine Gegenleistung erwartete. Er verlangte nämlich für sich und seine Familie die besten Sitzplätze in der Kirche reserviert zu bekommen. Diese Plätze befanden sich auf der Empore, vom gewöhnlichen Volk abgetrennt und mit dem besten Blick auf Altar und Kanzel. Am Tage der feierlichen Einweihung musste Lindstedt allerdings feststellen,

---

[199] Dr. M. Schmidthammer: *"Gottfried Bandhauer – Baurath außer Dienst in Roßlau (Anhalt-Köthen)"*, in: *"Neuer Nekrolog der Deutschen"*, 15. Jahrgang 1837.
[200] [Allg. Anzeiger], Jahrgang 1833, Nr. 223, Spalte 2839.
[201] [Buchberger], Seite 140.

dass die ärmere Bevölkerung seine Plätze schon frühzeitig belegt hatte und für seine Familie nur noch eine harte Bank im Kirchenschiff übrig blieb. Möglicherweise war Bandhauer an diesem 'Skandal' nicht ganz unschuldig, denn er wurde dafür später vom Herzog persönlich gerügt. Bei den einfachen Leuten in Gnetsch hatte er aber von diesem Moment an viele Sympathien gewonnen.[202]

Ganz anders hingegen verhielt sich Bandhauer im Umgang mit seinen Mitarbeitern und den von ihm beschäftigten Arbeitern. Von ihnen verlangte er stets den gleichen Einsatz, den gleichen Fleiß und dieselbe Arbeitsauffassung, wie von sich selbst. Beim Brückenbau in Nienburg entließ er einige Handwerker, weil sie sich darüber beklagt hatten, ihnen wäre der Lohn nicht pünktlich ausbezahlt worden. Eine Beschwerde die durchaus verständlich erscheint, auch wenn Bandhauer größtenteils unschuldig daran war. Die Baukasse war zeitweise zahlungsunfähig geworden, weil die Finanzierung der entstandenen Mehrkosten nicht geklärt war. Außerdem erlaubten sich die Arbeiter aus Bandhauers Sicht *"zu ungebührliche Äußerungen"*, was immer das auch heißen mag. Auf der anderen Seite schützte er die Eisenhütte im Harz, indem er ihren Namen verschwieg, obwohl sie qualitativ minderwertige Ketten für die Saalebrücke geliefert hatte. Wie er selbst in seiner Verteidigungsschrift erklärt, tat er dies nur, um eine weitere Rufschädigung der Hütte sowie Nachteile für die dort beschäftigten Arbeiter zu vermeiden.

Bandhauer entsprach keineswegs dem damals gelegentlich anzutreffenden Typen des eitlen Prachtbaumeisters, der nicht bereit war, seine Fähigkeiten unterhalb des Niveaus von Kirchen, Lustschlössern, Reithäusern oder sonstigen herrschaftlichen Bauwerken zu verschleudern. Er war sich niemals dafür zu schade auch profanere Aufträge anzunehmen, wie z.B. eine Brauerei, ein bürgerliches Wohnhaus, Scheunen oder Schafställe. Im Gegenteil: es zeichnete ihn geradezu aus, dass er auch an solche Aufträge mit der gleichen Leidenschaft heranging und dieselben bautechnischen wie ökonomischen Standards anlegte, wie bei einem herzoglichen Prestigebau. Es spricht also durchaus für seine professionelle Berufseinstellung, dass seine durchdachten Ökonomiegebäude heute beinahe die gleiche Beachtung finden, wie seine repräsentativen Bauwerke in Köthen und Umgebung.

Aus einfachsten Verhältnissen stammend und mit dem Makel der unehelichen Geburt belastet, hatte sich Bandhauer mit Fleiß und Zielstrebigkeit bis zum obersten Baumeister eines souveränen Staates emporgearbeitet. Dort angekommen, scheint er von Minderwertigkeitskomplexen geplagt gewesen zu

---

[202] Ebenda, Seite 39.

sein und mit der ständigen Angst gelebt zu haben, seine Leistung könne vom Herzog oder von der Öffentlichkeit nicht ausreichend gewürdigt werden. In seiner Verteidigung zum Beleidigungsprozess gegen Hengst klingt dies an:

> *"Es sei erwiesen, daß der Beklagte es sich in seinem Leben habe sehr sauer werden lassen, nicht um Geld zu erwerben, sondern aus Besorgnis nicht genug zu tun, oder es (in seinem Streben als Staatsdiener und –Bürger) nicht redlich zu meinen"*.[203]

Bandhauer hatte offenbar einen gewissen Hang zur Larmoyanz, forderte Respekt vor seinen *"beschwerlichen Studien"* und verlangte vom Herzog und seiner Umgebung auch immer wieder Rücksicht auf seine schlechte körperliche Verfassung. Überhaupt scheint ihm seine Gesundheit schon frühzeitig Probleme bereitet zu haben, insbesondere wenn er unter Stress geriet. In Anbetracht der ansonsten dürftigen Informationen zu Bandhauers Persönlichkeit, ist über sein gesundheitliches Befinden erstaunlich viel bekannt.

Das liegt zum einen daran, dass er gelegentlich auch beim Herzog über seine Gesundheit klagte, was sich manchmal sogar im dienstlichen Schriftverkehr niederschlug. Eine solche Bemerkung findet sich z.B. in einem Brief an den Legationsrat, den er wenige Tage nach dem Brückeneinsturz schrieb und für dessen Verspätung er sich entschuldigt. Wörtlich heißt es dort: *"Körperliches Uebelbefinden, vorzüglich große Brustschmerzen, sind Ursache, daß ich das Schreiben nicht gestern schon zu übersenden mir erlaubte"*.[204] Es kann kaum einen Zweifel daran geben, dass die Tage nach dem Unglück in Nienburg für ihn bis dahin die unerfreulichsten in seinem Amt gewesen sind.

Es gibt aber noch eine weit ergiebigere Quelle zu Bandhauers Gesundheit, die vor allem den Zeitraum von 1822 bis 1830 betrifft. Dies sind die handschriftlichen Aufzeichnungen des bereits erwähnten Hofarztes Samuel Hahnemann. Hahnemann, der heute weltweit als Begründer der Homöopathie gilt, war im Frühjahr 1821 auf Einladung Ferdinands nach Köthen gekommen, also nur wenige Monate nach Bandhauers Dienstantritt. Vorher hatte er in Leipzig praktiziert, war dort jedoch in Schwierigkeiten geraten, weil er selbstständig Arzneimittel hergestellt und verkauft hatte. Das 'Dispensierrecht' war aber ausschließlich den Apothekern vorbehalten, die ihn auch prompt vor Gericht brachten. Der Prozess endete mit einem Kompromiss, der Hahnemanns medizinische Freiheiten aber erheblich einschränkte. Nicht zuletzt durch diesen Streit sah Hahnemann die Zeit für einen Ortswechsel gekommen. Als ihm

---

[203] Ebenda, Seite 143.
[204] [LHASA], Z 70, C 9k Nr. 110; Schreiben Bandhauers an den Legationsrat vom 07.01.1826.

Herzog Ferdinand eine Stelle als Leibarzt in Köthen anbot und ihm die selbständige Herstellung von Medikamenten ausdrücklich zusicherte, zögerte er nicht lange und zog mit seiner großen Familie sowie elf Wagenladungen Gerätschaften *"in dieses erbärmliche Nest".*[205] Bei dieser Gelegenheit zeigte sich Ferdinand als fortschrittlicher Fürst, der zwar konservativ regierte, sich gegenüber neuen Ideen aber durchaus aufgeschlossenen zeigte.

Ferdinands erster Kontakt mit Hahnemann kam durch Adam Müller zustande, den österreichischen Generalkonsul in Sachsen, der ein enger Vertrauter des Herzogs war und ihn auch später beim Konfessionswechsel beraten hat. Wie neuere Forschungen belegen, hoffte Ferdinand durch die Anstellung Hahnemanns aber auch von einem ganz persönlichen Leiden geheilt zu werden. Der Landesfürst litt an einer erektilen Dysfunktion und machte sich seit einiger Zeit ernsthafte Sorgen wegen des noch immer fehlenden Thronfolgers.[206] Als Hahnemann in Köthen eintraf, war Ferdinand bereits über 50 Jahre alt und auch mit seiner zweiten Frau noch kinderlos. In diesem Punkt sollten Hahnemanns Bemühungen allerdings im wahrsten Sinne des Wortes 'fruchtlos' bleiben, denn der Herzog hatte immer noch keinen Stammhalter, als er neun Jahre später verstarb.[207]

Hahnemann hatte die Angewohnheit seine Sprechstunden und die brieflichen Patientenkontakte ausführlich zu protokollieren. Seine 'Krankenjournale' befinden sich nach einer kleinen Odyssee heute im Besitz des 'Instituts für Geschichte der Medizin', das zur Robert-Bosch-Stiftung in Stuttgart gehört. Einige der handschriftlichen Journale wurden inzwischen im Rahmen von Dissertationen transkribiert, kommentiert und teilweise auch veröffentlicht. Der deutlich größere Teil schlummert aber noch unbearbeitet in den Archiven und ist daher eine interessante Fundstelle für medizinisch-historische Forschungen. Aber auch bei der Suche nach Informationen über bestimmte Patienten Hahnemanns, zu denen auch Bandhauer gehörte, sind die Krankenjournale sehr aufschlussreich.

Durch seine alternativen Heilmethoden genoss Samuel Hahnemann schon vor seiner Zeit in Köthen ein hohes Ansehen, auch über den deutschsprachigen Raum hinaus. Wie seine Aufzeichnungen belegen, hatte er auch viele Patienten in ausländischen Adelskreisen. Neben der herzoglichen Familie in Köthen

---

[205] Ute Fischbach-Sabel: *"Krankenjournal D34 (1830), von Samuel Hahnemann"*; Transkription und Kommentar in 2 Bänden; (1998).

[206] Markus Mortsch: *"Edition und Kommentar des Krankenjournal D22 (1821), von Samuel Hahnemann"*; Diss. 2005.

[207] Siehe auch Kurzbiografie Samuel Hahnemanns im Anhang.

behandelte er weitere bekannte Persönlichkeiten wie z.B. den österreichischen Feldmarschall Fürst zu Schwarzenberg, Friedrich Wieck (den Vater von Clara Schuhmann) und später in Paris den Geiger Niccolò Paganini.[208] Bandhauer gehörte aber nicht gleich zu Beginn der Praxistätigkeit in Köthen zu Hahnemanns Patienten. Sein erster Besuch und die Erstanamnese fanden gem. Krankenjournal am 10. April 1822 statt. Schon bei diesem Termin bekam Hahnemann einen Einblick in die diversen gesundheitlichen 'Baustellen' Bandhauers. Unter anderem heißt es dort:

*"Bandhauer (32) vor 10, 12 Jahren mit Ktz.[209] Angesteckt [...] schwielenartig erhabene Flecken auf der Brust - nun ausgeartet in bräunliche Flächen auf der Haut [...] arger Schweiß in der Achselgrube, blutroth, triefend selbst im Sitzen [...] rother Harn [...] vor 10 Jahren von großer Verkältung jähling blind auf kurze Zeit [...] fast steter Schnupfen [...] oft quakerts im Leib [...] hört nicht ganz fein [...] ißt ohne Appetit, schmeckt nichts auch Bitter nicht [...] oft u. viel Brustklopfen".[210]*

Offensichtlich fasste Bandhauer schnell Vertrauen zu dem neuen Arzt mit seinen seltsamen Heilmethoden, denn von nun an konsultierte er Hahnemann regelmäßig. In den Krankenjournalen aus der Köthener Zeit sind weit über 100 Besuche Bandhauers registriert. In Phasen großer beruflicher Anspannung häuften sich die Konsultationen und er erschien alle zwei bis fünf Tage in Hahnemanns Praxis, über kurze Zeiträume hinweg sogar täglich. Dabei berichtete er von seinen älteren Leiden aber auch immer wieder von ganz neuen Symptomen, die Hahnemann stets mit den Worten des Patienten niederschrieb ohne eine eigene Diagnose zu stellen.

Bandhauer spricht immer wieder von ängstlichen Träumen, unnatürlichem Schwitzen, Appetitlosigkeit, Magen- und Verdauungsproblemen, ständigem Schnupfen, hartnäckigen Hautproblemen, quälendem Juckreiz, Übelkeit und Brustschmerzen. Auch psychosomatische Ursachen für einige seiner Beschwerden deuten sich an. Im Frühsommer 1822 hat sich Bandhauer offenbar eine Geschlechtskrankheit zugezogen. Hahnemann spricht von 'Schanker', womit eine Syphilis oder auch der weniger gefährliche 'weiche Schanker' gemeint sein könnten. In den folgenden Monaten quält ihn die Krankheit immer wieder. Bei dieser Gelegenheit berichtet er Hahnemann auch von einer schmerzhaften, etwa 1810 erlittenen Quetschung im Genitalbereich, nach der

---

[208] http://de.wikipedia.org/wiki/Samuel_Hahnemann [August 2013].
[209] Die Abkürzung steht vermutlich für Krätze.
[210] [IGM] D23, Seite 507.

sein rechter Hoden nur noch halb so groß war, wie der linke.[211] Außerdem plagte ihn ein Leistenbruch, der ihm - außer im Liegen - fast ständige Schmerzen bereitete. Vielleicht hat er gewusst, dass sein leiblicher Vater an den Folgen eines Leistenbruches verstorben war.

In Bezug auf den häufigen Juckreiz notierte Hahnemann im Innenumschlag des Journals D26: *"an Bandhauer Organon geborgt, Systematik: 10 Arten des Jückens"*.[212] Das *"Organon der Heilkunst"* war Hahnemanns Grundlagenwerk, das er im Laufe der Jahre fortwährend überarbeitete und in unregelmäßigen Abständen als Neuauflage veröffentlichte. Gelegentlich verlieh er Teile davon an seine Patienten, damit sie sich selbst über die Ursachen ihrer Beschwerden informieren konnten.

Nach dem Nienburger Brückeneinsturz fand der erste Besuch Bandhauers in der Praxis Hahnemanns am 11. Januar 1826 statt. In den folgenden sechs Monaten war er nicht weniger als 38 Mal bei Hahnemann, also durchschnittlich an jedem fünften Tag. Dabei wurden erneut psychische Probleme deutlich. Er geht *"unaufgelegt zur Arbeit"* und versucht seine Nerven zeitweise mit Alkohol zu beruhigen. Hahnemann notiert: *"Appetit nicht weiter gebessert, trinkt früh Bier"* oder: *"Hat die leztere Zeit, weils ihm an Appetite fehlte, [...] Wurst pp gegessen zu einem kl. bitteren Schnaps zum Frühstück [...] auch 1 Glas Wein beim Mittagsmahle"*.[213]

Offenbar war der Homöopath für Bandhauer auch so etwas wie ein Psychotherapeut, dem er gelegentlich auch von seinen Träumen und Ängsten berichtete. Da Bandhauers gesundheitliche Probleme schon Jahre vorher begannen, muss er auch noch einen anderen Arzt gehabt haben. Bei bestimmten Beschwerden war er aber wohl der Meinung, dass ihm ein 'normaler' Mediziner nicht helfen könne. Einige Wochen nach seiner Hochzeit spitzten sich die gesundheitlichen Probleme zu und er wandte sich noch einmal an Ferdinand: *"Eure herzogliche Durchlaucht bin ich hinsichtlich meiner Gesundheitsumstände gezwungen um einige Geschäftserleichterung unterthänigst zu bitten"*.[214]

Die Brustschmerzen, die sich manchmal vom Hals bis zum Rücken ziehen konnten, waren in Bandhauers Krankheitsbild ein immer wiederkehrendes Symptom. Hahnemann vermerkte sie bei fast jedem Besuch. Auch starkes

---

[211] [IGM] D24, Seite 214.

[212] [IGM] D26, letzte Seite.

[213] [IGM] D28, Seite 710.

[214] [LHASA], Z 70, C14 Nr. 6; Schreiben Bandhauers an den Herzog vom 27. Juli 1829.

Schwitzen vor allem im Schlaf, Verdauungsprobleme und eine hartnäckige Entzündung der Harnröhre, gehörten später zu den häufigsten Beschwerden. Darüber hinaus notierte Hahnemann auch einige durchaus besorgniserregende Details, die Bandhauers Gemüt betrafen: *"Gleichgültig wie abgestumpft. Angegriffen ohne Veranlassung. Ungeheure Mattigkeit. Beklemmungen in der Brust. Angst..."*, heißt es da.[215]

Die Besuche bei Hahnemann brechen mit dem Umzug der Familie nach Roßlau, in der ersten Jahreshälfte 1831, abrupt ab. Im Krankenjournal D38 (November 1833 – Mai 1835) taucht der Name Bandhauer nicht mehr auf. Von wem Bandhauer in Roßlau medizinisch versorgt wurde ist unbekannt. Beim Institut für Geschichte der Medizin in Stuttgart sind darüber hinaus zwei Briefe von Friederike Bandhauer an Hahnemann erhalten, die aus der Zeit nach dem Umzug stammen. Sie schreibt ihm aber in eigener Sache, obwohl sie nach den Krankenjournalen in Köthen noch nicht zu Hahnemanns Patienten gehörte. In den Briefen schildert sie dem Arzt in tagebuchähnlicher Form ihr jeweiliges Befinden nach Einnahme der von Hahnemann verordneten homöopathischen 'Pulver'.[216]


## Heutige Bedeutung Bandhauers

Angesichts der unbestreitbaren Leistungen für das Bauwesen in Köthen, der kunstvollen klassizistischen Bauwerke und seiner breitgefächerten wissenschaftlichen Publikationen, geriet Bandhauer überraschend schnell in Vergessenheit. Gerade auch in der deutschsprachigen Fachliteratur ist er deutlich unterrepräsentiert. Mit Ausnahme von Wolff und Schmidthammer gab es auch in seiner Heimat zunächst nur wenige, die sich bemühten ihm ein ehrendes Andenken zu bewahren. Erst 1920 gelang es dem Architekten Georg Salzmann ihn der Vergessenheit zu entreißen, indem er Bandhauers Arbeiten rund um das Köthener Schloss zum Thema seiner Dissertation machte.[217] Bandhauer konnte also nicht in diesem Sinne 'berühmt' werden, auch weil die beiden mit seinem Namen verbundenen Unglücksfälle sein positives Wirken lange Zeit vollständig überlagerten.

---

[215] Samuel Hahnemann: *"Die Krankenjournale, Krankenjournal D34 (1830)"*; Transkription und Kommentar von Ute Fischbach-Sabel in 2 Bänden; (1998).
[216] [IGM], B331297 und B331098.
[217] Georg Salzmann: *"Die Baulichkeiten des Cöthener Schloßbezirkes und einige Verbesserungsvorschläge"*; Dissertation, Braunschweig 1920.

Für den Köthener Staat und Herzog Ferdinand war er jedoch ganz sicher ein Glücksfall, denn seine Verdienste für das Bauwesen des kleinen Landes lassen sich gar nicht hoch genug bewerten. Er schaffte gleich zu Beginn seiner Tätigkeit eine neue Ordnung im Bauamt, die es ihm in den nächsten Jahren ermöglichte, schnell, effizient und kostengünstig zu bauen. Zu den strategischen Infrastrukturmaßnahmen gehörte die Anlegung von Sandgruben, Steinbrüchen und Ziegeleien im ganzen Land, was sich fortan bei jedem Bauvorhaben durch Einsparungen bei den damals besonders hohen Transportkosten bezahlt machen sollte. Außerdem konnte er durch die neuen Organisationsstrukturen an mehreren Projekten gleichzeitig arbeiten. Von diesen weitsichtigen Entscheidungen sollte ausgerechnet sein Nachfolger Conrad Hengst am meisten profitieren. Auch die personelle Aufstockung des Bauamtes gehörte zu diesen Maßnahmen, wenn auch die Effektivität der Behörde zeitweise unter den Querelen mit Hengst gelitten hat.

Gerade bei seinen wichtigsten Projekten war Bandhauer meist völlig auf sich alleine gestellt und hatte sich um die wesentlichen Details seiner Aufträge selbst zu kümmern. Aber mit wem hätte er die schwierigen technischen Fragen auch besprechen sollen, die z.B. mit dem gewaltigen Turm der Marienkirche oder dem Eisenwerk der Saalebrücke verbunden waren? Der nächste Berufskollege war sein Mitarbeiter Hengst, den er ganz sicher nicht um Rat gefragt hätte. Die meisten ausländischen Baumeister, insbesondere diejenigen aus Preußen, verhielten sich ihm gegenüber reserviert bis ablehnend. Den Kollegen im benachbarten Bernburg hatte er selbst durch seine Buchveröffentlichung brüskiert und zu seinem Ausbilder Moller hatte er offensichtlich keinen Kontakt mehr. Andere Baumeister denen schwierige Aufgaben übertragen wurden, hatten in der Regel Berater oder eine Behörde wie die Oberbaudeputation zu ihrer Unterstützung. Bandhauer hingegen musste alle Entscheidungen selbst treffen und konnte sein Fachwissen nur durch frei zugängliche Fachliteratur auf dem Laufenden halten. Da sein privater Schriftverkehr nicht mehr vorhanden ist, wissen wir nicht, ob er im "Ausland" befreundete Baumeister hatte, mit denen er korrespondierte.

Durch sein unbestreitbares Talent, seine gründliche theoretische Ausbildung auf konstruktivem wie künstlerischem Gebiet und sein erkennbares Interesse für neue Entwicklungen auf dem Bausektor, war er dazu in der Lage Bauten zu schaffen, die ihn deutlich aus der Reihe der anhaltischen Baumeister heraushob. Die Dachdurchdringung im Thronsaal des Köthener Schlosses, die erste Schrägseilbrücke der Welt und die katholische Kirche mit dem mächtigen Turm kamen den Repräsentationswünschen des Herzogs entgegen. Aber auch in künstlerischer Hinsicht waren die meisten Arbeiten Bandhauers auf erstaunlich hohem Niveau. Selbst wenn es sich dabei nur um ökonomische

Zweckbauten handelte, versuchte er stets durch einfache Stilmittel eine architektonische Wirkung zu erzielen.

Als Architekt war Bandhauer einer der bedeutendsten Spätklassizisten Deutschlands, der die badisch-hessischen Stilelemente Weinbrenners und Mollers mit nach Anhalt brachte. Dabei war er ein überaus kreativer und selbständig arbeitender Künstler und hat niemals nur die Arbeiten seiner Lehrer kopiert. Er kann auch nicht als Epigone der klassischen Vorbilder in Griechenland oder Italien bezeichnet werden, zumal er diese ohnehin nie mit eigenen Augen gesehen hat. Bandhauers Leistungen als Architekt und als Baumeister wurden aber nicht überall erkannt und anerkannt, besonders nicht in Preußen. Die meisten Angriffe gegen seine Entwürfe, seine Bauwerke, seine Veröffentlichungen und gegen seine Person, gingen von Preußen aus. Dabei musste Bandhauer vielleicht unfreiwillig eine Stellvertreterrolle für den Herzog übernehmen, gegen den sich die Angriffe aus Berlin in Wahrheit richteten.

Auch in Köthen musste Bandhauer zeitweise als Blitzableiter für den Volkszorn herhalten, der unter anderem durch den Konfessionswechsel im Herrschaftshaus ausgelöst wurde und daher eigentlich der herzoglichen Familie galt. Den Herzog selbst wagte aber kaum jemand aus dem einfachen Volk zu kritisieren und das Landesdirektionskollegium war durch ein Geflecht von familiären und freundschaftlichen Beziehungen mit der Bevölkerung eng verwoben. Für Bandhauer war die Anstellung in dem kleinen Herzogtum daher auch eine Falle, aus der es in beruflicher Hinsicht kaum ein Entrinnen gab. Eine Falle vor allem deshalb, weil er in den Reihen der Köthener Landesregierung ganz offensichtlich von Anfang an Feinde hatte, die ihm schon die Verdrängung Behrs übelgenommen hatten.

Die Frage, was aus ihm geworden wäre, wenn er sich in Düsseldorf anders entschieden hätte, also für eine Karriere im preußischen Staatsdienst, ist rein hypothetisch. Sicherlich hätte ihm hier die wesentlich größere Bauverwaltung Preußens viele Möglichkeiten eröffnet, insbesondere falls er irgendwann doch noch das zweite Staatsexamen abgelegt hätte. Ein Mann mit seinen Fähigkeiten hätte hier sicher beste Karrierechancen gehabt. Auf der anderen Seite wäre er hier nur einer von vielen gut ausgebildeten Baufachleuten gewesen und hätte sich im weit verzweigten Stellengefüge behaupten und durchsetzen müssen. In Preußen (aber ebenso in Köthen) verfügte er nicht über die entsprechenden 'Beziehungen', die ihm für eine Karriere im Staatsdienst hilfreich hätten sein können. Zusammenfassend drängt sich daher der Gedanke auf, dass die Position an der Spitze einer zwar kleinen aber souveränen Baubehörde vielleicht doch eher Bandhauers Neigungen entsprach.

War es ihm schon zu Lebzeiten schwer genug gefallen, die gewünschte Anerkennung seiner Leistungen zu finden, so geriet er nach seinem Tod umso schneller in Vergessenheit. Es dauerte sehr lange, bis allmählich eine Wiederbelebung des öffentlichen Interesses an dem Baumeister und seinem Werk einsetzte. Selbst seine Heimatstadt Roßlau tat sich schwer damit, ihrem verdienten Sohn ein ehrenvolles Andenken zu bewahren. So wurde beispielsweise erst 100 Jahre nach seinem Tod eine Straße nach ihm benannt, und sein letztes Wohnhaus in Roßlau ist zwar noch vorhanden, inzwischen aber zu einer unbetretbaren Ruine verfallen.

Nach dem 2. Weltkrieg entschloss man sich, Bandhauer zumindest durch eine kleine Gedenktafel zu ehren, die an dem von ihm errichteten Wohnhaus des Amtsmühlenbesitzers Liebe angebracht wurde. Unglücklicherweise enthielt diese Tafel aber einen falschen Todestag, nämlich den 20. März 1837 anstatt dem 22., welcher später in verschiedenen Veröffentlichungen wieder auftaucht. In Kombination mit dem falschen Geburtsjahr aus Schmidts Schriftstellerlexikon war die Verwirrung um Bandhauers Lebensdaten komplett. Insofern kann es nicht weiter überraschen, dass noch heute die verschiedensten Varianten durch die Literatur geistern.

Vielleicht besteht aus Anlass des 225. Geburtstages im Jahr 2015 die Gelegenheit, an der öffentlichen Wahrnehmung Bandhauers etwas zu verändern, zumal sich im Dezember des gleichen Jahres auch das Datum des tragischen Brückeneinsturzes zum 190. Mal wiederholen wird.

Mit diesem Buch sollte zumindest der Versuch unternommen werden, ein wenig zum besseren Verständnis für das Werk des anhaltischen Baumeisters beizutragen. Bandhauer sollte uns vor allem durch seine künstlerischen und technischen Leistungen in Erinnerung bleiben, ohne dabei aber die ganze Tragik seines Lebens zu übersehen.

# Kapitel II:

## Der Einsturz der Nienburger Saalebrücke

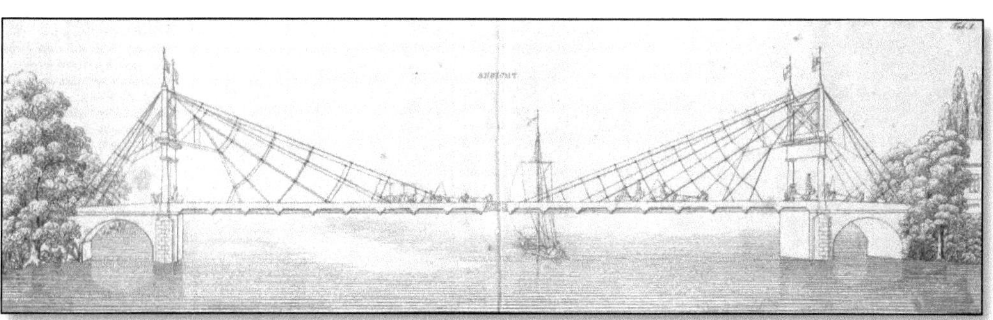

# Hängebrücken vor 1825

Der Bau einer der ersten Kettenbrücken Deutschlands die auch für schwere Fuhrwerke geeignet war, ist Bandhauers erstaunlichste Leistung als Konstrukteur und Baumeister überhaupt. Dies gilt umso mehr, als er dabei ein bis dahin wenig bekanntes Konstruktionsprinzip weiterentwickelte und weltweit erstmalig realisierte. Um den Brückenbau in Nienburg aber auch die Entwürfe für seine anderen Brückenprojekte richtig einschätzen zu können, muss man sich zunächst den internationalen Stand des Ketten- und Hängebrückenbaus in der Zeit bis 1825 vor Augen führen.

Die entwicklungsgeschichtliche Heimat der Hängebrücken befindet sich in den tropischen Regionen Asiens und Südamerikas, in denen langfaserige Pflanzen wachsen, wie z.B. Hanf, Lianen oder Bambus. Die ersten Berichte von Brücken die mit Hilfe solcher Baumaterialien über Flüsse oder Schluchten gespannt wurden, erreichten Europa daher vorwiegend durch Missionare, Forscher und Abenteuerreisende. Solche Beschreibungen muteten allerdings teilweise sehr exotisch an, wie z.B. eine Hängebrücke in Chile, deren 'Seile' aus zusammengedrehten Ochsenhäuten bestand. Aus China kamen erstaunlich frühe Berichte über Hängebrücken, die schon mit eisernen Ketten errichtet worden sein sollen.

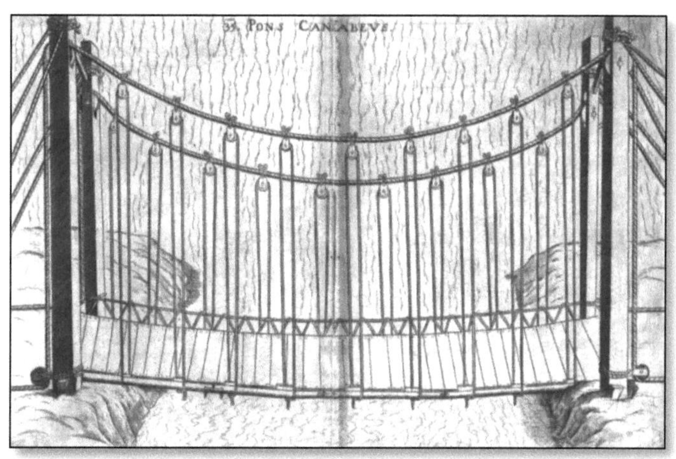


*'Pons Canabeus' (die Hanfbrücke) enthält alle wesentlichen Merkmale einer Hängebrücke. Aus "Machinae Novae" von Faustus Verantius (1595)*

Der aus dem heutigen Kroatien stammende Universalgelehrte Faustus Verantius veröffentlichte 1595 das Buch *"Machinae Novae"*,[218] in dem er Erfindungen aus den verschiedensten technischen Bereichen vorstellte. Darunter befanden sich auch mehrere Zeichnungen von neuartigen Brücken und anderen

---

[218] Faustus Verantius: *"Machinae Novae"*; Venedig 1615 (Original in fünf Sprachen).

mechanischen Vorrichtungen, mit denen man ein Hindernis überwinden kann, wie z.B. Seilbahnen. Neben den üblichen Balken- und Bogenbrücken aus Stein und Holz, enthielt das Buch auch Hänge- und Schrägseilkonstruktionen, die heute als die ältesten in Europa veröffentlichten Darstellungen dieser Brückenarten gelten. Das Bild von der Hängebrücke trägt den Titel *"Pons Canabeus"* (Hanfbrücke), und enthält alle Elemente die diesen Brückentyp ausmachen. An den Ufern befinden sich portalartige Doppel-Pylonen, von denen zwei Seile parabelförmig durchhängend über den Fluss gespannt sind. Von diesen Tauen gehen vertikale Hänger ab, an denen die hölzerne Brückenbahn mittels Umlenkrollen aufgehängt ist. Auch die rückwärtigen Verankerungen auf der Landseite fehlen nicht.

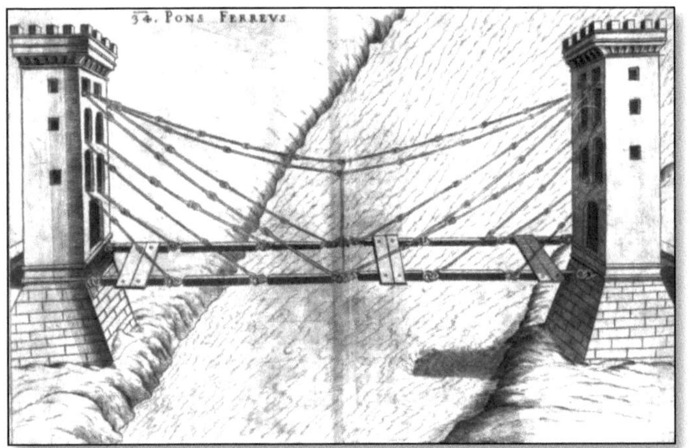


*'Pons Ferreus' aus Machinae Novae, ist eine Kombination aus Hänge- und Schrägseilbrücke. Der Träger und die Ketten sind durch Augenstäbe frei beweglich ausgebildet.*

'Machinae Novae' enthielt aber auch den Urtyp einer Schrägseilbrücke, die Verantius *"Pons Ferreus"* (Eiserne Brücke) nannte. Von zwei massiven Türmen beiderseits eines Flusses gehen schräg verlaufende Ketten ab, die in verschiedenen Abständen direkt am Brückenträger angreifen. Das trifft allerdings nicht auf die oberste Kette zu, die parabelförmig von Pylon zu Pylon gespannt ist und von der in der Mitte eine vertikale Hängestange abgeht. Insofern handelt es sich hier um kein 'reines System', sondern um eine Kombination aus Hänge- und Schrägseilbrücke. Im Gegensatz zur Hanfbrücke haben die Ketten aber keine Rückverankerungen auf der Landseite; sodass die Türme den Kräften aus den Ketten nur ihr Eigengewicht entgegenzusetzen haben.

Bis heute ist nicht sicher geklärt, ob es sich bei dem Buch um Reiseberichte handelte und die Brücken reale Vorbilder hatten oder ob Verantius die Zeichnungen ausschließlich nach seiner eigenen Phantasie geschaffen hat. Letzteres wäre eine erstaunliche Leistung, denn dann wäre er als der europäische 'Erfinder' der Hängebrücken zu bezeichnen. Ganz auszuschließen ist dies allerdings nicht, denn er war ganz offensichtlich ein sehr kreativer Mensch. So enthält *"Machinae Novae"* unter anderem auch eine der ersten Darstellungen eines Fallschirms.

Im Jahr 1667 erschien in Amsterdam das Buch *"China Illustrata..."* des Jesuitenpaters Athanasius Kircher. Der vollständige Titel des Werkes ist deutlich länger und bedeutet etwa so viel wie: *"China dargestellt in seinen heiligen und weltlichen Denkmälern"*. Kircher selbst war niemals in China, sondern veröffentlichte hier Berichte der Missionare vor Ort. In diesem Buch wird u.a. eine an Eisenketten aufgehängte Brücke in der Provinz Yunnan beschrieben. Aus dem Lateinischen übertragen heißt es dort:

*"Nicht aus Ziegel- oder Steinmauerwerk, sondern aus dicken eisernen Ketten, die mit Haken an Ringen beiderseits in den Bergen befestigt sind, wurde mit aufgelegten Bohlen die Brücke errichtet. Zwanzig Ketten sind es, von denen jede eine Länge von 300 Spannen [ca. 64 m] hat. Wenn mehrere sie zugleich überschreiten, schwankt sie und bewegt sich hin und her."* [219]

*"Theatrum Pontificale"* von Jacob Leupold war möglicherweise die erste europäische Veröffentlichung, die sich ausschließlich mit dem Bau von Brücken beschäftigte. Das Werk war offensichtlich sehr beliebt, denn es wurde nach dem Erstdruck im Jahre 1726 noch mehrmals neu aufgelegt. Leupold, der sich selbst als *"Mathematico und Mechanico"* bezeichnete, trug das gesamte damals vorhandene Wissen über den Brückenbau zusammen. Dabei ging es natürlich vorwiegend um Holz- und Steinbrücken aber ganz am Ende wandte er sich auch den Hängebrücken zu, die er allerdings nur als merkwürdige Sonderbarkeit behandelt. Unter § 321 heißt es dort:

*"Obschon die Zahl der Kupfer-Platten um ein vieles mehr angewachsen, so hat man dennoch der Curiosis zu Liebe; noch etwas von besondern Chinesischen Brücken beyfügen wollen, und zwar erstlich... eine Brücke da von einem hohen Berge bis zum anderen durch gewaltige starke eiserne, und mit Brettern belegte Ketten eine Brücke in freyer Lufft gebauet und mit Erstaunen zu sehen ist. Sie soll in China bey der Stadt Kintany erbauet seyn."* [220]

Auch der preußische Naturforscher Alexander von Humboldt berichtete nach der Rückkehr von seiner berühmten Südamerikareise in dem Buch *"Ansichten*

---

[219] Athanasius Kircher: *"China monumentis qua sacris qua profanis [...] illustrata"*; Amsterdam 1667.

[220] Jacob Leupold: *"Theatrum Pontificale oder Schau-Platz der Brücken und Brücken-Baus"*; Leipzig 1726.

*der Kordilleren und Monumente der eingeborenen Völker Amerikas"* von einer Hängebrücke aus Pflanzenfasern und Bambus, die er im Juni 1802 selbst überquert hatte. Das von ihm als 'Seilbrücke bei Penipe' bezeichnete Bauwerk führte über den Chambo-Fluss im heutigen Ecuador und soll eine Spannweite von 40 m gehabt haben.

*Die Hängebrücke bei Kintany in China. Aus "Theatrum Ponteficale" von Jacob Leupold (1726).*

Durch derartige Berichte angeregt, begannen die ersten europäischen und amerikanischen Techniker gegen Ende des 18. Jhd. über den praktischen Nutzen solcher Brücken nachzudenken. Um den damaligen Anforderungen des Verkehrs, der vorwiegend aus Reitern, Postkutschen und Ochsen- bzw. Pferdefuhrwerken bestand, gerecht zu werden, war die Verwendung von Hanfseilen aber nicht ausreichend. Voraussetzung für eine solche Brücke war also die Möglichkeit, Eisen in entsprechender Menge und Qualität herzustellen, was zuerst in England gelang.

In der Grafschaft Shropshire wurde 1779 die erste Eisenbrücke der Welt errichtet.[221] Die 'Iron Bridge' ist allerdings eine Bogenbrücke aus Gusseisen. Sie besteht noch heute in der gleichnamigen Stadt im Coalbrookdale (England). Zum Bau einer Hängebrücke benötigt man aber elastische Eisensorten die auch Zugkräfte aufnehmen können, was beim spröden Gusseisen nur sehr begrenzt der Fall ist. Erst nach der Erfindung des Puddelverfahrens durch Henry Cort im Jahre 1784 waren die technischen Voraussetzungen geschaffen, um auf Zug belastbare Kettenglieder herzustellen, Bleche zu walzen oder Drähte zu ziehen.

---

[221] Hinter dieser Behauptung steckt allerdings auch ein gehöriges Maß an 'westlicher Ignoranz', denn Athanasius Kircher hatte ja schon 1667 von eisernen Brücken in China berichtet.

Ausgerechnet der Friedensrichter James Finley (1756-1828) griff die Idee der Hängebrücken wieder auf und beschrieb als erster alle wesentlichen Teile einer versteiften Kettenbrücke. Er und andere Techniker wie John Templeman bauten in den beiden ersten Jahrzehnten des 19. Jhd. etwa 40 Brücken nach diesem Prinzip. Der in Irland geborene Finley ließ sich das Verfahren auch patentieren und baute in Pennsylvania selbst etwa 13 Hängebrücken, wobei er nicht nur Ketten, sondern später auch schon Drahtseile verwendete. Alle Bauwerke Finleys waren klein, nur für Fußgänger geeignet und sehr windanfällig, weshalb die meisten auch schon nach kurzer Zeit einstürzten. Auch in Europa wurden Anfang des 19. Jhd. (vielleicht auch schon Ende des 18. Jhd.) eine Reihe von experimentellen Hängebrücken errichtet. Dabei verwendete man sowohl Ketten als auch Bündel aus Draht, wobei sich allerdings regionale Schwerpunkte herausbildeten. So setzte man in der Schweiz und in Frankreich von Anfang an auf Drahtseile. Joseph Chaley und die Brüder Seguin errichteten hier ab 1820 beachtliche Hängebrücken unter Verwendung von Draht. In Großbritannien und Deutschland ging man aber einen anderen Weg, denn hier bevorzugte man lange Zeit Ketten und experimentierte zunächst nur in wenigen Einzelfällen auch mit Drahtkabeln.

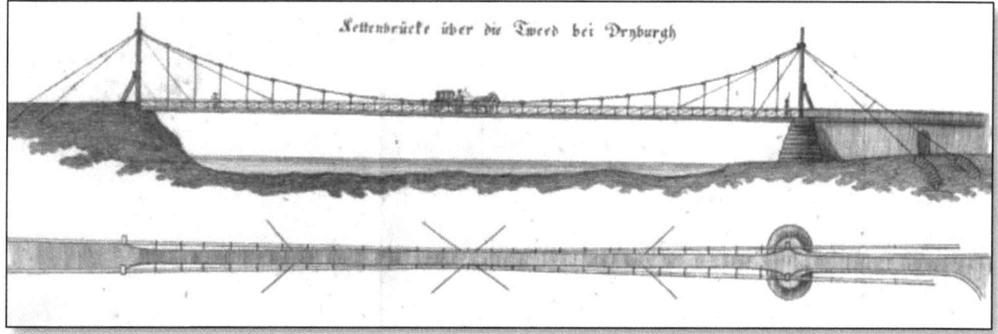


*Die erste Brücke von Dryburgh Abbey mit Hänge- und Schrägseilelementen.*
*(Polytechnisches Journal, 1823).*

Die ersten Hängebrücken Europas wurden in Großbritannien gebaut, denn in England und Schottland war man zu dieser Zeit nicht nur bei der Herstellung hochwertigen Eisens führend, sondern generell in fast allen Bereichen des Ingenieurwesens. Im Sommer 1817 errichteten die Brüder Smith im schottischen Dryburgh Abbey eine Kombination aus Hänge- und Schrägseilbrücke über den Tweed. Das Bauwerk war als reine Fußgängerbrücke konzipiert. Es hatte eine Spannweite von etwas mehr als 73 m bei einer Breite von nur 1,20 m. Die ganze Konstruktion war dadurch sehr leicht und wurde bereits nach einem halben Jahr von einem mäßigen Sturm zerstört. Die Smith-Brüder machten sich sogleich an den Wiederaufbau, diesmal aber als reine Hänge-brücke, die 1818 eröffnet wurde. Der ersten Brücke von Dryburgh Abbey schenkte Bandhauer besondere Aufmerksamkeit, denn sie ähnelte durch die schrägen Ketten seinem eigenen Entwurf für Nienburg. Die zweite Brücke in Dryburgh Abbey zeigte sich zwar deutlich widerstandsfähiger, stürzte aber letztendlich ebenfalls bei einem Sturm ein. Dies geschah allerdings erst 1838, sodass Bandhauer es nicht mehr erlebte.

Die erste europäische Kettenbrücke die sich auch für schwere Fahrzeuge wie Kutschen, Pferdegespanne und Ochsenfuhrwerke eignete, war die 1820 er-öffnete legendäre Union Bridge von Samuel Brown.[222] Brown war ein ehema-liger Kapitän der Royal Navy, der sich schon während seiner aktiven Dienst-zeit für die Verwendung von Eisenketten als Ankertrossen eingesetzt hatte. Die Union Bridge führte im äußersten Nordosten Englands über den Tweed und hatte immerhin schon eine Spannweite von 129 m sowie eine Fahrbahn-breite von 5,50 m. Sie war eine reine Hängebrücke mit einem Tragwerk aus Ketten und für ihre Auftraggeber überraschend preiswert. Captain Samuel Brown erregte noch mehrmals Aufsehen als Brückenbauer, insbesondere mit den Landungspiers in Newhaven (1821) und Brighton (1823), die er ebenfalls als Kettenbrücken ausführte. Letztere bestand immerhin über 70 Jahre, bevor sie 1896 bei einem Orkan zerstört wurde.

Es gab damals durchaus schon internationale Fachliteratur, in der solche 'Er-findungen' besprochen wurden. Allerdings waren die Berichte in der Regel kurz, manchmal auch schlecht übersetzt und erschienen in Deutschland mit einer zeitlichen Verzögerung. Eine der ersten deutschsprachigen Publikatio-nen dieser Art war die 1822 veröffentlichte Übersetzung eines Artikels des britischen Ingenieurs Georg Stephenson, die vom 'Verein zur Beförderung des Gewerbefleißes in Preußen' herausgegeben wurde.[223] Der Bericht enthielt Beschreibungen von britischen und amerikanischen Hängebrücken, die man bis zum Jahr 1821 vollendet hatte.

Das erste wissenschaftlich fundierte Werk über Hängebrücken ist dem Fran-zosen Claude Navier (*15.02.1785 in Dijon, †23.08.1836 in Paris) zu verdan-ken, der die gesamten bis dahin vorhandenen Erfahrungen im Hängebrücken-bau zusammenfasste.[224] Für seine Recherchen war er zweimal nach Großbri-tannien gereist, hatte sich viele Brücken mit eigenen Augen angesehen und

---

[222] Captain Samuel Brown (*1776, †13.03.1852 in Blackheath / London).

[223] *"Beschreibung der Hängebrücken"* in: Verhandlungen des Vereins zur Beförderung des Gewerbefleißes, 1.Jahrgang, 1822, Seite 115.

[224] Claude Louis Marie Henri Navier: *"Raport et Mémoire sur les ponts suspendus"*; Paris 1823.

teilweise mit den Baumeistern vor Ort gesprochen. Navier recherchierte im Auftrag des französischen Straßen- und Brückenbaucorps, um ein eigenes Hängebrückenprojekt in Paris vorzubereiten. 1823 legte er Monsieur Becquey, dem Vorsitzenden der Kommission, seinen Abschlussbericht vor, den er später mit französischen Erfahrungen anreicherte und als Buch herausgab. Naviers Veröffentlichung galt über 50 Jahre lang in ganz Europa als 'das' Standardwerk für den Bau von Hänge- und Kettenbrücken. Als blendender Mathematiker versuchte Navier auch theoretische Ansätze für die statische Berechnung von Hängebrücken zu formulieren. Zwei Jahre später brachte Johann F.W. Dietlein die erste deutschsprachige Übersetzung heraus, die er auch als Grundlage für seine Vorlesungen an der Berliner Bauakademie benutzte.[225] Neben der Entwicklung der ersten wissenschaftlichen Berechnungsgrundlagen, war Naviers Verdienst vor allem auch die weltweite Verbreitung der britischen und französischen Erfahrungen im Hängebrückenbau.

Soweit - stark komprimiert - der Stand des internationalen Hänge- und Kettenbrückenbaus bis zum Jahr 1823, der Bandhauer mit Sicherheit bekannt war. Es kommt nun allerdings noch ein weiterer Aspekt hinzu, der Bandhauers Leistung erheblich aufwertet. Er hat nämlich in Nienburg gar keine Hängebrücke nach den soeben beschriebenen Vorbildern gebaut, sondern ein neues, nach eigenen Ideen davon abgeleitetes System. Bandhauers Saalebrücke würde man heute nämlich ganz eindeutig den Schrägseilbrücken zuordnen, die aber damals etwas so Neuartiges waren, dass es dafür noch nicht einmal einen Fachbegriff gab. Treffender müsste man Bandhauers Brücke aber eigentlich als *"Schrägkettenbrücke"* bezeichnen, weil er keine Drahtseile oder Kabel, sondern zusammengefügte Eisenstäbe verwendet hat. Der Fachbegriff Schrägseilbrücke entstand erst Mitte des 20. Jhd., als sich dieser Brückentyp von Deutschland aus weltweit verbreitete. Heute fasst man Hänge- und Schrägseilbrücken gelegentlich auch unter dem Oberbegriff 'seilverspannte Brücken' zusammen.

Bandhauer baute also tatsächlich die erste 'reine' Schrägseilbrücke Deutschlands und wahrscheinlich sogar der ganzen Welt. Auf jeden Fall war sie die erste, die auch für Kutschen und schwere Fuhrwerke geeignet war. Das ist zweifellos Bandhauers größtes Verdienst als Brückenbauer und beweist seinen Mut und seine Fähigkeiten als Konstrukteur. In der Frühphase des Hängebrückenbaus wurden zwar mehrmals Mischsysteme zwischen Hänge- und Schrägseilbrücke vorgestellt, von denen sich aber keines wirklich bewähren

---

[225] Johann Friedrich Wilhelm Dietlein (*31.05.1787 in Halle a.d.Saale, †30.08.1837 in Berlin) war von 1824-1831 Professor für Brückenbaukunde an der Bauakademie in Berlin. Die Übersetzung trägt den Titel: *"Naviers Abhandlung über die Hängebrücken"*; Berlin 1825.

konnte. Bandhauers Brücke hingegen zeigte keinerlei Merkmale von Hänge-brücken, wie z.B. die erste Brücke in Dryburgh Abbey, das System Ordish-Le Feuvre oder einige Jahrzehnte später auch die Brücken von Johann August Röbling. Bandhauer sagt in seiner Verteidigungsschrift über seine Brücke, er habe sie nach einer eigenen, *"in mir selbst grösstentheils gebildeten Idee"* entworfen und ausgeführt.[226] Es gibt keinen Grund an dieser Darstellung zu zweifeln obwohl es mit Sicherheit schon frühere theoretische Veröffentlichun-gen über Brücken mit schrägen Abspannungen gab, die aber nie ausgeführt wurden.

## Immanuel Löscher und Bernard Poyet

Die erste Idee für ein Bauwerk das man heute zu den Schrägseilbrücken zäh-len würde, dokumentierte der in Freiberg/ Sachsen lebende Carl Immanuel Löscher (*27. Juli 1750 in Wiederau; †21. März 1813 in Freiberg). Löscher, der Bergmann, Apotheker und Erfinder war, veröffentlichte 1784 das Werk *"Angabe einer ganz besonderen Hangewerksbrücke, welche mit wenigen und schwachen Holz, ohne im Bogen geschlossen, sehr weit über einen Fluß kann gespannt werden, die größten Lasten trägt, und vor den stärksten Eisfahrten sicher ist"*. Er beschreibt darin die Urform einer Schrägseilbrücke, deren Tragwerk aber nicht aus Ketten oder Drahtseilen bestehen sollte, sondern ausschließlich aus Holzplanken.

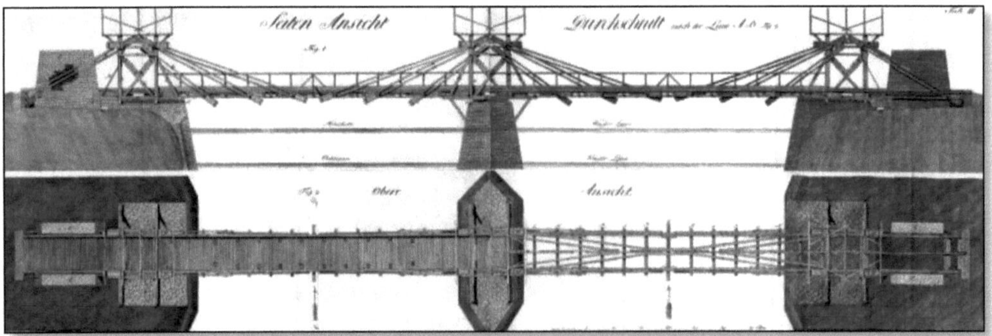

*Der erste bekannte Entwurf einer (reinen) Schrägseilbrücke von Carl Immanuel Löscher aus dem Jahr 1784. Ihr Tragwerk sollte vollständig aus Holz bestehen.*

---

[226] [Bandhauer], Seite 245.

Vor dem Hintergrund zahlreicher Brückeneinstürze durch Hochwasser und Eisgang im Februar/ März 1784, entwickelte Löscher ein stützenloses Brückensystem aus der Grundidee eines traditionellen Hängewerks.[227] Wahrscheinlich ist eine reine Holzbrücke nach Löschers System niemals gebaut worden, aber aufgrund dieser Veröffentlichung gebührt ihm das Verdienst, als geistiger 'Vater' der modernen Schrägseilbrücken zu gelten.

Der französische Architekt und Ingenieur Bernard Poyet (*3. Mai 1742 in Dijon; †6. Dezember 1824 in Paris) griff um 1790 Löschers Idee wieder auf. Hintergrund war die fortschreitende Entwicklung bei der Eisenherstellung, die auch den Brückeningenieuren ganz neue Möglichkeiten eröffnete.[228] Es ist allerdings gut möglich, dass Poyet Löscher bzw. dessen Veröffentlichung gar nicht kannte und das System durch eigene Inspiration noch einmal neu erfunden hat. Poyet versuchte in Frankreich viele Jahre lang seine Brückenidee bekannt zu machen und eine praktische Ausführung durchzusetzen. Nach übereinstimmenden Quellen stand er im Jahr 1819 kurz davor, im französischen Zentralmassiv gleich drei Brücken nach seinem System über die Isére zu schlagen, woraus aber aus unbekannten Gründen nichts wurde. Möglicherweise kamen ihm dabei die Untersuchungsergebnisse vom Einsturz der ersten Brücke bei Dryburgh Abbey in die Quere, weil sie Schrägseilelemente enthalten hatte und der Nachfolgerbau als reine Hängebrücke solider war.

Dennoch wurde Poyet 1819 ein französisches Patent auf sein Brückensystem ausgestellt, über das auch in deutschen Zeitungen berichtet wurde. Im damals viel gelesenen 'Oppositions-Blatt' hieß es:

*"Die neuen eisernen Brücken kosten weit weniger, als die von Granit oder Sandstein, und können unbedenklich Bögen von 30 bis 40 Meter Breite der Schifffahrt und dem Eisgange frei lassen, denn auch dessen Zerstörung sind seine eisernen Brücken nicht ausgesetzt".*[229]

---

[227] Ausgelöst durch die Öffnung der Lakispalte auf Island, war der Winter 1783/ 84 in ganz Europa außergewöhnlich hart und lang. Ende Februar/ Anfang März 1784 trafen schnell ansteigende Temperaturen mit heftigen Regenfällen zusammen, was zu massivem Hochwasser mit Eisgang auf allen Flüssen Nord- und Mitteleuropas führte. Durch dieses Naturereignis wurden fast alle Brücken auf den großen Flüssen Deutschlands in Mitleidenschaft gezogen. Auch Bandhauer legte bei seiner Planung für die Saalebrücke den höchsten bis dahin in Nienburg gemessenen Hochwasserstand von 1784 zugrunde. Weitere Informationen zu diesem Naturereignis bei : http://www.bernd-nebel.de.

[228] August Malberg: *"Historisch-kritische Bemerkungen über Kettenbrücken"* Auszug veröffentlicht in der *"Zeitschrift für Bauwesen"*, Ausgabe 1857 (Seite 231).

[229] *"Oppositions-Blatt oder Weimarische Zeitung"*, Ausgabe Nr. 132 vom 5. Juni 1819.

Vermutlich hat auch Bandhauer diesen Bericht gelesen, was bei ihm eine Art Initialzündung für seine eigenen Entwürfe auslöste. Auf besonderes Interesse stieß der Artikel aber nachweislich auch bei der preußischen Oberbaudeputation in Berlin. Dort entschloss man sich in der Person des Baurates Schlätzer sogar eine Art 'Werksspion' einzusetzen, um nähere Informationen über das neue System einzuholen.[230] Die Einzelheiten dieser Mission und der anschließende Schriftverkehr über ein von Poyet angestrebtes Patent in Preußen, befinden sich in einer Akte des damaligen Ministeriums für Handel und Gewerbe.[231]

Im August 1819 erhielt Schlätzer vom Ministerium den Auftrag, anlässlich einer bevorstehenden Dienstreise nach Frankreich nähere Informationen über die neue Erfindung einzuholen. Er sollte Poyet in Paris aufsuchen und dem Ministerium nach seiner Rückkehr mit Hilfe von Skizzen und Zeichnungen ausführlich Bericht erstatten. Poyet war zu diesem Zeitpunkt sehr frustriert, weil man ihm in Frankreich zwar das Patent gewährt hatte, nach dem Rückzieher bei dem Isére-Projekt aber keine Brücke nach seiner Idee bauen wollte. Durch das Interesse Preußens sah er offenbar die Chance gekommen, sein Brückensystem nun im Ausland zu verwirklichen. Anfangs wollte er Schlätzer überhaupt nur unter der Bedingung Einblick in seine Erfindung gewähren, wenn er eine verbindliche Zusage dafür erhielt, in Preußen auch wirklich eine Brücke nach seinem System bauen zu dürfen. Das konnte ihm Schlätzer natürlich nicht eigenmächtig versprechen und so zeigte ihm Poyet etwas widerwillig ein Brückenmodell, von dem Schlätzer einige Zeichnungen anfertigte, die mit dem 1. September 1819 datiert sind.

Die Skizzen zeigen eine aus mehreren Feldern bestehende Schrägseilbrücke mit Pfeilern und Pylonen aus Stein, einem Fahrbahnträger aus Holz und schrägen Abspannungen mit Eisenstangen. Schlätzer erschien das Ganze ausgesprochen fragil und schwer ausführbar, weshalb er von Anfang an eine ablehnende Haltung zu dem System einnahm. Dieser Standpunkt wurde später sowohl vom Ministerium, als auch von der Oberbaudeputation in Berlin übernommen. Teilweise wurden im weiteren Schriftverkehr sogar Schlätzers Formulierungen wörtlich übernommen. Offenbar erkannte Schlätzer auch sofort, dass Poyets Modell große Ähnlichkeiten mit der Veröffentlichung Lö-

---

[230] Johann Gottlob Schlaetzer (*17.02.1771, †18.05.1827) war preußischer Baurat und zeitweise auch Professor an der Berliner Bauakademie.

[231] Geheimes Staatsarchiv Preußischer Kulturbesitz: GStA PK, I. HA Rep. 93 B Ministerium der öffentlichen Arbeiten, Nr. 3832 *"Erfindung der eisernen Brückenpfeiler durch den Baumeister Poyet aus Paris"*; 1819-1821.

schers aus dem Jahr 1784 aufwies. Am 21. Oktober 1819 legte Schlätzer in Berlin seinen Abschlussbericht vor. Darin schrieb er:

> *"Die Pfeiler der Brücke waren von Steinen zu erbauen gedacht, worauf auf beiden Seiten zwei Stützen gleich zwei Mastbäumen errichtet waren. Von diesen Bäumen gingen eiserne Stangen nach der Laenge der Brücke ab, welche die hölzernen Träger zu den hölzernen Brückenbalken und Belag tragen; zwischen beiden Bäumen waren auch Querverbindungen von Eisen angebracht worunter die Wagen durchfahren sollten. An dem ganzen Project war nichts von Eisen gedacht als die Hängeruthen und Querverbindungen zwischen den aufrechten Stützen, die Pfeiler auf gewöhnliche Weise und Stärke von Stein, der Belag von Holz, worauf nur 4 Eiserne Fahrbahnen für die Wagen angegeben waren. Auf mein Bemerken, daß dies eigentlich keine Construction einer eisernen Brücke ist, die der Austerlitzbrücke gleichgestellt werden könnte, welches Herr Poyet glaubt, erwiderte derselbe, daß die aufrecht stehenden Stützen so wie der ganze Belag von Eisen werden könnte und auch meine Bedenklichkeit, die bedeutenden hohen und schlanken Stützen von Eisen auf den steinernen Pfeilern zu befestigen und die erforderliche Stabilität zu geben, werde einige Schwierigkeit haben, erwiderte derselbe, daß sich das bei der Ausführung finden würde. Das Prinzip des Hängewerks ist hier in umgekehrtem Zustande als gewöhnlich benutzt, und daß solches bei Brücken zu benutzen ist, die nur aus einer Oeffnung bestehen wo an den beiden Enden bedeutend starke Pfeiler zum erforderlichen Widerstand angebracht werden können ist keinem Zweifel unterworfen, allein in gegenwärtigem Fall, wo der Zwangspunkt auf dem schwächsten Theile ruht und das Gleichgewicht so bedeutend mitwirken muß kann ohne große Nebenbedingungen keinen Werth haben, als sich durch diese Bedingungen die ganze Idee ändert".*[232]

Nach dem Besuch Schlätzers hat sich Poyet offenbar bei Graf Goltz, dem preußischen Gesandten in Paris, darüber beschwert, Schlätzer hätte ihm unter Versprechungen sein Geheimnis entrissen, woraufhin er nun auch das Recht habe, nach Berlin eingeladen zu werden, um dort eine Brücke nach seinem System auszuführen. In den nächsten Monaten versuchte Poyet hartnäckig auch in Preußen ein Patent für seine Idee zu erhalten. Er schrieb in dieser Angelegenheit an den Staatskanzler Fürst von Hardenberg, der das Handelsministerium einschaltete. Dieses wiederum bat die Oberbaudeputation mit Johann Albert Eytelwein und Karl Friedrich Schinkel um eine fachliche

---

[232] Ebenda.

Stellungnahme. Poyets mehrfach vorgebrachtes Patentgesuch wurde im Oktober 1821 endgültig abgelehnt. Als Begründung wurde ihm mitgeteilt, das System sei in der Praxis kaum ausführbar, bei Benutzung durch schwere Fuhrwerke instabil und außerdem sei die Idee - zumindest für Deutschland - nicht neu.

Dieser technisch-historische Kontext ist für Bandhauers Saalebrücke sehr wichtig, denn sie entsprach vom Grundsatz her genau dem System Poyets. Poyets Erfindung ist heute vor allem durch das schon erwähnte Buch von Claude Navier bekannt, der die Schrägseilbrücke zwar in sein Werk aufgenommen hatte, sie aber nicht unbedingt zur Ausführung empfehlen wollte. Daher blieb meist unbeachtet, dass Poyet auch schon die Idee einer beweglichen Klappe zum Durchlassen von Schiffsmasten vorgestellt hatte, die Bandhauer erstmalig verwirklichte. Naviers berühmte Schrift enthielt zwar eine Zeichnung der Brücke, allerdings ohne den Durchlass, während in Poyets eigener Veröffentlichung, die eine weit geringere Verbreitung erfuhr, die Brücke auch mit der Klappe dargestellt wurde.[233] Poyet führte zu der Öffnung aus:

*"Man kann einen Teil des Bodens aufklappen, um die Masten der Schiffe hindurchzulassen, ein Vorteil den die alten Brücken nicht hatten".*[234]

*Die Schrägseilbrücke von Bernard Poyet mit eisernen Pylonen und einem beweglichen Durchlass für Schiffsmasten (ca. 1820).*

Dietlein erwähnte das Schrägseilsystem Poyets in seiner deutschsprachigen Übersetzung von Naviers Werk übrigens mit keinem einzigen Wort.

Bis auf einige kleine Abweichungen entsprach die Nienburger Brücke exakt dem System Poyets, einschließlich dieser Durchlassklappe. Auch die Zeichnungen Bandhauers und Poyets weisen deutliche Ähnlichkeiten auf, ins-

---

[233] Bernard Poyet: *"Nouveau système de pont en bois et en fer forgé, composé par M. Poyet, architecte, membre de l'institut; comparé avec les ponts ordinaires pour la durée, la solidité et l'economie"*; Paris ca. 1820.
[234] Ebenda, Ziff. 9.

besondere was die Ansicht der Portale betrifft. Leider wissen wir nicht, ob Bandhauer die Schriften Naviers (1823) oder gar Poyets (1820) bekannt waren. Ebenso fehlen uns Hinweise, ob er über entsprechende Kenntnisse der französischen Sprache verfügte, um die Originalausgaben überhaupt lesen zu können.

Bernard Poyet war es im Übrigen nicht mehr vergönnt, selbst eine Brücke nach seiner Idee zu bauen. Auch die erste praktische Realisierung seines Systems durch Bandhauer hat er nicht mehr erlebt, denn er starb am 6. Dezember 1824 in Paris. Insofern muss man es wohl als ironische Fußnote der Geschichte bezeichnen, dass Bandhauers Saalebrücke ausgerechnet an Poyets erstem Todestag einstürzte.

## Bandhauers Brückenprojekte

Wie intensiv Bandhauer bei seinem Studium in Darmstadt mit dem Brückenbau in Berührung kam, ist nicht bekannt. Sein Ausbilder Moller war, seiner Vorliebe für den konstruktiven Ingenieurbau entsprechend, durchaus an diesem Thema interessiert. Moller hat auch einige Brücken selbst gebaut, die vorwiegend aus Holz und Naturstein bestanden. Erst 1838, also schon nach Bandhauers Tod, entwarf Moller auch eine kleine gusseiserne Brücke, die bei Gießen über die Wieseck führte.[235] Ob er sich irgendwann auch mit Hängebrücken auseinandergesetzt hat, ist nicht bekannt. Anfang des 19. Jhd. lebte in Darmstadt aber ein Mann namens Ludwig Alexander Röder, der sich intensiv mit Straßen- und Brückenbau beschäftigt hat. Röder war großherzoglich hessischer Chausseebaudirektor und veröffentlichte 1821 die *"Praktische Darstellung der Brückenbaukunde"*.[236] Man könnte darüber spekulieren, ob sich Röder damals auch als Lehrer an der Bauschule betätigte, oder Bandhauer ihm bei anderer Gelegenheit in Darmstadt begegnete und etwas über Brückenbau von ihm gelernt hat. Aber selbst wenn es so gewesen wäre, hätte er auch von ihm sicher nichts über Ketten- oder Hängebrücken gehört. Im zweiten Teil seines Buches spricht Röder zwar auch die ersten Eisenbrücken an, allerdings nur in Bezug auf gusseiserne Bogenbrücken.

Viel wahrscheinlicher ist daher, dass sich Bandhauer das Wissen über den Bau von Hängebrücken durch das Studium von Fachliteratur größtenteils

---

[235] [Frölich/ Sperlich], Seite 345.

[236] G.L.A. Röder *"Praktische Darstellung der Brückenbaukunde"*, Teil 1: Steinbrücken, Teil 2: Holz-, Eisen- und bewegliche Brücken; Darmstadt 1821.

selbst angeeignet hat. Dafür spricht auch die Tatsache, dass er die Idee für die Saalebrücke sofort aufgriff, nachdem in den frühen 1820er Jahren aus Großbritannien die ersten Nachrichten über den erfolgreichen Bau von Kettenbrücken eingetroffen waren. Da in Nienburg alle früheren Initiativen für eine feste Brücke an den Kosten gescheitert waren, erkannte er sofort die Chance, das Vorhaben mit der neuen Technik zu realisieren.

Bandhauer setzte sich spätestens ab Januar 1824 intensiv mit der Saalebrücke in Nienburg auseinander, der einzigen Brücke, die er auch tatsächlich baute. Er hat sich aber nach seinen eigenen Angaben auch schon vorher mit Hängebrücken beschäftigt und mehrere Entwürfe eigenständig ausgearbeitet. In einem Brief vom 21.12.1824 an den Magistrat der Stadt Brieg schreibt er: *"... So habe ich über die Donau, Elbe, Oder und Saale zusammen schon fünf Kettenbrücken entworfen und zum Theil ausgeführt, aber keine ist der anderen ganz ähnlich"*.[237] Später hat er mindestens noch eine weitere Brücke (über die Weißeritz) für das Königreich Sachsen geplant, die aber ebenfalls nicht zur Ausführung kam. Bis auf die Brücke an der Elbe lassen sich alle Brückenprojekte Bandhauers zuordnen:

| | |
|---|---|
| 1823 | Donaubrücke, Wien |
| 1824 | Saalebrücke, Nienburg |
| 1824 | Oderbrücke, Brieg |
| 1824 | Oderbrücke, Schwedt |
| 1825 ? | Weißeritzbrücke, Dresden[238] |

Trotz seiner umfangreichen Dienstgeschäfte in Köthen (Lustschloss Geuz, Ferdinandsbau, Friedhofspylonen in Roßlau, Neubau des abgebrannten Hospitals in Köthen), beteiligte sich Bandhauer 1823 zum ersten Mal an einer Ausschreibung für einen geplanten Brückenbau. Das war außerhalb Anhalt-Köthens, was ihm sein Arbeitsvertrag aber erlaubte. Die Stadt Wien plante damals gemeinsam mit der Landesregierung von Nieder-Österreich unterhalb von Nußdorf eine feste Brücke über die Donau zu schlagen. Die neue Brücke sollte drei ältere Holzbauwerke ersetzen, die über die einzelnen Donauarme führten und bei Hochwasser und Eisgang häufig beschädigt wurden. Als Standort für die neue Brücke war die Spitze der sogenannten Brigittenau ausgewählt worden, unmittelbar vor dem Abzweig des Donaukanals. Die Brücke sollte eine Gesamtlänge von etwa 200 Wiener Klaftern haben, das sind ca. 380 m. Im Ausschreibungstext ging man daher von mehreren Einzelfeldern aus, die Spannweiten von mindestens 30 Klaftern (knapp 57 m) haben sollten.

---

[237] [Buchberger], Seite 205.
[238] [Allg. Anzeiger], Jahrgang 1831, Spalte 1493.

Die Teilnehmer des Wettbewerbs, zu dem Ausländer ausdrücklich zugelassen waren, hatten weitgehende Freiheiten bei der Gestaltung ihrer Entwürfe. So war es ihnen selbst überlassen, eine Bogenbrücke aus Stein oder Gußeisen, eine Balkenbrücke aus Holz oder eine Hängebrücke aus Schweißeisen vorzuschlagen. Lediglich zur Beschaffenheit der Fundamente und der Strompfeiler wurden ganz konkrete Vorgaben gemacht, weil die neue Brücke auch Hochwasser und Eisgang standhalten musste. Die Pfeiler sollten daher aus Natursteinmauerwerk beschaffen sein und auf Senkkästen gegründet werden. Schon ab Mai 1823 wurde die *"Preis-Aufgabe"* in vielen österreichischen Zeitungen veröffentlicht, wobei der beste Vorschlag mit einer Prämie von *"1000 Gulden Metall-Münze"* belohnt werden sollte. Wörtlich hieß es in dem Ausschreibungstext:

> *"Se. Majestät haben nach Inhalt der hohen Hofkammer Verord. vom 6ten d.M. die Art des Baues einer Brücke über die große Donau in der Gegend von Nußdorf nächst Wien mittels in Kästen versenkter Pfeiler, zum Gegenstand einer Preisaufgabe zu machen geruhet."*[239]

Die Ausschreibungsunterlagen mit der Lagesituation an der vorgesehenen Baustelle, den minimalen und maximalen Wasserständen der Donau sowie alle sonst notwendigen Informationen, konnten bei den Behörden in Wien, dem Joanneum in Graz sowie allen Kreisverwaltungen eingesehen werden. Auch im Ausland wurden die Ausschreibungsunterlagen in den Gesandtschaften der österreichischen Monarchie öffentlich ausgelegt. Bandhauer erschien irgendwann in der zweiten Jahreshälfte 1823 beim österreichischen Generalkonsulat in Leipzig, um dort die Ausschreibungsunterlagen einzusehen und von dort schickte er seinen Vorschlag nach Wien. Bis zur Abgabefrist am 31. Dezember 1823 wurden 77 Entwürfe eingereicht, darunter auch einer von Bandhauer, der mit der Nr. 47 registriert wurde. Einige Wochen später ging noch eine Ergänzung Bandhauers ein, welche die Nr. 67 erhielt. Leider sind in den heute noch vorhandenen Akten weder zeichnerische Unterlagen noch schriftliche Erläuterungen zum Vorschlag Bandhauers enthalten, sodass uns das genaue Aussehen seines Entwurfes nicht bekannt ist.[240]

Aus dem Schriftverkehr zwischen den Städten Nienburg und Brieg geht aber hervor, dass Bandhauers Entwurf eine Brückenlänge von ca. 353 m und eine

---

[239] Beilage zur Klagenfurter Zeitung, Jahrgang 1823, Nr. 52 et al.
[240] Schreiben des Niederösterreichischen Landesarchivs St. Pölten, vom 4. Februar 2014.

Breite von 17,6 m vorsah.[241] Da die Zeichnungen bisher nicht auffindbar waren, ist nicht bekannt, inwieweit sie dem Nienburger System entsprachen und ob sie ebenfalls einen Durchlass für Schiffsmasten enthielten. Angesichts der Flussbreite kann man aber davon ausgehen, dass mindestens drei Pfeiler im Fluss erforderlich waren, somit also vier Einzelfelder mit jeweils etwa 85 m Länge geplant waren. Dieses Maß würde ziemlich genau der Spannweite der Nienburger Brücke entsprechen, die aber nur ein Feld hatte und deutlich schmaler war. In einem viele Jahre später erschienenen Aufsatz listet Bandhauer die Brücken auf, die er nach 'seinem' System, also als Schrägseilbrücke, geplant hat.[242] Da er in dieser Aufzählung die Donaubrücke nicht erwähnt, ist davon auszugehen, dass dieser Entwurf entweder eine klassische Hängebrücke vorsah, oder sogar eine konventionelle Bogenbrücke.

Trotz der großen Resonanz und der vielen eingereichten Vorschläge wurde die Donaubrücke bei Nußdorf nie gebaut und auch der ausgelobte Preis offenbar nicht ausbezahlt.[243] Dennoch konnte mit der Sophienbrücke über den Donaukanal schon wenige Monate später die erste Hängebrücke Wiens eröffnet werden. Ignaz Edler von Mitis vollendete das nur für Fußgänger und Reiter vorgesehene Bauwerk im Jahr 1825 nach Plänen des Ingenieurs Johann v. Kudriaffsky.

Wann und wo Bandhauers Brückenprojekt an der Elbe geplant war, ließ sich bisher nicht ermitteln. Hier kommt u.a. seine Heimatstadt Roßlau in Betracht aber auch Dessau oder Dresden. Dresden vor allem deshalb, weil er in einem Schreiben an den Magistrat der Stadt Brieg erwähnte, dass er auf seiner Reise an die Oder im Frühjahr 1825 einen Zwischenaufenthalt beim Grafen Hochberg in Dresden einplane.[244] Allerdings könnte dies auch ein reiner Höflichkeitsbesuch im Auftrag der herzoglichen Familie gewesen sein, denn Hochberg war mit einer Schwester von Ferdinand verheiratet. Über das Brückenprojekt in Schwedt, welches zeitlich etwa mit dem in Brieg zusammenfällt, ist leider ebenso wenig bekannt. Auf eine diesbezügliche Nachfrage beim Stadtarchiv Schwedt wurde mitgeteilt, dass dort keine Unterlagen über Bandhauer oder das Brückenprojekt auffindbar seien. Viele Akten seien allerdings im zweiten Weltkrieg vernichtet worden, der Bau einer Hängebrücke aber nie erfolgt.

---

[241] [Buchberger], Seite 204. Die Abmessungen sind in 'Fuß' ohne weiteren Zusatz angegeben, die Umrechnung erfolgt daher unter der Voraussetzung, dass hier vom 'Köthenschen Baumaß' auszugehen ist.

[242] [Allg. Anzeiger], Jahrgang 1831, Spalte 1493.

[243] [Buchberger], Seite 210.

[244] Ebenda, Seite 207.

# Die Oderbrücke in Brieg

Von den unverwirklichten Brückenprojekten Bandhauers ist die Oderbrücke in Brieg (heute Brzeg / Polen) am besten dokumentiert. Der Dank dafür gebührt Dr. Kurt Buchberger, der die vorhandenen Akten in Brzeg im Rahmen seiner Dissertation (1964) ausgewertet hat. Zu Bandhauers Zeit gehörte Brieg als Teil der Provinz Schlesien (Regierungsbezirk Breslau) zum preußischen Staatsgebiet. Im Gegensatz zum Wiener Projekt hat sich Bandhauer hier aber nicht an einer Ausschreibung beteiligt, sondern er wurde vom Magistrat der Stadt gezielt angesprochen und schließlich auch mit der Ausarbeitung eines Brückenentwurfes beauftragt. Der erste Kontakt kam durch einen Reisenden aus Brieg zustande, der sich am Tag der Grundsteinlegung für die Saalebrücke zufällig in Nienburg aufhielt. Dieser Reisende, dessen Namen wir bis heute nicht kennen, war es auch, der einen sehr positiv gestimmten Bericht über Bandhauers Brücke in der *"Zeitung für die elegante Welt"* abdrucken ließ, durch den das Nienburger Brückenprojekt weit über die Grenzen Anhalts hinaus bekannt wurde.

In Brieg gab es seit vielen Jahren ein dringendes Bedürfnis für eine feste Brücke über die Oder, sodass den Stadtvätern die Nachricht von Bandhauers Plänen, in Nienburg eine besonders 'wohlfeile' Kettenbrücke zu errichten, gerade Recht kam. Der Magistrat schrieb daher schon wenige Tage nach der Veröffentlichung des Artikels über die Grundsteinlegung an die Stadtväter in Nienburg, um Erkundigungen über die veranschlagten Kosten, das verwendete Material und zur Person des Baumeisters einzuholen. Im Juni wurde Bandhauer der Vertrag über die Aufstellung eines Entwurfes vorgelegt, den er mit Schreiben vom 17. Juli 1824 unterzeichnet nach Brieg zurückschickte.

Bandhauer war im Spätsommer/ Herbst 1824 in Köthen sehr stark eingespannt, denn viele Bauvorhaben des Herzogs liefen zu dieser Zeit parallel, darunter auch die Arbeiten an der Saalebrücke. Hinzu kam am 18. September 1824 das bereits angesprochene Feuer im Heilig-Geist-Hospital in Köthen, das bis auf die Grundmauern niederbrannte. Obwohl er die Einladung nach Brieg bereits angenommen hatte, gelang es ihm noch vor seiner Abreise den ersten Entwurf für einen Neubau des Hospitals vorzulegen. Trotz der Terminschwierigkeiten stellte er auch noch vor Weihnachten 1824 die Zeichnungen für die Oderbrücke in Brieg fertig.

Das erste Konzept für diese Brücke entsprach prinzipiell dem Nienburger System, aber dennoch belegen die Beschreibungen in den Akten eine deutliche Weiterentwicklung. Für einen Neuling im Brückenbau, der bis zu diesem Zeitpunkt noch keine einzige Brücke wirklich vollendet hatte, war es ein erstaunlicher Fortschritt. Die Spannweite über die Oder war mit ca. 150 m fast doppelt so groß wie bei den Entwürfen für Nienburg und Wien, ebenso auch die Brückenbreite mit etwa 12 m. Im Gegensatz zur Saalebrücke sollte der Träger für jede Fahrtrichtung eigene Fahrstreifen erhalten, die baulich aber voneinander getrennt werden sollten. Wie in Nienburg hatte Bandhauer in der Mitte des Flusses eine bewegliche Klappe für Schiffsmasten vorgesehen. Damit war man in Brieg aber nicht einverstanden und verlangte den Durchlass an das östliche Ufer zu verlegen, wo die Strömung am stärksten war.

Diese Forderung warf Bandhauers Pläne allerdings komplett über den Haufen und er war gezwungen noch einmal ganz von vorne anzufangen. Zunächst glaubte er die Auflage konstruktiv nicht umsetzen zu können, aber dann entwarf er den Prototyp einer modernen selbstverankerten Schrägseilbrücke mit nur einem zentral angeordneten Pylonen. Selbstverankert heißt, dass die Rückhalteketten nicht an Land, also im anstehenden Fels oder mit einem künstlichen Gegengewicht verankert werden sollten, sondern am Widerlager selbst. Bandhauer erläuterte dazu:

> *"Die größte Intensität aber hat die Hängebrücke, wenn statt der zwei Stützwerke, an jedem Ufer eins, nur eins in die Mitte des Flusses gebaut wird, wodurch die Verankerung wegfällt, indem sich in diesem Fall die Brückenflügel gegenseitig selbst zum Gegengewichte dienen. Diese Konstruktionsart ist offenbar die vollkommenste, die sich denken läßt, denn sie trägt gleichsam, wie die Erde, den Zentralpunkt ihrer Kraftwirkung in sich selbst im Fuße des Pfeilers, gegen welchen das Gewicht der Brückenflügel entgegengesetzt horizontal und vertical wirkt, und so den Druck größten Theiles gegenseitig wieder aufhebt".*[245]

Die Idee der selbstverankerten Schrägseilbrücke war keineswegs neu, denn Poyet hatte sie in seinen Zeichnungen und Modellen ebenfalls projektiert. Es gab zu diesem Zeitpunkt aber auch schon einige ausgeführte Beispiele selbstverankerter Hängebrücken. So hatte Marc Isambard Brunel ein Jahr zuvor auf der Insel Bourbon eine der ersten Ketten-Hängebrücken mit nur einem zentralen Pylonen errichtet.[246] Bandhauers Pläne sahen allerdings eine wesentlich größere Spannweite vor. Heute kommt das Prinzip der Selbstverankerung vor allem bei Schrägseilbrücken zur Anwendung.

---

[245] [Buchberger], Seite 136.
[246] Die östlich von Madagaskar gelegene Insel wurde häufig umbenannt und heißt heute La Réunion. Zu Bandhauers Zeit hieß sie 'Ile Bonaparte'.

Waren für die Spannweite und die Trägerbreite in Nienburg noch zwei Ketten-ebenen ausreichend, sollten es in Brieg schon drei werden, wobei die mittleren Ketten zwischen den beiden Richtungsfahrbahnen angreifen sollten. Für jedes Portal waren dementsprechend drei hölzerne Masten vorgesehen, die - wie in Nienburg- durch Diagonalverstrebungen und Querriegel miteinander verbunden werden sollten. Der mittlere Mast wäre dabei mit 23 m deutlich höher geworden als die beiden äußeren mit nur 17 m. Analog zur Saalebrücke sollte der Fahrbahnträger durch hohe Geländer (Bandhauer nannte sie 'Barrieren') ausgesteift werden und die einzelnen Kettenglieder zu starren Stäben miteinander verbunden werden.

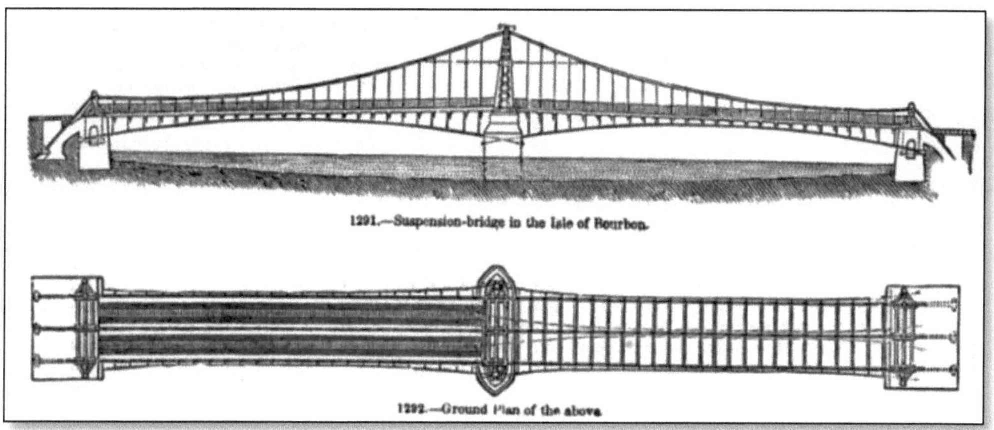


*Marc Brunels selbstverankerte Hängebrücke auf der Insel La Réunion aus dem Jahr 1823. Brunel ließ alle Eisenteile für diese Brücke in England anfertigen.*

Offenbar kam Bandhauer den Auftraggebern mit seinem überarbeiteten Entwurf auch in architektonischer Hinsicht entgegen, denn während der erste Plan noch *"griechisch stilisiert"* war, versuchte er nun *"nach dem chinesischen zu modulieren"*.[247] Durch die eingesparten Verankerungsbauwerke reduzierte sich der Kostenanschlag noch einmal um ein Viertel gegenüber der ohnehin schon preiswerten ersten Variante. Leider hat Buchberger bei seinen Recherchen in Brzeg Bandhauers Originalzeichnungen nicht auffinden können. Auf der Basis der vorhandenen Beschreibungen in den Akten hat er aber selbst eine Interpretation des zweiten Entwurfs gezeichnet.

Bandhauer hat die Pläne für Brieg ausschließlich an seinem Schreibtisch in Köthen gezeichnet. Alle Informationen die er zur Entwurfsaufstellung benötig-

---

[247] [Buchberger], Seite 137.

te, wie z.B. Flussbreite und Wasserstände der Oder, Angaben zum Baugrund sowie zu den Material- und Lohnkosten in Schlesien, hatte er schriftlich aus Brieg angefordert. Um sich entsprechende Ortskenntnisse zu verschaffen und persönlich für den Bau der Brücke zu werben, trat er im Februar 1825 die schon erwähnte mehrwöchige Reise nach Brieg an. Mit Hilfe von schlesischen Baukondukteuren erstellte er Detailzeichnungen von der Brücke und fertigte ein Modell der geplanten Sattelkonstruktion für die Portale an. Mit der Hoffnung, der Ausführung der Brücke dadurch ein großes Stück näher gekommen zu sein, reiste er Anfang April 1825 nach Köthen zurück.

Während Bandhauer sich wieder voll auf die Saalebrücke konzentrierte, entwickelten sich die Dinge in Brieg dann aber ganz anders als erwartet. Kurz nach seiner Abreise meldete sich die preußische Bürokratie in Gestalt des mächtigen Kriegsministeriums zu Wort und machte strategische Bedenken gegen Bandhauers Brückenpläne geltend. Der Magistrat sah sich dadurch gezwungen, die Entwürfe von der königlichen Oberbaudeputation überprüfen zu lassen. Das Gutachten aus Berlin trägt das Datum vom 23.05.1825 und ist von Schinkel, Eytelwein, Rothe und Matthia unterzeichnet. Darin wird Bandhauers Schrägseilbrücke im Grunde mit den gleichen Argumenten abgelehnt, wie schon fünf Jahre vorher das Patentgesuch Poyets. Insofern blieb sich die preußische Bauverwaltung treu, verpasste aber die Chance, eine innovative Idee für ihre eigenen Interessen nutzbar zu machen.

Aus dem Gutachten geht auch hervor, dass Bandhauer schon vor der Einreichung seiner Pläne nach Berlin gereist war um dort mit Eytelwein und Günther die Entwürfe durchzusprechen. Ob dies auf Veranlassung der Oberbaudeputation geschah oder ein Wunsch Bandhauers war, lässt sich nicht sagen. Offenbar wurden bei diesem Gespräch aber nur kleinere Änderungen an Bandhauers Plänen verlangt. Bandhauer versuchte also schon im Vorfeld mögliche Probleme aus dem Weg zu räumen, denn er wusste, dass er die Zustimmung der Oberbaudeputation benötigen würde. Immerhin wollte er ja auf preußischem Territorium bauen, was gegen den Willen der zuständigen Behörden schlecht möglich war.

Trotz des Gespräches in Berlin wurde Bandhauers Konstruktion im Gutachten vom Mai 1825 als gewagt und schwer ausführbar bezeichnet. Weiter heißt es dort: *"Auch gewagte Bauten können von einem tüchtigen Baumeister gebaut werden. Wir aber kennen den Baurat Bandhauer nicht"*.[248] Vor dem Hintergrund des zuvor stattgefundenen Abstimmungstermins sowie der Tatsache, dass Bandhauer der preußischen Bauverwaltung durch seine erst vier Jahre

---

[248] Ebenda, Seite 208.

zurückliegende Tätigkeit in Düsseldorf sehr wohl bekannt war, ist diese Bemerkung schon als kleine Frechheit zu bezeichnen. Da das Schreiben direkt an den Magistrat in Brieg ging, hat Bandhauer den vollen Wortlaut dieses Gutachtens aber vermutlich niemals erfahren.

Im Einzelnen kritisierte die Oberbaudeputation folgende Details an Bandhauers Entwurf:

- fehlende Angaben zur vorgesehenen Gründung der Pfeiler im Flussbett
- geplante Ausführung der Portalmasten in Holz, die besser in Eisen hätten hergestellt werden sollen
- generell wurde die 'Steifigkeit' der ganzen Konstruktion bemängelt, die Bandhauer gerade so wichtig war; konkret wurden die 'Barrieren' angesprochen, die den Träger in Längsrichtung aussteifen sollten sowie die starren Kettenverbindungen, die aus kurzen Einzelgliedern lange Stäbe machten
- die veranschlagten Kosten wurden als unrealistisch, weil zu niedrig eingeschätzt, was aber typisch für die Projekte Bandhauers war

Die Kritik an der Steifigkeit des Brückenträgers macht deutlich, wie uneinig sich die Fachleute zu dieser Zeit noch über die generelle Konstruktion von Ketten- bzw. Hängebrücken waren. Die Oberbaudeputation vertrat die Ansicht, eine Hängebrücke müsse in allen Teilen frei beweglich sein, damit die statischen und dynamischen Kräfte aus Eigengewicht, Verkehrslast und Wind das System nicht zerstören könnten. Wenn Bandhauer beabsichtigt hätte, eine 'echte' Hängebrücke zu bauen, wären diese Argumente vielleicht noch verständlich gewesen. Bandhauer war aber im Gegenteil der Überzeugung, dass nur eine ausgesprochen steife Konstruktion dem für alle leichten Brücken so zerstörerischen Seitenwind standhalten könne. Außerdem wollte er dadurch die wellenförmigen Bewegungen verhindern, die ein schweres Fuhrwerk bei der Fahrt über eine 'weiche' Hängebrücke erzeugen kann. Auf lange Sicht sollte Bandhauer auch in diesem Punkt Recht behalten, denn je größer die Spannweiten und Breiten der Hängebrücken zukünftig wurden, umso mehr setzten sich versteifte Systeme durch, wie z.B. Fachwerkträger. Es dauerte ungefähr 150 Jahre, bis die Kenntnisse der Aerodynamik soweit fortgeschritten waren, dass man einen Brückenträger auch windschlüpfrig wie die Tragfläche eines Flugzeuges bauen konnte.

Letztlich scheiterte die Verwirklichung der Oderbrücke in Brieg aber noch an einem weiteren Punkt: Eytelwein und die Oberbaudeputation lehnten die von Bandhauer beabsichtigte Übertragung der örtlichen Bauleitung auf den einheimischen Bauinspektor Wartenberg rundweg ab. Aus Bandhauers Sicht war dies aber unvermeidlich, denn er konnte weder ständig zwischen Köthen und Brieg hin und her reisen, noch über Monate seinem eigentlichen Arbeitsplatz fernbleiben. So gesehen war die Forderung Eytelweins ein echtes 'Killerargument', denn unter dieser Bedingung hätte Bandhauer niemals eine Brücke in Brieg bauen können.

Vielleicht wollte die Oberbaudeputation aber einfach nicht hinnehmen, dass ein 'ausländischer' Baumeister ein Brückenprojekt auf preußischem Staatsgebiet ausführte, denn man empfahl den Brieger Stadtvätern eine klassische Hängebrücke nach britischen Vorbildern bauen zu lassen. Um diesem Vorschlag Nachdruck zu verleihen, schickte man einen Baukondukteur namens Wedding nach Brieg, der angeblich in Berlin bereits eine ähnliche Brücke gebaut hatte. Eine Hängebrücke wurde aber in Brieg niemals verwirklicht. Ob Bandhauer jemals eine schriftliche Absage aus Brieg erhalten hat, geht aus den Köthener Akten nicht hervor.

## Die Nienburger Saalebrücke

Nach historischen Quellen soll es in Nienburg bereits um 1073 hölzerne Brücken über Bode und Saale gegeben haben. Wie alle derartigen Bauwerke waren auch sie vergänglich und wurden bei Hochwasser, Eisgang oder kriegerischen Auseinandersetzungen häufig zerstört. Als die Saalebrücke in den Wirren des Dreißigjährigen Krieges abgebrannt war, beschlossen die Stadtväter sie durch eine Fähre zu ersetzen, die bei Bandhauers Dienstantritt in Köthen immer noch in Betrieb war.[249] Nach Bandhauers eigenen Angaben machten ihn die Nienburger Einwohner schon in den ersten Wochen seiner Tätigkeit, also Ende 1820, auf die Mängel der Fähre und das Bedürfnis nach einer festen Brücke aufmerksam.[250] Es war nicht das erste Mal, dass der Ruf nach einer Saalebrücke laut wurde aber der Wunsch war letztlich immer an den hohen Kosten gescheitert. Insbesondere die Gewerbetreibenden forderten Bandhauer dazu auf, den Brückenbau vor dem Herzog und in der Rentkammer aktiv zu unterstützen.

Angesichts der zu überwindenden Flussbreite gab es bis zum Anfang des 19. Jhd. praktisch nur zwei alternative Brückensysteme, die auch für den Verkehr mit schwerem Fuhrwerk geeignet waren. Das war entweder eine hölzerne

---

[249] [Vogel].
[250] [Bandhauer], Seite 15.

Balkenbrücke oder eine massive Steinbogenbrücke.[251] Letztere war durch die schwierige Gründung der Pfeiler im Flussbett, die aufwändigen Steinmetzarbeiten und den teuren Materialtransport für die Stadt unfinanzierbar gewesen. Holzbrücken waren zwar deutlich billiger, wurden aber häufig zerstört und erforderten eine ständige Wartung und Ausbesserung. Durch die geringen Spannweiten hätten beide Brückenarten Stützpfeiler im Fluss erfordert und dadurch zu einer Behinderung des bedeutenden Schiffsverkehrs auf der Saale geführt, der damals in der Regel mit Segelschiffen bewältigt wurde. Die erwarteten Einnahmen aus den Brückengebühren hätten nicht ausgereicht, um die Investitionskosten und die Zinsen zu decken. Da es um die Finanzen des Herzogtums ohnehin seit vielen Jahren schlecht bestellt war, musste der Brückenbau notgedrungen immer wieder aufgeschoben werden.

Das Städtchen Nienburg, an der Einmündung der Bode in die Saale gelegen, bildete die westliche Grenze des Herzogtums Anhalt-Köthen und hatte damals etwas mehr als 1.000 Einwohner. Hier befand sich ein herzogliches Schloss, das aus einer ehemaligen Benediktiner-Abtei hervorgegangen war und in seiner Geschichte schon mehrmals als Alterswohnsitz für die Witwen verstorbener Fürsten gedient hatte.[252] Durch das 1525 aufgegebene Kloster wurde die Stadt bis in das 19. Jhd. hinein auch *"Mönch-Nienburg"*, *"Männichen-Nienburg"* oder *"München-Nienburg"* genannt. Im Staatsgebilde des Herzogtums Anhalt-Köthen hatte Nienburg den Rang eines 'Justizamtes' inne, zu dem neben der eigentlichen Stadt auch die Dörfer Wispitz, Wedlitz, Gerbitz, Pobzig, Latdorf, Kleinpaschleben, Mölz, Biendorf, Wohlsdorf, Crüchern, Preußlitz und Plömnitz gehörten.[253] Das *"Amt Nienburg"* verfügte neben gewissen Autonomiebefugnissen auch über eine eigene Gerichtsbarkeit, einen eigenen Bürgermeister und mehrere herzogliche Beamte. Die Stadt selbst liegt dicht am linken Ufer der Saale, die hier bei normalem Wasserstand eine Breite von ca. 50 m hat. Um 1820 befanden sich aber auch Teile des Justizamtes auf dem rechten Saaleufer, insbesondere Wald- und Ackerflächen, einige der Dörfer und eine landwirtschaftliche Domäne.

Im Herbst kamen die Bauern aus der Umgebung mit ihrem Getreide in die Stadt, um es in der Nienburger Mühle mahlen zu lassen oder an örtliche Brauereien und Brennereien bzw. an Großhändler zu verkaufen. Die zunehmende Bedeutung des Nienburger Hafens bei den Zollstreitigkeiten mit Preu-

---

[251] In Laasan / Schlesien gab es seit 1796 eine gusseiserne Bogenbrücke für schwere Fuhrwerke, die aber eine viel geringere Spannweite hatte und außerdem auch noch sehr teuer war.
[252] Dr. G. Hassel: *"Vollständiges Handbuch der neuesten Erdbeschreibung"*, Weimar 1819; 1. Abteilung, 5. Band, Seite 645.
[253] Internetseite des Landeshauptarchivs Sachsen-Anhalt (Stand: Mai 2013).

ßen zog weiteren Verkehr in die Stadt. Insofern gab es ein reges Verkehrsaufkommen über die Saale hinweg, und es bestand allgemeines Einvernehmen über die Notwendigkeit einer Brücke.

Um die intensiven Kosten des Warentransports zu minimieren, versuchten die Bauern möglichst große Wagen einzusetzen. Dieser Entwicklung setzte die Kapazität der alten Fähre aber unüberwindbare Grenzen entgegen. Von großen Höfen oder Staatsdomänen wurden manchmal schon zehnspännige Fuhrwerke eingesetzt, die von der Nienburger Fähre aber nicht transportiert werden konnten. Allenfalls hätte man die Gespanne teilen müssen, um sie mit zwei Fuhren über den Fluss zu bringen. Dann hätte die Fähre aber auch zweimal bezahlt werden müssen, was den Kostenvorteil des großen Wagens wieder aufgezehrt hätte. Bandhauers Planungsauftrag enthielt daher die konkrete Vorgabe, dass die von ihm zu bauende Brücke einen zehnspännigen, voll beladenen Frachtwagen sicher über den Fluss tragen sollte.[254] Noch anschaulicher dargestellt entsprach diese Belastung genau 1.000 Menschen, die sich (gleichmäßig verteilt) auf dem Brückenträger aufhielten.

Etwa seit 1650 wurde der Verkehr über die Saale mehr schlecht als recht durch die Seilfähre bedient, die z.B. während der Erntezeit häufig überlastet war. Reisende wie Fuhrleute mussten viel Zeit mitbringen, zumal der Fährbetrieb bei Hochwasser und Eisgang ganz eingestellt wurde. Beim Landeshauptarchiv in Dessau füllen die Probleme mit der Fähre, insbesondere die häufigen Beschädigungen des Fährseils, gleich mehrere Akten.[255] Auf der anderen Seite erzielte die Stadt Nienburg aber auch Einnahmen durch den Fährverkehr und indirekt auch aus der Schifffahrt, weil das über die Saale gespannte Fährseil für jedes Schiff niedergelassen werden musste. Für diese 'Dienstleistung' und die kurzzeitige Unterbrechung des Fährbetriebs war eine Gebühr zu entrichten, die von einem Beamten vereinnahmt wurde und der Stadt Nienburg zu Gute kam.

Bei dem projektierten Brückenbau musste Bandhauer also auch Rücksicht auf die Schifffahrt nehmen, durfte dabei aber nicht die wirtschaftlichen Interessen der Stadt aus den Augen verlieren. Zu einer Zeit, in der es nur wenige gut ausgebaute 'Kunststraßen' gab, war die Binnenschifffahrt für den Warentransport von größter Bedeutung. Durch Nienburg ging der gesamte Schiffsverkehr über die stromaufwärts gelegenen Ortschaften (z.B. Jena und Halle) sowie dem Anschluss an die Elbe im Norden bis nach Hamburg. Nienburg war daher

---

[254] [Bandhauer], Seite 280. Aus dem Urteil der juristischen Fakultät der Universität Göttingen.
[255] Z.B. [LHASA], Z70, C 9k Nr. 126, *"Beschädigung und Ersatz des neuen Fährseils der Fähre in Nienburg"* (1738-1755)

im Laufe der Zeit zu einem wichtigen Stapel- und Umschlagplatz geworden und sozusagen Anhalt-Köthens 'Tor zur Welt'. Für den Herzog war Nienburg während der Zollstreitigkeiten mit Preußen ohnehin von besonderer strategischer Bedeutung, weil er auf dem Wasserweg die preußischen Steuergesetze umgehen konnte. Die wichtigsten Exportartikel des Herzogtums waren landwirtschaftliche Produkte, insbesondere Getreide, Wolle und Schafe. Ein großer Teil der Erzeugnisse die nicht direkt im Fürstentum verbraucht wurden, kamen mit Wagen nach Nienburg, um von hier per Schiff auf Saale und Elbe Richtung Hamburg und teilweise sogar in *"überseeische Länder"* transportiert zu werden. Zu diesem Zweck hatte man den Nienburger Hafen ausgebaut und es waren Fruchtspeicher angelegt und Handelskontore gegründet worden.[256]

Die Binnenschifffahrt fand damals in der Regel noch mit flachen Kähnen statt, die als einzigen Antrieb über ein Segel verfügten. Stromabwärts konnte man damit gut zurechtkommen, stromaufwärts aber nur bei sehr günstigen Windverhältnissen. Bis zur Nutzung

*Ilja Repin: "Die Wolgatreidler" (1873).*

der Dampfkraft musste das Schiff bei der 'Bergfahrt' daher in der Regel geschleppt worden. Für diese überaus anstrengende Tätigkeit wurden – wo immer möglich – Zugtiere eingesetzt, häufig aber auch die menschliche Muskelkraft. Das Ziehen der Lastschiffe nannte man 'Treideln', 'Halfern' oder in ostdeutschen Gebieten auch 'Bomätschen'. Zu diesem Zweck wurden beiderseits der schiffbaren Flüsse sogenannte Treidelwege oder Leinpfade angelegt. Allerdings gab es die nicht überall und so ging es manchmal buchstäblich über Stock und Stein, durch Gestrüpp, über umgefallene Baumstämme hinweg oder durch Nebenflüsse hindurch. Das ganze Elend dieser beschwerlichen Tätigkeit hat der russische Künstler Ilja Repin in seinem Bild *"Die Wolgatreidler"* in eindrucksvoller und sozialkritischer Weise dargestellt. Prinzipiell waren

---

[256] [Siebert].

derartige Verhältnisse zu Anfang des 19. Jhd. auf jeden schiffbaren Fluss Europas übertragbar.[257]

Soweit der Stand der Dinge in Nienburg, als Bandhauer zum ersten Mal von einer neuen, kostensparenden Brückenart aus Großbritannien hörte, bei der als tragendes Material Eisen verwendet wurde. Da er offenbar in den Zeitungen Berichte über in- und ausländische Entwicklungen des Bauwesens aufmerksam verfolgte, sah er durch die ersten erfolgreich ausgeführten Hängebrücken die Chance gekommen, eine feste Saalebrücke nach diesem System zu realisieren. Bandhauer verlor nicht viel Zeit mit der planerischen Ausarbeitung seiner Idee, zumal er bei der Aufstellung des Entwurfes für die Donaubrücke in Wien bereits erste Erfahrungen gesammelt hatte.

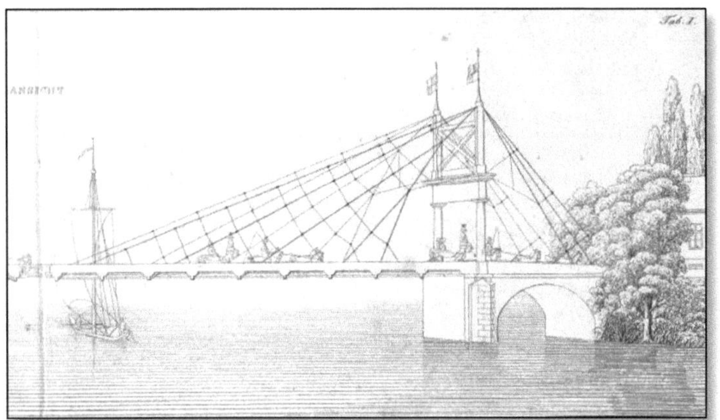

*Die Saalebrücke nach Bandhauers Entwurf.*

Wahrscheinlich hat Bandhauer die Zeichnungen für die Saalebrücke schon in einem engen zeitlichen Zusammenhang mit dem Wiener Projekt angefertigt, also bereits 1823. Jedenfalls legte er der herzoglichen Rentkammer schon in den ersten Tagen des Jahres 1824 die fertigen Planunterlagen vor, die er später auch im Rahmen seiner Verteidigungsschrift als Kupfertafeln veröffentlichte. Im Laufe der Detailplanung und bei der Bauausführung wurden aber noch mehrere Änderungen vorgenommen, die nicht mehr in die Zeichnungen eingearbeitet wurden. Dadurch geben die Entwürfe Bandhauers in einigen Details nicht die tatsächlich gebaute Brücke wieder. Da das Bauwerk nur drei Monate bestand, gibt es neben diesen Originalplänen nur wenige unabhängige Abbildungen. Eine davon befindet sich bei der Akte zum Brückeneinsturz in Dessau und wurde von einem sächsischen Zeichner namens Friedrich Pittschaft angefertigt und mit *"10.04.1827"*

---

[257] Als Bandhauer mit dem Bau der Nienburger Brücke begann, wurden auf dem Rhein schon erste Versuche mit Dampfschiffen durchgeführt. Auf der Saale begann die Dampfschifffahrt aber erst 1836 mit schaufelradgetriebenen Lastkähnen.

datiert.[258] Da zu diesem Zeitpunkt nur noch eine Hälfte der Brücke bestand, ist davon auszugehen, dass Pittschaft die Überreste mit den tatsächlichen Abmessungen und der realistischen Farbgestaltung gezeichnet hat. Dementsprechend weist das Werk kleine Unterschiede zu Bandhauers Entwürfen aus, so z.B. auch in Bezug auf die exakte Anordnung der Ketten. Die Zeichnung Pittschafts entstand möglicherweise im Zusammenhang mit einem Brückenentwurf für die Weißeritz bei Dresden, mit dem das Königreich Sachsen Bandhauer beauftragt hatte.

Um 1824 galten Hängebrücken in ganz Europa als hochmoderne technische Errungenschaft. Von einigen Kuriositäten abgesehen, gab es zu diesem Zeitpunkt in ganz Deutschland noch keine einzige Hängebrücke, die für den öffentlichen Verkehr mit Fußgängern und Reitern, geschweige denn für schwere Fuhrwerke von Bedeutung gewesen wäre.[259] Ein Bauwerk nach Bandhauers System war sogar auf der ganzen Welt noch niemals gebaut worden. Die Nienburger Brücke war nach heutigem Verständnis eine reine Schrägseilbrücke, wenn auch - wie bereits erwähnt - der Begriff 'Schrägkettenbrücke' zutreffender wäre.

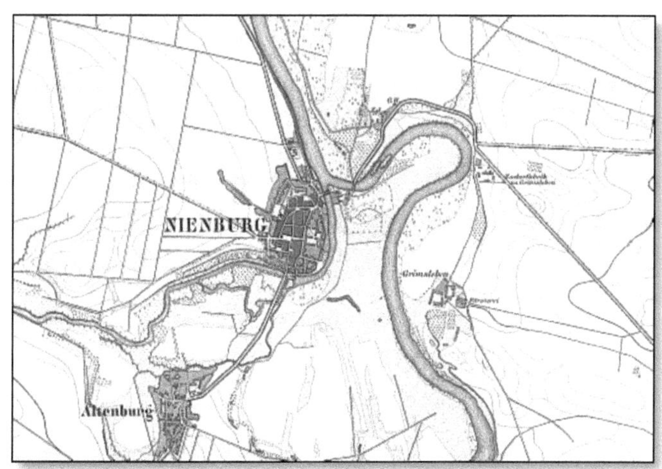

*Nienburg um 1830. Die Brücke befand sich kurz vor der Einmündung der Bode in die Saale. Die Saaleschleife ist heute ein Totarm.*

Bandhauer hatte einen Standort direkt unterhalb der damals noch vorhandenen Saaleschleife ausgewählt, kurz vor der Einmündung der Bode. Die Schleife ist heute nur noch als Totarm vorhanden, denn sie erhielt über 100 Jahre

---

[258] [LHASA], DE, Z 70, C 9k Nr. 110

[259] Im Wörlitzer Schlosspark hatte Friedrich Wilhelm von Erdmannsdorff 1781 einen an Ketten aufgehängten schmalen Fußgängersteg mit etwa 10 m Spannweite zwischen zwei Felsen aufgehängt. Das stark schaukelnde Gebilde diente eher zur Belustigung der Schlossbewohner und ihrer Besucher, kann aber nicht als wirklicher Verkehrsweg gelten. Ein ähnliches Bauwerk gab es seit 1786 auch in Hanau. In Limburg hatte Johann Ludwig Leidner nach dem Hochwasser von 1784 eine an Ketten aufgehängte Wasserleitung über die Lahn errichtet.

nach dem Brückenbau im Zuge einer Flussbegradigung einen Bypass. Die freie Spannweite über der Saale, so wie die Brücke tatsächlich gebaut wurde, betrug knapp 80 m und der Träger war etwa 7,65 m breit. Bandhauers ursprünglicher Entwurf hatte aber eine etwas kürzere Spannweite vorgesehen, da er die Brücke vernünftigerweise an der schmalsten Stelle des Flusses unter einem Winkel von 90° zum Ufer geplant hatte. Damit der Herzog von den Fenstern des etwa 300 m entfernten Schlosses eine bessere Sicht auf die Brücke haben würde, musste das Bauwerk dann aber um ein paar Grad gedreht werden. Aus dem gleichen Grund wurde auch der ausgewählte Standort um wenige Meter stromaufwärts verschoben.[260]

Diese scheinbar geringfügigen Planänderungen hatten weitreichende Folgen, weil sich dadurch die stützenfreie Spannweite über dem Fluss von 250 auf 270 Fuß erhöhte. Um die geforderte Tragfähigkeit der Brücke beizubehalten, musste Bandhauer bei seinen Berechnungen auch den Ansatz für die maximale Verkehrslast anpassen, die er also von 1.000 auf 1.100 Menschen erhöhte. Die Zahl 1.100 schien auch deswegen eine sichere Belastungsannahme zu sein, weil damals gar nicht so viele Menschen in Nienburg lebten. Bandhauer konnte also davon ausgehen, dass es noch nicht einmal in dem unwahrscheinlichen Fall einer Massenflucht der gesamten Nienburger Bevölkerung zu einer Überlastung der Brücke kommen konnte.

Die zweite Konsequenz aus den Planänderungen war, dass Bandhauer auch die Breite des Trägers auf 26 Fuß erhöhen musste, weil er sonst zu schlank geworden wäre.[261] Durch diese Modifikationen ergaben sich zwangsläufig auch die ersten Mehrkosten in der Größenordnung von satten 25% gegenüber der ursprünglichen Kalkulation, der sich Bandhauer aber weiterhin verpflichtet fühlte. Ob der Herzog auf die bessere Aussicht vom Schloss bestanden hat oder wer sonst diesen Vorschlag gemacht hat, ist unbekannt. Nach allem was wir über Bandhauers grundsätzliche Einstellung zum Bauen wissen, widersprachen diese Änderungen aber seinen tiefsten Überzeugungen hinsichtlich einer ökonomischen und sachorientierten Bauweise. Bei der späteren Suche nach den Einsturzursachen sollten diese Planänderungen allerdings noch eine entscheidende Rolle spielen.

Der ganze Brückenträger, die Fahrbahn, die seitlichen Gehwege und die Barrieren bestanden aus Holz. Letztere nannte Bandhauer bewusst nicht 'Geländer' weil sie bei seiner Konstruktion über die reine Funktion eines Handlaufs für Fußgänger hinausgingen. Die Barrieren hatten auch eine statische Bedeu-

---

[260] [LHASA] DE, E 144, Nr. 178.
[261] Mit 'Schlankheit' ist hier das Verhältnis der Trägerlänge zu seiner Breite gemeint.

tung, indem sie relativ hoch und ca. 22 cm stark waren. Dadurch wirkten sie als Aussteifung des Trägers in Längsrichtung.

Die eigentliche Fahrbahn hatte nur eine Spur mit einer Breite von 2,35 m, sodass Begegnungsverkehr von Fuhrwerken nicht möglich war. Der Verkehrsweg bestand in der Mitte aus einem waagerechten hölzernen Belag für die Pferde, während die seitlichen Bereiche für die Wagenräder etwas tiefer lagen und zur besseren Entwässerung nach außen geneigt waren. Dieser Aufbau wirkte im Betrieb wie eine Führungsschiene für die Räder, sodass der Wagen nicht so leicht von der Brückenmitte abkommen konnte. Die beidseitigen Gehwege mit einer Breite von jeweils 1,17 m hatten aus entwässerungstechnischen Gründen ein Gefälle nach innen.

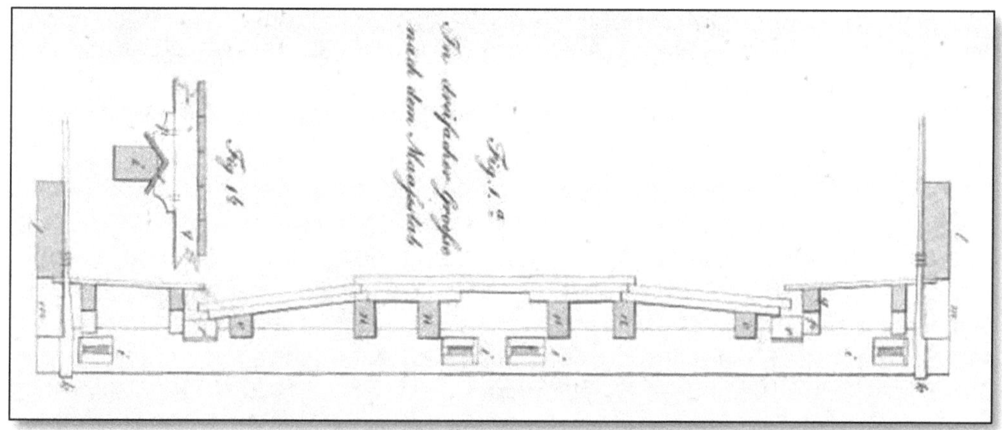

*Der Trägerquerschnitt. In der Mitte der Weg für die Pferdegespanne. Außen beidseitige Gehwege und die 'Barrieren'. Alle Verkehrsflächen mit Ausnahme des Mittelbereiches waren zur besseren Entwässerung geneigt. Unten die Quer- und Längsaussteifungen.*

An der Unterseite jeder Trägerhälfte befanden sich in regelmäßigen Abständen neun Querhölzer, von denen fünf an beiden Enden direkt mit einem Kettenpaar verbunden waren. Auf den Querhölzern verliefen acht in Längsrichtung verlaufende Tragbalken, die gemeinsam mit den Barrieren für eine ausreichende Längsaussteifung sorgten. Unterhalb der Querhölzer gab es zusätzlich noch eine kreuzweise Aussteifung gegen Verwindung und Verschiebung des Trägeraufbaus. Die eigentliche Fahrbahn und die Gehwege bestanden jeweils aus einer doppelten Lage Kiefernholz. Insgesamt war es also eine sehr solide und vor allem steife Konstruktion, wenn sie auch größtenteils aus Holz bestand.

Zur Aufhängung der Ketten wurden auf beiden Uferseiten hölzerne Portale errichtet, die jeweils aus zwei massiven Eichenstämmen bestanden. Die hölzernen Pylonen hatten unten einen runden und weiter oben einen quadratischen Querschnitt. Diese Masten waren oben durch ein großes, über die volle Brückenbreite gehendes Andreaskreuz miteinander verbunden. Darunter befand sich noch eine zweite Aussteifungsebene mit einem dreigeteilten, ebenfalls kreuzweise versteiften Fachwerk. Dieser Bereich des Portals wurde später mit Holzplanken verkleidet, die sich auch hervorragend zur Anbringung eines Schriftzuges eigneten. Bandhauer ließ die Pylonen und die Barrieren später mit einer graubraunen Farbe anstreichen und mit gewaschenem Sand bestreuen, um den optischen Eindruck von Sandstein zu erzielen.[262] Der zur Aussteifung dienende aber nicht statisch wirksame Teil der Portale war hingegen in den Köthener Landesfarben Grün und Weiß gehalten. Wie bei einem Segelschiff war jeder der vier Masten an der Spitze mit einem Wimpel verziert. In architektonischer Hinsicht war die Brücke im Übrigen ein zweckorientierter Nutzbau. Nur die Verkleidung der Portale zeigte leise Anklänge an den damals vorherrschenden und für Bandhauer typischen Klassizismus.

Eine der größten technischen Herausforderungen für Bandhauer dürfte die Befestigung der Holzmasten auf den massiven Widerlagern gewesen sein, weil die Ketten an den Spitzen der Pylonen angriffen und sich somit alle Kräfte aus dem Brückenträger dort konzentrierten. Schon die Oberbaudeputation in Berlin hatte bei Poyets Patentgesuch dieses Detail als eine der entscheidenden Schwachstellen ausfindig gemacht. Bandhauer hingegen scheint in diesem Punkt keine besondere Schwierigkeit gesehen zu haben, denn er wählte eine relativ einfache Verbindung dieser sensiblen Bauteile. Er war der Meinung, die Kräfte aus den Land- und Brückenketten würden sich gegenseitig neutralisieren, wodurch keine großen Drehmomente am Fuße der Portale auftreten könnten. Weil er keine ausreichend langen Eichenstämme hatte finden können, stellte er die Pylonen bei der Bauausführung sogar noch auf runde Sandsteinsockel von 90 cm Höhe, die er an den Durchmesser des Mastquerschnittes anpasste. Um ein Kippen oder horizontales Verschieben des Portals zu verweiden, wurde der steinerne Sockel durch Kerndübel mit dem Widerlager und dem Mast verbunden.[263] Durch die Sandsteinoptik der Holzmasten wirkten Sockel und Portal auf den ersten Blick so, als ob sie aus einem Material bestehen würden.

Die Widerlager sowie die beiden sich durch Bögen anschließenden schlanken Steinpfeiler bestanden aus Kalksteinmauerwerk. Ein von Fachleuten mehrfach

---

[262] [Bandhauer], Erläuterungen zu den Kupfertafeln.
[263] Ebenda.

geäußerter Kritikpunkt an Bandhauers Konstruktion war die Gründung der Pfeilerfundamente im Fluss.[264] Diese befanden sich bei normalem Pegelstand an Land, wurden bei Hochwasser aber regelmäßig überflutet. Um bei Gründungen im Wasser die notwendige Sicherheit gegen Unterspülung zu gewährleisten, wurden damals in der Regel Eichenroste verwendet. Dafür wurde das Flussbett möglichst bis auf festen Grund ausgeschachtet und ein großflächiges massives Fachwerk aus Eichenstämmen darauf ausgelegt. Anschließend konnten die untersten Schichten des Pfeilers mit schweren, grob behauenen Steinen darauf aufgetragen werden. Wenn in erreichbarer Tiefe kein tragfähiger Baugrund vorhanden war, mussten zusätzlich Spundwände um die Pfeiler herum eingerammt werden.

Wahrscheinlich waren wiederum Kostengründe dafür ausschlaggebend, dass Bandhauer auf beide Sicherungsmaßnahmen verzichtete und das Mauerwerk direkt auf den Untergrund setzte. Da die eigentlichen Bauakten verschollen sind, lässt sich heute nicht mehr nachvollziehen, ob die Baugrundverhältnisse für diese Lösung wirklich ausreichend waren. Es ist allerdings auch nicht ganz auszuschließen, dass Bandhauers theoretisches Wissen über Gründungsverfahren im Wasser gewisse Lücken aufwies. Welchen Stellenwert die Anlegung von Hafenbefestigungen oder Unterwassergründungen bei der Ausbildung in Darmstadt hatten, wissen wir nicht. Aber schon sein Entwurf für die Brücke in Brieg war ja unter anderem deshalb abgelehnt worden, weil er keine Aussagen zur

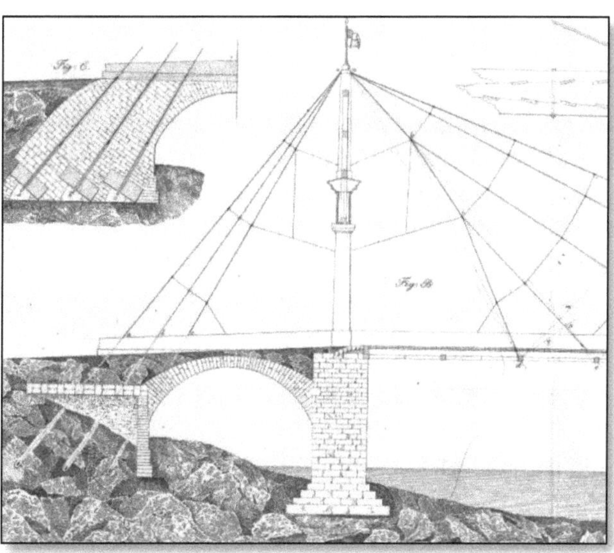

*Widerlager und Verankerung der Ketten. Die Gründung erfolgte direkt auf dem anstehenden Gelände, das in Bandhauers Zeichnung als Felsen dargestellt ist. Oben links die Verankerungsplatten, in denen die Landketten endeten. Die Zeichnung ist insofern ungenau, als hier die innere Rückhaltekette durch den gemauerten Bogen zu führen scheint, was in Wirklichkeit aber nicht der Fall war.*

---

[264] Peter Beuth in einem Vortrag, veröffentlicht in den *"Verhandlungen des Vereins zur Beförderung des Gewerbefleißes"*, 5. Jahrgang 1826, Seite 68.

Gründung der Pfeiler im Flussbett gemacht hatte. Auf der anderen Seite hatte Bandhauer aber bereits beim Kirchenbau in Gnetsch Eichenroste verwendet, sodass ihm dieses Verfahren zweifellos bekannt war.

Ein großes Problem beim Bau aller frühen Kettenbrücken war die Qualitätssicherung des angelieferten Eisenmaterials. Bandhauer, dem das vollkommen bewusst war, legte daher besonderes Augenmerk auf die Gestaltung und Herstellung der Ketten. Unter dem Begriff 'Ketten' darf man sich nicht so etwas wie eine Fahrradkette vorstellen, sondern vielmehr lange Eisenstangen, die üblicherweise durch Scharniere oder 'Augenstäbe' beweglich miteinander verbunden wurden. Auch Bandhauer plante zunächst die einzelnen Stäbe durch Scharniere zu verbinden. Kurz vor der endgültigen Auftragserteilung an die Hütte veränderte er die Konstruktion aber noch einmal entscheidend. Tatsächlich ausgeführt wurden daher starre Verbindungselemente, die aus den einzelnen Kettengliedern lange steife Stäbe machten. Bandhauers Kettendesign ist genauso ungewöhnlich und einmalig wie der Träger mit der Durchlassklappe. Für die Wasserseite entwarf er ein spinnennetzartiges Geflecht aus Eisenstäben, das an der Spitze jeden Mastes in einer Art eisernen Haube zusammenlief. Die Haube diente gleichzeitig als konstruktiver Holzschutz, indem sie die Stirnseite des Mastes vor der Witterung schützte. Vertikal zu ihrer Hauptrichtung waren die Ketten an mehreren Stellen durch Querstäbe miteinander verbunden. Dadurch machte Bandhauer aus jeder Kettenebene eine Art starre Scheibe, ähnlich wie bei einer Fachwerkwand. Und genau wie bei einem Fachwerk gab es in Bandhauers Konstruktion nicht nur Zugstäbe, sondern auch Druckstäbe. Einige dieser *"Stützstäbe"* wie er sie nannte, endeten nicht in der Haube, sondern griffen auf halber Höhe an den Portalmasten an.

Am unteren Ende waren die Kettenstäbe durch schlaufenförmige Eisenbänder mit den neun Querbalken (je Trägerhälfte) verbunden, die unter dem eigentlichen Fahrbahnträger verliefen. Dabei griff allerdings nicht an jedem der Hölzer eine Kette an, sondern nur am zweiten, dritten, fünften, siebten und neunten Balken. Landseitig gingen von jedem Mast nur drei Rückhalteketten aus, die im Durchmesser aber stärker waren als die Landketten und ebenfalls in der gusseisernen Kappe an der Pylonenspitze endeten. Dabei fällt auf, dass die rückwärtigen Ketten unter einem steileren Winkel angeordnet waren als auf der Wasserseite, was in statischer Hinsicht eher ungünstig ist. Vermutlich waren für dieses Detail wiederum Kostengründe ausschlaggebend. Durch den steileren Winkel konnte die Verankerung näher an die Pylonen heranrücken, wodurch sich die Spannweite des Bogens verringerte und somit weniger Mauerwerk benötigt wurde. In einem anonym verfassten Zeitungsartikel, der aber erst nach dem Einsturz erschien, wurde Bandhauer vorgeworfen, er hätte die unterschiedlichen Winkel der Ketten bei seinen Berechnungen vernachlässigt.[265] Da die Bauakten fehlen, lässt sich dies heute aber nicht mehr nach-vollziehen. Bei den rechnerischen Nachweisen in seiner Verteidigungsschrift geht Bandhauer aber sehr wohl auf die unterschiedlichen Winkel ein.

Die Rückhalteketten (oder auch 'Landketten') wurden in Kanälen mehrere Meter tief hinter das Mauerwerk des Widerlagers geführt und so im anstehenden Gelände veran-kert. Zu diesem Zweck wurden auf jeder Uferseite drei massi-ve, etwa ein Quadratmeter große Steinplatten unter ei-nem Winkel von 90° zu den Kabelschächten eingemauert. Insgesamt wurden also 12 dieser ca. 50 cm starken Plat-ten benötigt. Jede Platte hatte in ihrer Mitte ein Loch, durch die das Ende des letzten Ket-tengliedes gesteckt und zu einem Augenstab umgebogen wurde. Dieser wurde dann auf der Unterseite mit einem star-ken Eisenriegel gesichert. Auf

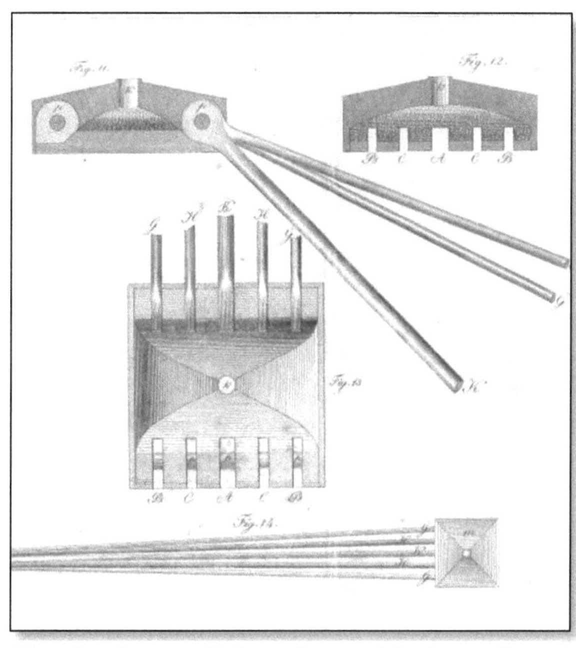

*Eine der eisernen 'Pylonenkappen', in denen die Kettenstäbe zusammenliefen.*

dieser Verankerung wurde das Mauerwerk der Widerlager aufgeschichtet, sodass sich später dessen gesamtes Gewicht den Zugkräften aus den Ketten entgegenstemmen konnte. Jeder Ankerblock war mit dem relativ schlanken Pfeiler (nur 2,93 m breit) durch einen gemauerten Bogen mit einer Spannweite von 8,50 m verbunden.

Eine weitere Besonderheit bei Bandhauers Konstruktion und ein Detail das weder vorher noch nachher bei einer Kettenbrücke jemals wieder ausgeführt wurde, war die etwa 3,50 m breite Öffnung in Brückenmitte, die im Normalbe-trieb durch eine zweiflügelige Klappe verschlossen war. Die ganze Brücke bestand daher aus zwei spiegelbildlich gleichen, sich gegenüber stehenden Hälften, die in statischer Hinsicht völlig unabhängig voneinander zu betrachten sind. Die nach unten zu öffnende Klappe diente der Passage von Schiffen mit stehenden Masten und erfüllte somit die Bedingung, dass der Schiffsverkehr

---

[265] [Allg. Anzeiger], Jahrgang 1826, Spalte 1535.

nicht behindert werden durfte. Außerdem hatte diese technische Lösung den charmanten Nebeneffekt, dass für die 'Dienstleistung' des Öffnens und Schließens der Klappe eine Gebühr erhoben werden konnte. Dadurch konnten die früheren Einnahmen aus dem Niederlassen des Fährseils kompensiert werden. Mit diesem technischen Kunstgriff war es Bandhauer gelungen, nicht nur die Gewerbetreibenden in Nienburg zufrieden zu stellen, sondern auch die Stadtväter. Eine theoretische Alternative zu der Klappe wäre eine sehr hohe Brücke gewesen, unter der Segelschiffe mit stehenden Masten hindurchfahren konnten. Eine solche Hängebrücke baute zur selben Zeit Thomas Telford über den Menai-Meeresarm in Wales.[266] Durch die niedrigen Ufer wäre dies in Nienburg aber mit einem vertretbaren Aufwand nicht möglich gewesen, weil man dafür gewaltige Zufahrtsrampen hätte anschütten müssen.

Die Nienburger Brücke war von Anfang an als gebührenpflichtiges Verkehrsbauwerk geplant, denn schließlich war die Benutzung der Fähre ja auch nicht kostenlos gewesen. Man brauchte also einen Brückenaufseher zum Einnehmen der Gebühren und zur Aufrechterhaltung der Sicherheit und Ordnung auf der Brücke. Insbesondere von den Führern schwerer Fuhrwerke waren Verkehrsregeln zu beachten über deren Einhaltung der Beamte zu wachen hatte. Er war mit polizeilichen Befugnissen ausgestattet, hatte jegliche Überlastung zu verhindern und generell alles zu unterbinden, was dem Bauwerk irgendwie schaden konnte. In Nienburg hatte der *"Brückschreiber"* die zusätzliche Aufgabe, bei einer Schiffsdurchfahrt den Straßenverkehr anzuhalten, die Öffnungsklappe zu bedienen und die Gebühr dafür einzunehmen. Für den Aufseher, der seine Arbeit ja im Prinzip Tag und Nacht verrichten musste, hatte Bandhauer direkt neben der Brücke ein Dienst- und Wohngebäude geplant. Dieses Haus, das auf der anderen Brückenseite ein Pendant haben sollte, war ursprünglich auch als Verankerungsbauwerk für die Ketten vorgesehen. Dies ergibt sich aus dem Nachlass Sieberts:

*"...die Uferbauten, an welche die Brücke vermittelst eiserner Ketten gehängt worden, sind so eingerichtet, dass in dem einen der Brückgeld-Empfänger und noch eine Familie wohnen, und der andere als Gasthof verpachtet werden könnte".*[267]

Eine von Bandhauers Zeichnungen zeigt ganz rechts auf Nienburger Seite in geringem Abstand zur Brücke ein Wohnhaus, das wahrscheinlich für den Brückenaufseher bestimmt war aber nicht realisiert wurde. Die Funktionsgebäude

---

[266] Die Menai Strait Bridge war nach ihrer Fertigstellung die Brücke mit der größten Spannweite der Welt.

[267] [LHASA], DE, E 144, Nr. 178.

auf beiden Uferseiten waren offenbar die ersten Opfer der finanziellen Unterdeckung des Projektes. Der Leidtragende war dabei der Brückenaufseher, der dadurch sicherlich gezwungen wurde, den Weg zwischen seiner Wohnung und dem Arbeitsplatz mehrmals am Tag zurückzulegen.[268]

Bandhauers Kostenanschlag ist ein gutes Beispiel für seine sorgfältige, manchmal schon fast pedantische Arbeitsweise. Die Aufstellung war außerordentlich detailliert und vergaß keinen Nagel und keine einzige Schraube. Bandhauer hatte die Baukosten der Brücke für drei verschiedene Ausführungsvarianten kalkuliert:

- ohne Berücksichtigung der Fuhrlöhne:        4.000 Taler
- mit Berücksichtigung der Fuhrlöhne:        5.030 Taler
- mit Fuhrlöhnen und Funktionsgebäuden:   12.716 Taler

Angesichts der hohen Mehrkosten dürfte Bandhauer die Entscheidung nicht allzu schwer gefallen sein, auf die Gebäude zu verzichten und die Ketten stattdessen in den Uferböschungen zu verankern.

Nach den heute vorhandenen Akten im Landeshauptarchiv Sachsen-Anhalt beginnt die Geschichte der Nienburger Saalebrücke am 10.01.1824.[269] Der soeben zum herzoglichen Baurat beförderte Bandhauer erläuterte in einer Sitzung der Rentkammer seine Idee, die alle geforderten Rahmenbedingungen erfüllte und in der preiswertesten Variante mit 4.000 Talern preußische Courant äußerst niedrige Baukosten versprach. Bandhauers Argumente überzeugten die Beamten der Regierung, die aber die erforderlichen Mittel für das laufende Haushaltsjahr nicht mehr zur Verfügung stellen konnten, weil der gesamte Bauetat bereits anderweitig verplant war. Der Baubeginn hätte sich dadurch mindestens bis 1825 verschoben, womit Bandhauer sich aber nicht zufrieden geben wollte. Er hätte lieber den Bau von einigen Wirtschaftsgebäuden zurückgestellt, was aber von höherer Stelle abgelehnt wurde.[270]

Vier Tage später finden wir Bandhauer bei einer Bürgerversammlung in Nienburg, bei der er seine Pläne für die Brücke erneut vorstellt. Es gelingt ihm auch die Nienburger Geschäftsleute zu begeistern, bis er darauf hinweisen muss, dass an einen Baubeginn im laufenden Jahr wegen der fehlenden Mittel nicht zu denken sei. Doch dann geschieht das, was Bandhauer sicher gehofft hatte und vielleicht sogar durch eine geschickte Moderation der Versammlung

---

[268] Dass es einen Brückenaufseher gegeben hat, ergibt sich auch aus Bandhauers Verteidigungsschrift, Seite 237.

[269] [LHASA], DE, Z70, C 9K, Nr. 110.

[270] [LHASA], DE, E 144, Nr. 178.

herbeiführte: zehn wohlhabende Bürger und Gewerbetreibende bieten sich spontan an, das benötigte Geld vorzufinanzieren. Bandhauer gibt die Liste der Geldgeber in seiner Verteidigungsschrift mit den jeweiligen Beträgen exakt an.[271] Eine hohe Summe (600 Taler) wurde z.B. von dem herzoglichen Ziegeleipächter Schwenke zur Verfügung gestellt, der sich vielleicht einen größeren Auftrag durch die Bauarbeiten versprach. Auch zwei Beamte die später entscheidende Rollen beim Brückeneinsturz spielten, zeigten sich großzügig: der Amtmann Krellwitz stellte mit 1.100 Talern den mit Abstand höchsten Betrag zur Verfügung, und der Justizamtsaktuar Wilhelm Nagel gab 500 Taler.

Nach der Versammlung setzte die Bürgerschaft ein Schreiben an den Herzog auf, in dem die benötigte Summe von 4.000 Talern als Darlehen gegen übliche Verzinsung mit einer jährlichen Rückzahlung von 1.000 Talern angeboten wurde. Bereits am folgenden Tag, dem 15.01.1824, legte Bandhauer in einer weiteren Sitzung der Rentkammer ausführbare Pläne vor und erläuterte das Angebot der Nienburger Geschäftsleute. Die Rentkammer stimmte der vorgeschlagenen Finanzierung und dem Baubeginn im Jahr 1824 aber nur unter heftigen 'Bauchschmerzen' zu. Nach dieser Hürde konnte dem Herzog das als *"höchst zweckmäßig, nützlich und nöthig"* bezeichnete Vorhaben zur Entscheidung vorgelegt werden. Ferdinand, der natürlich das letzte Wort bei Investitionen dieser Größenordnung hatte, befahl schließlich den Bau mit 'Rescript' vom 31.01.1824.

Daraufhin wurden in den Haushaltsplänen für die Jahre 1825 bis 1828 jeweils 1.000 Taler plus Zinsen für die Rückzahlung an die Investoren bereitgestellt. Als eine Art Aktienunternehmen war die geplante Brücke damit nicht nur technisch auf der Höhe ihrer Zeit, sondern durchaus auch, was die Art ihrer Finanzierung anging.

## Beginn der Bauarbeiten

Die wichtigste Quelle zum Ablauf der Bauarbeiten und den Details der Konstruktion ist heute Bandhauers Verteidigungsschrift, in der auch wesentlicher Schriftverkehr, die technischen Gutachten sowie der vollständige Wortlaut des juristischen Urteils aus Göttingen enthalten sind. Des Weiteren sind natürlich die historischen Akten des Herzogtums Köthen höchst interessant, die heute im Landeshauptarchiv Sachsen-Anhalt in Dessau aufbewahrt werden. Hinsichtlich des genauen Bauablaufs, der vorgenommenen Planänderungen, der

---

[271] [Bandhauer], Seite 17.

Finanzierung, der eingetretenen Verzögerungen sowie der Verträge mit den Handwerkern und der Eisenhütte ist es jedoch sehr zu bedauern, dass die eigentlichen Bauakten heute verschollen sind. In Dessau ist nur noch die Akte vom Brückeneinsturz vorhanden, in der es vor allem um die Hilfe für die Opfer sowie die Aufklärung der Schuldfrage und das juristische Nachspiel geht. Diese Akte beginnt erst mit dem Unglück am 6. Dezember 1825.

Da der Heimatforscher Dr. phil. Hermann Siebert (1865-1954) die Akte 1925 ausgeliehen und eigene Notizen darüber angefertigt hat, sind seine Aufzeichnungen heute von besonderem Wert.[272] In späteren Veröffentlichungen werden die Bauakten nur noch einmal explizit erwähnt und zitiert, nämlich bei van Kempen im Jahr 1928.[273] Siebert und van Kempen geben übereinstimmend an, dass sie die Akte bei der Bauverwaltung in Bernburg ausgeliehen haben. Vermutlich wurden die Akten nach dem Anschluss des Herzogtums Köthen an Anhalt-Bernburg (1847) dem Bauamt in Bernburg überlassen. Im heute eigentlich zuständigen Archiv, dem Landeshauptarchiv Sachsen-Anhalt in Dessau, sind sie offenbar niemals angekommen. Auch Buchberger erwähnt die Akten in seiner Dissertation (1966) nicht, sodass man wohl davon ausgehen muss, dass sie in der Zeit zwischen 1928 und 1966 verloren gegangen sind, möglicherweise in den Wirren des 2. Weltkrieges.

Nach dem Brückeneinsturz mit seinen dramatischen Folgen, von denen kaum eine Familien in Nienburg verschont blieb, erinnerte man sich nur ungern an die Brücke und verdrängte sie nach und nach aus dem kollektiven Bewusstsein. Erst viele Jahrzehnte später gruben Heimatforscher die Geschichte wieder aus, woraus sich langsam wieder ein gewisses Interesse an den historischen Ereignissen sowie den technischen Leistungen Bandhauers entwickelte. In diesem Zusammenhang ist besonders Sieberts Aufsatz: *"Die Nienburger Hängebrücke und ihr Einsturz am 6. Dezember 1825"* zu beachten, der 1900 als 'viertes Heftchen' der *"Beiträge zur anhaltischen Geschichte"* erschien. Siebert veröffentlichte später noch mehrmals Aufsätze über Bandhauer und die Nienburger Brücke. Sein Interesse an dieser Geschichte hatte auch einen ganz persönlichen Hintergrund, weil sein Großvater, der Amtsaktuar Wilhelm

---

[272] Siebert erwähnt die Akte mit dem Titel *"Der Nienburger Saalbrückenbau und was darüber ergangen; (1.1.1824 – 22.2.1830)"* in seinem Nachlass, der ebenfalls beim Landeshauptarchiv in Dessau aufbewahrt wird. Demnach hat sich Siebert die Akte 1925 (offenbar aus Anlass des 100. Jahrestages der Katastrophe) bei der Bauverwaltung in Bernburg ausgeliehen. Auf Nachfrage wurde mir vom Landeshauptarchiv in Dessau, vom Stadtarchiv Bernburg und vom Archiv des Salzlandkreises mitgeteilt, dass die gesuchte Akte mit hoher Wahrscheinlichkeit in den dortigen Archiven nicht vorhanden sei.

[273] [v. Kempen], Seite 82.

Nagel, bei dem Unglück ums Leben kam. Siebert konnte sogar noch mit Augenzeugen der Katastrophe sprechen, so z.B. mit seiner Großmutter, der Ehefrau Nagels. Sieberts umfangreicher Nachlass enthält zahlreiche Zeitungsausschnitte und handschriftliche Aufzeichnungen rund um die Saalebrücke.[274]

Darüber hinaus finden sich auch in der schon erwähnten Dissertation von Kurt Buchberger einige von ihm selbst recherchierte Informationen zum Brückenbau und dem Einsturz. Auch den damaligen Tageszeitungen sind einige Informationen über die Ereignisse zu entnehmen. Spätestens nach ihrem Einsturz fand die Nienburger Brücke auch über die Grenzen der Lokalzeitungen hinaus Eingang in die internationale Presse. Daneben existiert in geringem Umfange auch Fachliteratur, die sich vorwiegend kritisch mit Bandhauers Brückensystem auseinandersetzte. Hier ist eine Veröffentlichung des preußischen Gewerbevereins zu nennen, an dessen Spitze damals Christian Peter Wilhelm Beuth stand.[275] Beuth arbeitete im preußischen Finanzministerium, war zeitweise Leiter der Berliner Bauakademie und eng mit Schinkel befreundet. Im vierten Jahrgang der *"Verhandlungen des Vereins zur Beförderung des Gewerbefleisses"* wurde die Nienburger Brücke ausführlich besprochen und mit ausländischen Hängebrücken verglichen.[276] Diese Veröffentlichung erschien also erst nach dem Brückeneinsturz aber der zugrunde liegende Bericht eines preußischen Baukondukteurs stammte schon vom Februar 1825. Die Oberbaudeputation schickte trotz ihrer ablehnenden Haltung gegen Bandhauers Brückensystem mehrmals Fachleute nach Nienburg, um Erkundigungen über das anhaltische Projekt einzuholen.

Am Dienstag dem 22. März 1824 fand in Nienburg die feierliche Zeremonie der Grundsteinlegung statt. Für Bandhauer war dies sicherlich ein großer Moment, zumal das Ereignis auf seinen 34. Geburtstag fiel. Zufällig hielt sich ein Durchreisender aus Brieg (Schlesien) in Nienburg auf, der wenig später einen Bericht über die Veranstaltung in einer Leipziger Zeitung veröffentlichte. Durch diesen Artikel, dessen Text von anderen Zeitungen wörtlich übernommen wurde, ging die Nachricht von der ersten Kettenbrücke Deutschlands in die Welt hinaus und auch die Fachleute im In- und Ausland staunten nicht schlecht über das hochmoderne Projekt im kleinen Köthen. Der vollständige Text des Artikels lautete:

---

[274] [LHASA], DE, E 144, Nr. 178.

[275] Christian Peter Wilhelm Beuth (*28.12.1781 in Kleve; †27.09.1853 in Berlin).

[276] *"Ueber die Nienburger Brücke; die Kettenbrücke über die Meerenge Menai, und die Kettenbrücke von Montrose; das Probiren und die Stärke des Eisens"* von C.P.W. Beuth, veröffentlicht in: *"Verhandlungen des Vereins zur Beförderung des Gewerbefleisses in Preußen"*, 1. Jahrgang 1826, Seite 65.

*"Aus dem Anhalt-Köthenschen*

*Auf einer Geschäftsreise von Magdeburg nach Bernburg und weiter führte mich der Weg auf Mönnchen-Nienburg, ein Städtchen im Anhalt-Köthenschen an der Saale bei Bernburg.*

*Hier hörte ich von einer Feierlichkeit, die am selbigen Tage, den 22. März, Statt finden sollte. Der Grundstein zu einer Kettenbrücke über die Saale sollte nämlich gelegt werden. Diese Idee war mir originell, und der Gedanke bei Nienburg an der Saale eine Kettenbrücke künftig zu finden, die ich nur in Amerika und Schottland zu Hause glaubte, bestimmte mich, der Feierlichkeit beizuwohnen.*

*Ich muss bekennen, daß mich das Neue ansprach, daß ich aber nichts Großes erwartete. Bescheiden sucht' ich mich unter der Menge dem Baumeister zu nahen, um, da bei solchen Feierlichkeiten gewöhnlich der Zeit Merkwürdigstes mit noch andern Anhängseln, zu Frommen der Nachkommen, verzeichnet im Grundsteine gelegt und vorher laut vorgelesen wird, über den Bau der Brücke etwas zu hören.*

*Dies geschah denn auch, und ich muß es laut bekennen, daß ich mit meinem Genius sehr zufrieden war, daß er mich zu diesem Aufenthalt verleitete. Ich fand nichts kleinliches, wie kleine Städte gewöhnlich erzeugen, sondern ein durchdachtes Meisterwerk. Was ich vom Bau der Brücke behalten und nachher noch über den Baumeister gehört habe, will ich hier kürzlich mittheilen.*

*Diese Kettenbrücke wird 26 Fuß breit und 270 Fuß lang, und ist so konstruirt, daß sie unbeweglich feststeht. Schon als Kettenbrücke, da sie die Erste in Deutschland ist, verdient sie die größte Aufmerksamkeit, aber dieses Werk fesselt um so mehr, da der Baumeister die Idee durchgeführt hat, daß in der Mitte derselben eine Durchfahrt für Schiffe mit stehenden Masten angebracht werden soll, was bekanntlich noch nirgends existirt. Diese schwierige Aufgabe ist hier sehr einfach gelöst, und erinnert unwillkührlich an das Ei des Kolumbus. Wenn die Brücke beendigt ist, was zu Michaelis d.J. seyn soll, so wird man sicher sagen:*

*>>Das Werk lobt den Meister<<.*

*Einen Tadel hört ich nur, und der war: daß der Herr Baurath zu wohlfeil baue, denn die ganze Brücke, die auf Aktien errichtet wird, soll er für 4000 Thaler herzustellen sich gerichtlich verpflichtet haben. Der Handwerker klagt aber, daß ihm kein Gewinn von den Arbeiten übrig bleibe, und daß dies früher anders gewesen. Freilich, ein Mann, der so den Arbeiter beurtheilen kann, rechnet richtig, und da derselbe für einen bestimmten Preis die Brücke herzustellen sich verbunden, so muß er wohl alles genau berechnen.*

*Dem Herzoge von Anhalt-Köthen gereicht es übrigens zur großen Ehre, daß derselbe die Talente eines solchen Mannes schätzt, durch Anerkennung belohnt und die Ideen eines genialen Kopfs unterstützt.*

*Für das Städtchen selbst hat diese Brücke nicht nur Werth, sondern für jeden Reisenden, und es dürfte vielleicht für die Zukunft, da von hieraus eine schöne Kunststraße auf Köthen, Dessau und Leipzig führt, ein noch größerer Nutzen für das Land daraus erwachsen.*

*Möge der Wirkungskreis dieses wackeren Baumeisters immer recht groß seyn, und er sich in demselben glücklich fühlen, da er nur der Wissenschaft leben soll – und da das Resultat dieses Unternehmens wahrscheinlich günstig ausfallen wird, so wäre zum Wohl der Allgemeinheit wohl zu wünschen, daß dergleichen Werke, besonders bei dem höchst billigen Preise derselben gegen sonst, mehrere ausgeführt würden.*

*Möchte es doch ein Sachverständiger übernehmen, das Publikum davon in Kenntnis zu setzen, ob sich bei Endigung des Baues dieser Brücke alles so realisiert hat, wie es jetzt idealisch entworfen ist."* [277]

Dieser Artikel animierte aber auch mehrere Fachleute zu ersten kritischen Äußerungen über das Vorhaben. Besonders die Redewendungen das *"Ei des Kolumbus"* und *"Das Werk lobt den Meister"* wurden nach dem Unglück genüsslich zitiert um Bandhauer zu diffamieren. Neben der Tagespresse beschäftigte sich schon im selben Jahr auch die Fachliteratur mit Bandhauers Brücke. So informierte Carl F.W. Berg in seinem Buch *"Der Bau der Hängebrücken aus Eisendraht"* über das Nienburger Projekt. Als das Werk in den Druck ging, war gerade erst der Grundstein gelegt worden, und es ist erstaunlich, dass Berg schon über ein so aktuelles Bauvorhaben berichten konnte. Wie der Titel verrät, setzte sich Berg vor allem mit den ersten Drahtbrücken in der Schweiz und in Frankreich auseinander, beschrieb aber auch einige Kettenbrücken in Großbritannien.[278] Wahrscheinlich trugen auch Bergs unglückliche Formulierungen entscheidend zu dem Unverständnis bei, das Bandhauers Konstruktion bei vielen Fachleuten erregte. Berg schrieb nämlich:

*"Der herzogliche Baurath Bandhauer, welcher sich schon bei anderen Bauten in mehr als einer Hinsicht als einen sinnreichen Architekt gezeigt, hat den Plan zu dieser Brücke entworfen. In diesem Plan hat Herr Bandhauer dem Bausystem der Hängebrücken eine sehr bedeutende Verbesserung gegeben, indem er mitten in der Brücke einen Durchlaß*

---

[277] *"Zeitung für die elegante Welt"* Nr. 97 vom 17. Mai 1824, Seite 782, et al.

[278] In Deutschland setzte man zu dieser Zeit noch voll und ganz auf Ketten. Die erste Drahtseilhängebrücke für Straßenverkehr wurde in Deutschland erst 1897 in Langenargen am Bodensee vollendet.

*für Schiffe mit stehenden Masten anzubringen verstand; dadurch wird
die Anwendung dieser Brücken auf schiffbare Flüsse sehr erleichtert
werden."* [279]

Diese Beschreibung musste bei Fachleuten natürlich auf Unverständnis sto-
ßen, denn bei einer echten Hängebrücke hängen die Ketten bzw. Drahtkabel
in der Brückenmitte am tiefsten, sodass eine Öffnung für Schiffsmasten an
dieser Stelle ganz und gar unmöglich ist.

Schon hier begann die Verwirrung der Fachbegriffe, weil Bandhauer zwar eine
Kettenbrücke baute aber eben keine Hängebrücke nach heutigem Verständnis. Schon im Vorwort seiner Verteidigungsschrift geht Bandhauer auf dieses
Problem ein. Er selbst bezeichnete das was man heute unter einer Schrägseilbrücke versteht als 'Hängebrücke' und das was man heute eine Hängebrücke nennen würde, als 'Kettenbrücke'. Der Fachbegriff Schrägseilbrücke existierte damals noch nicht. Entsprechende Reaktionen von 'Kunstverwandten'
ließen nicht lange auf sich warten. So erschien am 11. November 1824 im
*"Allgemeiner Anzeiger und Nationalzeitung der Deutschen"* ein anonymer Aufsatz mit dem Titel *"Ueber Kettenbrücken"*. Darin hieß es in auffallend höhni-
schem Unterton:

*"Ich bin kein Neuling im Baufache, es war mein Lieblingsstudium von
Jugend auf, ich habe über Ketten- und andere ähnliche Brücken alles
gelesen, was in Schriften darüber erschienen ist, und kenne den hohen
Werth derselben gegen die sonstigen von Stein und Holz; allein eben
die Lösung, die der genannte Baumeister gefunden haben will, begreife
ich nicht. [...] Auch die aus dem Gelesenen gemachten Schlüsse gaben
immer das Resultat (Ergebniß), daß Durchfahrten bey Hängebrücken
nicht möglich seyen, weil das Ganze dadurch zerschnitten und unhaltbar
gemacht wird."* [280]

Dieser Einwand war bezüglich einer Hängebrücke natürlich absolut berechtigt,
denn der Autor konnte ja nicht wissen, dass Bandhauers Pläne ein ganz anderes System vorsahen. Dennoch rief dieses Unverständnis von einem Berufskollegen Bandhauers Kampfgeist auf den Plan. Schon wenige Tage später
veröffentlichte er eine Art Gegendarstellung in der gleichen Zeitung. Daraus
entwickelte sich ein fachlicher Disput, der vorwiegend im 'Allgemeinen Anzeiger' ausgetragen wurde und nach dem Unglück sogar noch eine verschärfte
Fortsetzung fand. Der unbekannte Baumeister zog es allerdings vor anonym

---

[279] Carl Friedrich Wilhelm Berg: *"Der Bau der Hängebrücken aus Eisendraht; nach Stevenson,
Seguin, Dufour, Navier u.a."*; Leipzig 1824, Seite 49.
[280] [Allg. Anzeiger], Jahrgang 1824, Nr. 309, Spalte 3572.

zu bleiben, dürfte aber vermutlich aus Preußen gestammt haben. Trotz Bandhauers Klarstellung erschienen in den nächsten Monaten immer wieder kritische Berichte über die Brücke, die ihn nach eigenem Bekunden sehr in seiner Berufsehre gekränkt haben.

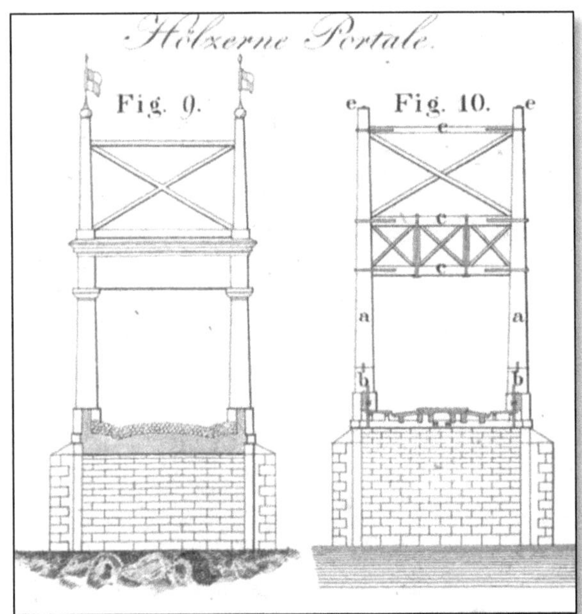


*Die hölzernen Portale oder 'Pylonen'. Links mit, rechts ohne die Verkleidung. Die Masten standen auf 90 cm hohen Sandsteinsockeln, weil keine ausreichend langen Baumstämme gefunden wurden.*

Nach Bandhauers Planung sollte die Brücke im Herbst verkehrsbereit sein, auf jeden Fall aber noch vor dem Winter 1824/ 25.[281] Da der Herzog nur die Refinanzierung für die nächsten vier Jahre zugesagt hatte, erfolgte die Begleichung der laufenden Rechnungen während der Bauarbeiten aus der 'Baukasse' der Aktiengesellschaft, in die alle Geldgeber ihren versprochenen Anteil eingezahlt hatten. Die Verantwortung für die Kasse war dem Oberamtmann Krellwitz aus Nienburg übertragen worden, der selbst den größten Einzelbetrag gegeben hatte und als Amtsperson ohnehin das Vertrauen der Bürgerschaft genoss. Er verwaltete das Guthaben, bezahlte das gelieferte Material sowie die geleisteten Arbeitsstunden der Handwerker und führte über alle Ausgaben gewissenhaft Buch.

Zwei Tage nach der Grundsteinlegung begannen die eigentlichen Bauarbeiten mit der Vorbereitung der massiven Uferbefestigungen, also dem Ausheben der Baugruben für die Fundamente beiderseits der Saale. Anschließend wurden die Mauerarbeiten für die Widerlager, Pfeiler und Bögen in Angriff genommen. Parallel zu den Gründungsarbeiten liefen auch schon die Ausschreibungen für weitere Bauleistungen und die benötigten Baustoffe. Die Materialbeschaffung hatte für die damalige Zeit durchaus 'internationales

---

[281] Nach o.g. Zeitungsbericht sollte die Brücke zu 'Michaelis' 1824 fertig sein, das ist der 29. September.

Flair', denn das Eisenwerk kam aus dem Harz, das Eichenholz für die vier Pylonen wurde aus *"fernem ausländischen Forste"* herangeschafft und das restliche Nadelholz für den Träger und die Aussteifungen kam aus Böhmen.

Bis zur Verbreitung der Eisenbahnen war die Heranschaffung des Materials bei jeder Baumaßnahme ein entscheidender Kostenfaktor. Das Straßennetz bestand zu Beginn des 19. Jhd. größtenteils aus unbefestigten Wegen, die im Winter oder bei anhaltenden Regenfällen schnell unpassierbar wurden. 'Kunststraßen' die einen weitgehend wetterunabhängigen Verkehr erlaubten, gab es nur auf besonders wichtigen Postkutschenstrecken. Entsprechend lang waren die Transportzeiten, ob mit Ochsenkarren oder Pferdefuhrwerken, die naturgemäß nur über geringe Ladekapazitäten verfügten. Auch die Beförderung auf dem Wasser war mühsam, teuer und ohnehin nicht überall möglich. Um bei staatlichen Bauvorhaben die fast unkalkulierbaren Transportkosten zu eliminieren, versuchte man daher häufig die Bevölkerung zu freiwilligen 'Hand- und Spanndiensten' zu animieren. Auch Bandhauer hatte die Hoffnung, die Nienburger hätten ein so großes Interesse an dem Brückenbau, dass sie den Materialtransport kostenlos übernehmen würden. Bei der weiteren Kalkulation ging er daher von der Kostenvariante ohne die Fuhrlöhne aus (4.000 Taler), was immerhin einen Unterschied von mehr als 25 % ausmachte. Im Laufe der Bauarbeiten musste er aber erkennen, dass die Bevölkerung bei dieser Rechnung nicht mitspielte. Gerade das Heranschaffen der schweren Natursteine für die Widerlager sollte sich später als einer der entscheidenden Faktoren für die Überschreitung des Kostenrahmens herausstellen.

Warum die Nienburger sich nicht aktiv an den Bauarbeiten beteiligen wollten, lässt sich nicht leicht erklären, zumal Bandhauer mit der Brücke ja in erster Linie einen Wunsch der Bevölkerung erfüllte. Dass die Übernahme von kostenlosen Fuhren durchaus üblich war, zeigte sich z.B. fünf Jahre später beim Bau der katholischen Kirche in Köthen. Obwohl der überwiegende Anteil der Bevölkerung erhebliche Vorbehalte gegen den Religionswechsel des Herzogpaares hatte, übertrafen sich die Untertanen gegenseitig mit dem Anbieten solcher Leistungen. Sicherlich war die Vernachlässigung der Transportkosten etwas zu optimistisch gewesen, was man Bandhauer vielleicht als Fehler ankreiden kann. Als weitblickender Organisator des Köthener Bauwesens zeigte er sich aber auch in diesem Punkt durchaus lernfähig. In Anbetracht seiner typischen Sparsamkeit bei der Bauausführung war ihm klar, dass ihm die Transportkosten auch bei allen zukünftigen Baumaßnahmen immer wieder seine Kalkulationen über den Haufen werfen würden. Um dies zu vermeiden, legte er in den folgenden Jahren im ganzen Land systematisch Steinbrüche, Kalköfen und Feldziegeleien an. Durch diese Maßnahmen senkte er nicht nur die Transport- und somit auch die Baukosten, sondern das Geld blieb fortan auch im Lande und ernährte die Untertanen des Herzogs.[282]

## Die "Ketten"

Die größte Aufmerksamkeit bei der Auswahl des Materials war zweifellos auf die Ketten zu richten, denn davon hing die Tragfähigkeit und Sicherheit des ganzen Bauwerkes entscheidend ab. Allerdings war die Verwendung von Eisen als dem entscheidenden Baustoff für Bandhauer neu, denn bis dahin hatte er vorwiegend mit Holz, Lehm und Steinen gebaut. Nur beim Umbau des Thronsaales im Köthener Schloss hatte er das Tonnengewölbe an eisernen Zugbändern aufgehängt.

Die Qualität des Eisens war zu Beginn des 19. Jhd. noch sehr starken Schwankungen unterworfen. Insofern kamen gar nicht viele Hütten für einen solchen Auftrag in Frage, zumal die Entfernung zur Baustelle wegen der Transportkosten nicht allzu groß sein durfte. Im Grunde genommen unterschied man in Deutschland damals nur zwei Eisensorten, nämlich *"gemeines Eisen"* und *"gutes Eisen"*, wobei für eine Hängebrücke nur letzteres in Frage kommen konnte. Den Zuschlag für die Lieferung der Ketten erhielt die Eisenhütte im 'Höhlenort' Rübeland am Harz. Allerdings verschweigt uns Bandhauer Namen und Standort der Hütte, weil ihr später eine Mitschuld für das Unglück gegeben wurde, denn:

> *"Leicht ist´s Jemand zu schaden, aber schwer, den Schaden wieder gut zu machen! Darum konnte ich mich nicht entschliessen, die Hütten-Administration hier anzuführen; denn Nichts würde dadurch gebessert werden."*[283]

Bandhauer war sich über die Schwierigkeit eine gute Eisenqualität geliefert zu bekommen absolut im Klaren. Sein Bestreben war es daher die Hütte durch eine entsprechende Vertragsgestaltung zu größter Sorgfalt anzuhalten. Am 4. April 1824 wurde der Kontrakt unterzeichnet, den Bandhauer wegen seiner Bedeutung im vollen Wortlaut veröffentlichte. Zu seinen Pflichten als Auftraggeber gehörte es, der Hütte entsprechende Pläne mit Angabe der genauen Abmessungen auszuhändigen. Außerdem sollte auch eine Musterstange übergeben werden, die vor allem für die sensiblen Verbindungsstücke als Vor-

---

[282] [Allg. Anzeiger], Jahrgang 1835, Nr. 289, Spalte 3768.
[283] [Bandhauer], Seite 104 (Fußnote 20).

lage dienen sollte. Um die Anzahl der Verbindungsstellen zu reduzieren, sollten die einzelnen Stäbe so lang wie möglich hergestellt werden. Im Vertrag war eine Länge von 14-18 Fuß (4,11 - 5,28 m) vorgegeben. Die Eisenstangen sollten im Querschnitt möglichst rund sein. Sollte dies aber *"auf den großen Eisenhammern"* nicht immer möglich sein, durfte zumindest die vorgegebene Querschnittsfläche nicht unterschritten werden. Die Eisenhütte hatte sich verpflichtet *"vorzüglich gutes"* Eisen zu liefern, also die bestmögliche Qualität. Dafür versprach sie gutes Erz zu verwenden und zusätzlich Blechstreifen mit einzuschmelzen. Durch diese Produktionsweise sollte das gelieferte Material der Qualität des schwedischen Eisens entsprechen, das damals als eines der Besten in Europa galt.

Sollte ein Kettenstab innerhalb von neun Monaten nach der Lieferung zerstört werden, hatte die Hütte kostenlos Ersatz zu stellen. Die Ketten für die erste Brückenhälfte sollten Ende Juni, die zweite Charge Ende Juli 1824 geliefert werden, weil Bandhauer die beiden Brückenhälften nacheinander montieren wollte. Abschließend wurde eine Vertragsstrafe für den Fall der verspäteten Lieferung festgelegt und der Kontrakt von beiden Seiten unterzeichnet. Der vereinbarte Liefertermin war allerdings von der fristgerechten Übergabe des Musterstabes abhängig, den Bandhauer aber nicht einhalten konnte. Der Grund für die Verzögerung war die Umgestaltung der Verbindungselemente zwischen den einzelnen Stäben. Dabei muss die intensive Beschäftigung mit den Einsturzursachen der Brücke in Dryburgh Abbey eine entscheidende Rolle gespielt haben, die ja gewisse Ähnlichkeiten mit Bandhauers Konstruktion aufwies. Bei der schottischen Brücke war je-

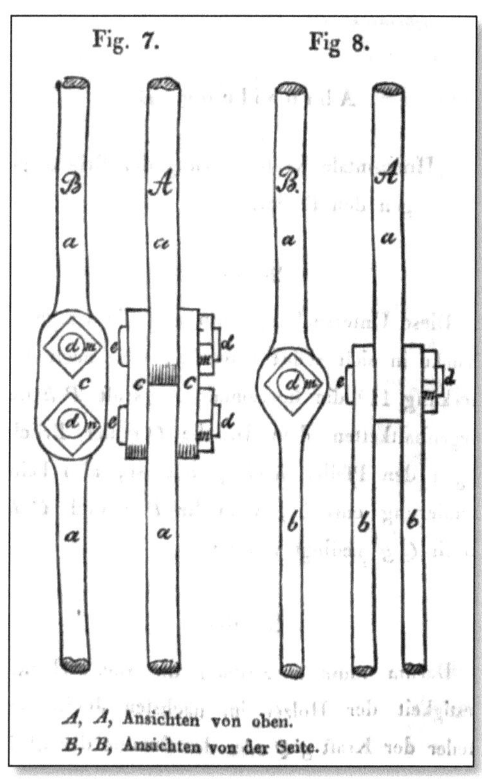



*Die ursprünglich von Bandhauer vorgesehenen Verbindungsstücke mit Scharnieren.*

weils eine Seite jedes Kettengliedes zu einem sogenannten 'Augenstab' umgebogen worden. Durch diese Öffnung wurde das Ende des nächsten Stabes hindurchgesteckt, zu einer Öse umgebogen und mit dem Stab verklammert.

Dadurch entstand ein frei bewegliches Verbindungsstück, was auch Bandhauer zunächst beabsichtigt hatte. Als er aber las, dass sich die Ösen in Dryburgh Abbey aufgebogen hatten und dadurch die ganze Brücke eingestürzt war, ordnete er im letzten Moment die Änderung der Verbindungselemente an. Weil die schottische Brücke außerdem zu 'weich' und windanfällig gewesen war, sorgte Bandhauer außerdem für eine wesentlich steifere Konstruktion des ganzen Trägers und der Kettenbezüge.

Während die Hütte bereits auf den Musterstab wartete, arbeitete Bandhauer das Design der Stabverbindungen in ein- bzw. zweiseitige Zahnreihen um. Dabei wechselten sich Einzel- und Doppelstäbe ab, sodass eine kraftschlüssige Verbindung entstehen konnte. Die Zahnreihen eines Einzelstabes wurden von den Zahnreihen des nächsten Doppelstabes umschlossen und von außen mit Ringen verklammert. In statischer Hinsicht war dies eine ganz entscheidende Veränderung des Systems, weil Bandhauer dadurch aus mehreren beweglichen Kettengliedern einen einzigen starren Stab machte, der von der Spitze des Pylonen bis zum Brückenträger reichte. Am Beispiel der Ketten lässt sich gut nachvollziehen, wie Bandhauer sich bei schwierigen Detailfragen schrittweise an die jeweilige Lösung heranarbeitete und dabei anderenorts gemachte Erfahrungen in seine Überlegungen mit einbezog. Da eine solche Brücke noch niemals gebaut worden war, gab es natürlich auch keine Referenzobjekte, keine Erfahrungen, keine Fachliteratur und niemanden, den Bandhauer hätte um Rat fragen können. Nach dem Unglück wurden die Schadensbilder der zerstörten Kettenglieder genauestens im Bericht der Sachverständigen dokumentiert. Es spricht für Bandhauers Umsicht und konstruktives Geschick, dass die Ketten in keinem einzigen Fall direkt an diesen Verbindungsstellen gebrochen waren.

Durch die späte Abgabe des Musterstabes entstand eine weitere Verzögerung im Bauablauf, die zwar im Vertrag generell geregelt war aber dennoch weitreichende Folgen hatte. Nach dem Kontrakt hätte die Hütte nun den ersten Kettenbezug Mitte August und den zweiten Mitte September 1824 liefern müssen. Sie machte aber geltend, dass die geänderten Verbindungen weit aufwändiger herzustellen seien und man daher weder den vereinbarten Preis, noch den vorgesehenen Liefertermin einhalten könne. Da die Arbeiten bereits in vollem Gange waren und die Ketten schon sehnlichst erwartet wurden, sah Bandhauer keine andere Möglichkeit, als auf die Forderungen der Hütte einzugehen, die dann auch in einem Nachtrag fixiert wurden. Aufgrund seines großzügigen Entgegenkommens hoffte Bandhauer nun, dass die Hütte umso mehr bemüht sein würde, erstklassiges Material abzuliefern. Das letzte Kettenglied sollte spätestens am 29. Oktober auf der Baustelle eintreffen und Bandhauer glaubte nach wie vor, die Brücke noch vor Einbruch des Winters 1824/ 25 fertigstellen zu können.

Zur Qualitätssicherung war die Hütte verpflichtet worden, zunächst einen Probestab mit den vorgegebenen Abmessungen zu liefern, mit dem Bandhauer verschiedene Belastungstests durchführte. Heute unterliegen die angebotenen Stahlsorten international gültigen Normvorschriften, bei denen sich der Abnehmer in der Regel auf die zugesicherten Materialeigenschaften verlassen kann. Damals gab es für die Festigkeit des Eisens aber kaum Fachliteratur mit empirisch ermittelten Werten.[284] Die Ergebnisse der Materialtests fielen ebenso unterschiedlich aus, wie die Qualität des untersuchten Eisens damals war. Wie Telford, Navier, Stephenson, Traitteur und andere Brückenbauer seiner Zeit, versuchte Bandhauer daher die Zug- und Scherfestigkeit des gelieferten Eisens durch eigene Versuche selbst herauszufinden. Der Probestab erfüllte die Erwartungen Bandhauers vollkommen und entsprach auch seinen Berechnungsansätzen. Auch die ersten angelieferten Ketten scheinen diesen positiven Eindruck noch bestätigt zu haben. Offenbar nahm die Qualität des Eisens im Laufe der Bauarbeiten aber deutlich ab. Das entging auch dem aufmerksamen Bandhauer nicht, der eine solche Schlamperei natürlich keinesfalls hinnehmen konnte.

Etwa zur selben Zeit trat aber noch ein weiteres Problem bei der Materialbeschaffung auf. Die vier für die Portalsäulen bestimmten Eichenstämme sollten am unteren Ende eigentlich drei Fuß (ca. 88 cm) stark sein, wurden aber nur mit gut zwei Fuß (ca. 60 cm) auf der Baustelle angeliefert. Bandhauer beschreibt in seiner Verteidigungsschrift, wie es durch die Unachtsamkeit eines Unterbeamten und *"weil er´s nicht gestand"*, zu der Minderstärke kommen konnte. Der Forstbeamte hatte nach langer Suche in *"fernem ausländischem Forste"* die Eichen ausgewählt, indem er vor dem Einschlag den Durchmesser im Hinblick auf den fertigen Pylonen abschätzte. Nach dem Fällen wurden die Bäume direkt im Wald bearbeitet, um beim Transport Gewicht einzusparen. Dabei musste der Beamte aber feststellen, dass der geforderte Durchmesser der Masten im fertigen Zustand nicht erreicht wurde. Aus Angst vor einem Verweis verschwieg er seinen Fehler, weil die gefällten Bäume ja auf jeden Fall bezahlt werden mussten.

Erst als die Portale in Nienburg aufgestellt werden sollten, stellte man *"mit Schrecken"* das zu geringe Maß fest. Bandhauer, der auf keinen Fall eine wei-

---

[284] In Deutschland war seit 1808 das *"Handbuch der Statik fester Körper"* von Johann Albert Eytelwein die gebräuchlichste Quelle für Materialfestigkeiten. Bandhauer bezieht sich in seiner Verteidigungsschrift mehrfach auf Eytelweins Werk.

tere Verzögerung hinnehmen wollte, konnte aber rechnerisch nachweisen, dass die Portale trotzdem über die 9-fache Standsicherheit verfügten. [285] Nachdem die vier Stämme alle auf die gleiche Länge gebracht worden waren stellte sich zudem heraus, dass sie nun auch noch zu kurz waren. Da die meisten Ketten von den Spitzen der Pylonen ausgehen sollten, hätten sich bei zu niedrigen Masten die Anstellwinkel der Stäbe geändert. Dadurch hätten die bestellten und teilweise schon gelieferten Stäbe nicht nur die falsche Länge gehabt, sondern die gesamte Statik der Brücke hätte sich entscheidend verändert. Bandhauer war daher gezwungen die Masten auf 90 cm hohe Sandsteinsockel zu stellen, damit die erforderliche Höhe erreicht wurde.

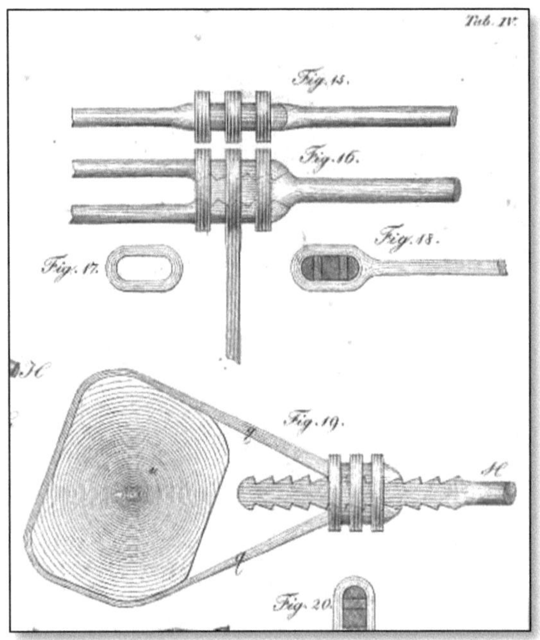

*Die Kettenverbindungen mit Zahnreihen und abwechselnden Einzel- und Doppelstäben, so wie sie ausgeführt wurden. Unten die Aufhängung eines Tragbalkens an einem Stabende.*

Während sich die Lieferung der Ketten im Herbst 1824 immer weiter hinauszögerte, waren die Portale und der gesamte hölzerne Träger längst montagebereit. Der weitere Bauablauf sah vor, den halben Brückenträger mit der Fahrbahn auf einem quer zur Saale aufgestellten Gerüst zusammenzubauen, dann an den Ketten aufzuhängen und nach einem Belastungstest das Gerüst zu entfernen. Alle Terminvorgaben für die Materiallieferanten und Handwerker waren darauf abgestimmt, die Brückenhälften nacheinander zu montieren. Dieses Verfahren hatte außerdem den Vorteil, dass im ersten Bauabschnitt die halbe Flussbreite noch für die Schifffahrt zur Verfügung stand.

Durch die vielen Verzögerungen war Bandhauer nun aber endgültig die Zeit davon gelaufen. Als im Herbst 1824 die ersten Stürme aufzogen, entschloss er sich daher schweren Herzens die Bauarbeiten bis zum nächsten Frühjahr zu unterbrechen. Sicherlich hat er gewusst, dass dadurch auch die Chance dahin war, die erste Kettenbrücke für

---

[285] [Bandhauer], Seite 58.

schwere Fahrzeuge auf dem europäischen Festland zu vollenden.[286] Das bereits montierte Eisenwerk wurde wieder abgenommen, und auch der vorbereitete halbe Träger musste samt Gerüst wieder zurückgebaut werden. Das niedrige Gestell hatte Stützen im Flussbett, die nicht dafür geeignet waren Eisgang zu widerstehen, was sie nach Bandhauers Zeitplan eigentlich auch nicht mussten. Er plante die Bauarbeiten nun im Frühjahr 1825 wieder aufzunehmen, sobald die Witterung dies zuließ.

In der Zwischenzeit zog er sich aber keineswegs hinter seinen warmen Ofen zurück, sondern dachte intensiv über weitere Verbesserungen seines Brückensystems nach. Noch einmal wandte er dabei den Ketten seine besondere Aufmerksam zu. Vielleicht hat er über die Wintermonate weitere Versuche mit dem gelieferten Eisen angestellt, die sein Misstrauen erregten. Auf jeden Fall führte er schon Anfang Februar 1825 einen großen Belastungstest an der fertigen Brückenhälfte durch. Christian Peter Beuth konnte später in den bereits erwähnten *"Verhandlungen des Vereins zur Beförderung des Gewerbefleisses"* darüber berichten, weil ein preußischer Baumeister bei dem Versuch anwesend war. Bandhauer erwähnt selbst, dass ausländische Fachleute großes Interesse an seiner Konstruktion gehabt hätten und teilweise auch Pläne angefordert wurden. Es ist daher zu vermuten, dass er die Berufskollegen zu dieser Belastungsprobe selbst eingeladen hat.

Bandhauer erwähnt diesen ersten Test, der alles andere als zufriedenstellend verlief, in seiner Verteidigungsschrift aber nur in einer Fußnote zur Begründung der Mehrkosten: *"erste Proben durch Belastung der Brücke selbst, in Ermangelung einer Maschine".*[287] Nach Beuths Bericht lief die Belastungsprobe folgendermaßen ab: die erste Brückenhälfte, für die das komplette Material schon bereit lag, wurde wie geplant auf dem Gerüst vormontiert und an den Ketten aufgehängt, sodass sie anschließend einige Zentimeter über dem Gestell schwebte. Nun schob man einen schweren Bauwagen rückwärts auf die Brücke bis zum freien Ende des Trägers und belud ihn an dieser Stelle nach und nach mit schweren Holzdielen. Insgesamt wurde ein Gewicht von 35 Zentnern, also 1.750 kg aufgeladen, zu dem noch das Gewicht des Wagens mit ca. 1.000 kg hinzukam. Während der allmählichen Steigerung der Last beobachtete Bandhauer die Durchbiegung des Trägers sowie das Verhalten der Ketten und der Tragsäulen. Nun wurden Pferde vorgespannt, die den Wagen langsam von der Brücke zogen. Bei der stärksten Belastung soll sich das

---

[286] Friedrich Schnirch stand zur selben Zeit in Straßnitz (Mähren) kurz vor der Vollendung einer Kettenbrücke über die March und in St. Petersburg arbeitete Wilhelm von Traitteur bereits an der Panteleimonbrücke. Bandhauer dürfte von diesen Projekten gewusst haben.

[287] [Bandhauer], Seite 68 (Fußnote).

freie Ende des Trägers nicht mehr als 1,5 Zoll (3,7 cm) abgesenkt haben. In einem zweiten Versuch wurde die Last weiter erhöht, indem man den Bauwagen schon am Ufer mit 2.300 kg Mauersteinen belud. Nun wurde der voll beladene Wagen rückwärts auf die Brücke geschoben. Als er noch etwa 15 m vom freien Ende des Trägers entfernt war, sprangen plötzlich mehrere Ketten und der hölzerne Träger krachte mitsamt dem Wagen auf das Gerüst. Natürlich rissen die Eisenstangen nicht gleichzeitig, sondern die schwächste zuerst, was dann in schneller Folge zu einer Überlastung weiterer Kettenstäbe führte. Hinterher konnte niemand mehr sagen, welcher Stab zuerst gebrochen war. Die Portale auf ihren Sandsteinsockeln waren dabei *"aus ihrer Stellung ganz verrückt worden"*, fielen aber nicht um.[288]

Der Ausgang dieser Belastungsprobe dürfte Bandhauers schlimmste Befürchtungen hinsichtlich der Qualität des Eisens noch übertroffen haben. Eigentlich sollte die Brücke zu diesem Zeitpunkt längst eröffnet sein, aber nun schien die Fertigstellung in weite Ferne gerückt. Um das Projekt noch zu retten, musste er schleunigst etwas tun. Vor allem musste er dafür sorgen, dass die Hütte ab sofort besseres Material liefern würde. Bei einer genaueren Untersuchung der geborstenen Eisenstäbe musste Bandhauer nämlich feststellen, dass sogar versucht worden war, Fehlstellen und Risse im Eisengefüge durch einen dicken Ölanstrich zu vertuschen. Diese Entdeckung muss für Bandhauer sehr enttäuschend gewesen sein, denn er hatte der Hütte größtes Vertrauen entgegengebracht und viel Verständnis für die technischen Schwierigkeiten gezeigt, die mit diesem Auftrag verbunden waren.

Dennoch wäre ein Betrugsversuch dieser Dimension natürlich ein ausreichender Grund zur sofortigen Vertragsauflösung gewesen. In dieser Situation zeigte sich Bandhauer aber einmal mehr als Pragmatiker, der sich seiner tatsächlichen Lage vollkommen bewusst war. Welche Möglichkeiten hatte er überhaupt? Weder hatte er die Zeit einen langwierigen Prozess gegen den Lieferanten zu führen, noch auf die Schnelle eine andere Eisenhütte zu finden. Dieses Brückenprojekt wäre damals für jeden Eisenhersteller in Deutschland eine große Herausforderung gewesen, und es hätte insofern wenig Sinn gemacht, in dieser Situation nach einem neuen Vertragspartner zu suchen. Bandhauer blieb nichts weiter übrig, als mit seiner ganzen Autorität auf die Erfüllung des Vertrages zu pochen und ab sofort jeden einzelnen Stab einer eingehenden Kontrolle zu unterziehen.

Die Fortsetzung der eigentlichen Bauarbeiten erfolgte wahrscheinlich nicht vor April 1825, denn ansonsten hätte man ohne Bandhauer anfangen müssen.

---

[288] *"Ueber die Nienburger Brücke..."* von Peter Beuth.

Um seinen Entwurf für die Oderbrücke in Brieg vorzustellen, verließ er um den 10. Februar Köthen und reiste für mehrere Wochen nach Schlesien. Auch wegen dieser lange geplanten Reise kam es Bandhauer außerordentlich ungelegen, dass die Nienburger Brücke zu diesem Zeitpunkt noch nicht fertig war. Als Bandhauer nach Köthen zurückkehrte, war das Herzogpaar bereits zu der mehrmonatigen Genesungsreise Julies nach Frankreich abgereist. Sie sollten erst viele Wochen nach Fertigstellung der Brücke wieder in der Residenzstadt eintreffen.

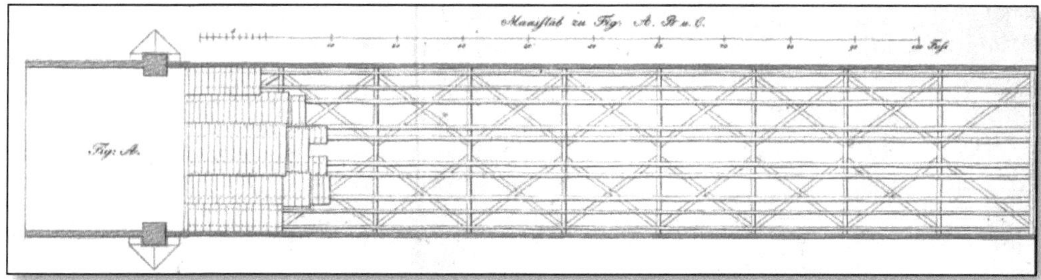

*Der Aufbau des hölzernen Brückenträgers mit Längs- und Querbalken sowie kreuzweisen Aussteifungen unter der Fahrbahn.*

Sofort nach seiner Rückkehr aus Brieg machte sich Bandhauer voller Elan an die Vollendung der Saalebrücke. Dabei setzte er die Erkenntnisse der misslungenen Probebelastung sofort in aktive Maßnahmen um. Bandhauer war dabei die erste Brücke seines Lebens zu bauen aber er lernte schnell. Bei der Dimensionierung der Ketten hatte er eine zweifache Sicherheit zugrunde gelegt, wobei er sich auf das Standardwerk Eytelweins gestützt hatte, der diesen Wert empfahl. Angesichts der schlechten Qualität des Eisenwerkes kamen ihm aber Zweifel, ob diese Sicherheit wirklich ausreichen würde, zumal in der soeben erschienenen Veröffentlichung Naviers schon zu einer 3- bis 4-fachen Sicherheit geraten wurde. Das konnte er aber zu diesem Zeitpunkt nicht mehr ändern, da inzwischen der größte Teil der Ketten schon produziert worden war. In seiner Verteidigungsschrift erklärt er: *"Die Ursachen der Anwendung eines nur zweifachen absoluten Werths zu den Ketten dieses Baues, wird der erste Abschnitt in´s Licht gestellt haben; Ersparnis war es vornehmlich…"*.[289]

Als Konsequenz aus dieser Erkenntnis entschloss er sich aber mittelfristig die Tragfähigkeit der ganzen Brücke zu verdoppeln und plante bereits für das folgende Jahr einen zweiten Kettenbezug zu montieren. Die beiden zusätzlichen Kettenebenen sollten auf beiden Seiten zwischen Fahrbahn und Fußweg plat-

---

[289] [Bandhauer], Seite 66 (Fußnote).

ziert werden und von separaten, noch zu errichtenden Pylonen getragen werden. Diese Absicht spricht nicht unbedingt für großes Zutrauen in die Tragfähigkeit der Ketten aber sehr wohl für Bandhauers Lernfähigkeit und sein Verantwortungsbewusstsein für die Sicherheit der Brücke. Wie die zusätzlichen Kosten für den zweiten Kettenbezug finanziert werden sollten, blieb zunächst offen. Die dafür notwendigen Verstärkungen an den Widerlagern und am Mauerwerk nahm Bandhauer aber tatsächlich schon während der laufenden Bauarbeiten vor.

Nach dem missglückten Belastungstest wurde jeder angelieferte Kettenstab einzeln mit 2/3 der nominalen Zugfestigkeit belastet und erst dann zum Einbau freigegeben. Das dafür benötigte Prüfgerät konnte man aber damals nicht einfach irgendwo kaufen, sondern es musste erst einmal konstruiert werden. Bandhauer entwickelte in kürzester Zeit eine Hebelpresse, mit der er die Prüfung der Stäbe schnell und zuverlässig durchführen konnte. Bei den Versuchen musste er wiederum eine erschreckende Entdeckung machen: über 200 Stäbe, das waren mehr als 40% des gesamten Eisenwerks, zersprangen bei dieser Probe. Die finanzielle Seite dieser Mängel war vertraglich geregelt: die Hütte hatte mit entsprechenden Abzügen zu rechnen, sodass für die Baukasse eigentlich keine Mehrkosten entstehen konnten. Das größere Problem war aber der erneute Zeitverlust, denn nun mussten die gebrochenen Ketten wieder zusammengeschweißt werden. In Nienburg gab es keine Schmiede in der solche Arbeiten ausgeführt werden konnten und so mussten die Kettenglieder bis nach Baasdorf gebracht werden. Baasdorf ist nur etwa 20 km Luftlinie von Nienburg entfernt, aber damals brauchte ein schwer beladenes Fuhrwerk mindestens fünf Stunden für die einfache Strecke. Ob die gesamten Mehrkosten für das Schweißen und den teuren Hin- und Rücktransport nach Baasdorf der Hütte wirklich in Rechnung gestellt wurden, erscheint daher zweifelhaft.

Nach dem Schweißen überstanden die Stäbe die Wiederholung der Probe fast ohne Ausnahme, was Bandhauer dazu veranlasste, die Arbeit der Schmiede in seiner Verteidigungsschrift lobend zu erwähnen. Allerdings gab es nun ein neues Problem, denn durch das Schweißen hatten manche der reparierten Stäbe nicht mehr exakt die vorgesehene Länge. Auf solche Abweichungen reagiert eine Schrägseilbrücke weit empfindlicher als eine Hängebrücke, denn letztere kann durch ihre 'weiche' Konstruktion kleine Längendifferenzen besser ausgleichen. Dagegen ist eine Schrägseilbrücke (und ganz besonders Bandhauers Konstruktion) ein sehr starres, statisch unbestimmtes System, bei dem solche Abweichungen zu erheblichen Problemen führen können. Wenn eine der Zugstangen im Verhältnis zu den benachbarten 'Ketten' zu kurz ist, führt dies theoretisch dazu, dass die längeren Stangen nichts und die kurze

Stange die gesamte Last zu tragen hat, was sehr schnell zum Kollaps des ganzen Systems führen kann.

Bandhauer wusste, dass die Länge der Stäbe zu einem Problem werden konnte und versuchte mit einer originellen, letztlich allerdings wirkungslosen Idee, Abhilfe zu schaffen. Um die Ketten wieder auf das richtige Maß auszudehnen, erhitzte er die geschweißten Stäbe, während er gleichzeitig eine Zugbelastung auf das Eisen wirken lies. Zu diesem Zweck entwickelte er einen schmalen langen Kasten mit Deckel, der innen mit Lehm ausgekleidet wurde und in den man glühende Kohlen einfüllte. Der Kasten hatte auf beiden Stirnseiten Löcher, durch die man den Stab der Länge nach hindurchsteckte und ihn so mit Hilfe der Kohlen erhitzen konnte. An den Stab, der mit dem Kasten vertikal fixiert wurde, hängte man unten ein großes Gewicht an, das eine Zugkraft auf das Eisen ausübte und ihn dehnen sollte. Da dieser Versuch aber misslang, vertraute Bandhauer schließlich darauf, dass sich die Stäbe unter der vollen Belastung der Brücke schon 'gleich ziehen' würden, so wie er es bei seinen Versuchen mit dem ersten Probestab beobachtet hatte.[290] Der zusätzliche Aufwand zur Qualitätssicherung des Eisenmaterials führte zu weiteren Mehrkosten und zur endgültigen Sprengung des Kostenrahmens.

Da man auf den Herzog als höchste und letzte Entscheidungsinstanz noch mehrere Monate warten musste, war die weitere Finanzierung der Bauarbeiten zeitweise ungeklärt. Diese Unsicherheit führte dazu, dass einige Arbeiter im Frühjahr 1825 längere Zeit auf ihren Lohn warten mussten. Daraufhin traten sie in eine Art Streik und erlaubten sich *"zu ungebührliche Äußerungen"* gegenüber dem Baumeister. Bandhauer war nicht der Mann, sich Disziplinlosigkeiten von Untergebenen gefallen zu lassen. Außerdem wollte und konnte er es sich nicht leisten, weitere Verzögerungen in Kauf zu nehmen. So nachsichtig er sich im Umgang mit der Hütte gezeigt hatte, so kompromisslos griff er nun bei den Handwerkern durch:

*"Weil ich den Fortgang des Baues hiervon nicht abhängig machen konnte, indem zu fürchten stand, daß der Winter den Bau nochmals unvollendet ereilen möchte … so war ich genötigt, andere Arbeiter anzustellen: junge Anfänger, die sich in ihrer Rechnung auf weiter hinaus etwas gefallen lassen mußten, dagegen aber ungeübt und mit den nötigen Gerätschaften hierzu, als Flaschenzügen, Hebezeug etc. nicht versehen waren".*[291]

---

[290] Ebenda, Seite 75.
[291] Ebenda, Seite 218.

Vermutlich hat dieser Vorfall bei den Familien der entlassenen Arbeiter, die größtenteils aus Nienburg oder direkter Umgebung stammten, für reichlich Unmut gesorgt. Die neuen Arbeitskräfte benötigten wegen ihrer Unerfahrenheit mehr Anleitung von Bandhauer, was ihn erneut viel Zeit kostete.

Durch die ungeplante Unterbrechung während des Winters hatte auch das vor Monaten angelieferte und am Saaleufer gelagerte Bauholz erheblich gelitten. Bandhauer musste im Frühjahr 1825 feststellen, dass es die Feuchtigkeit nicht gut vertragen hatte, zum Teil aber auch gestohlen worden war. Während des Winters hatte die Saale zeitweise Hochwasser geführt, vor dem das Holz offenbar zu spät gesichert wurde. Auf jeden Fall musste das Bauholz zum größten Teil neu beschafft werden, was weitere Mehrkosten nach sich zog. Dennoch führte Bandhauer die Bauarbeiten von nun an konsequent fort und ließ sich auch von weiteren Schwierigkeiten nicht mehr von seinem Ziel abbringen.

Im Mai 1825 wurde das Gutachten der preußischen Oberbaudeputation zu Bandhauers Brückenprojekt in Brieg bekannt, dessen negatives Ergebnis für ihn sicher niederschmetternd war. Die ganze Konstruktion, die ja auf dem gleichen Grundprinzip wie die Saalebrücke beruhte, sei *"gewagt und schwer ausführbar"*. Mit diesem Urteil als Hypothek war an weitere Brückenprojekte vorerst nicht zu denken. Um seine gerade erst begonnene Karriere als Brückenbauer noch zu retten, kam für ihn nun alles darauf an, dass die Nienburger Brücke zu einem Erfolg wurde.

## 'Stunde der Wahrheit': die Belastungsproben

Im Sommer 1825 neigten sich die Bauarbeiten langsam dem Ende entgegen. Alle angelieferten Kettenstäbe wurden mit der Hebelpresse geprüft und wenn nötig in der Baasdorfer Schmiede geschweißt. Mit dem nachgelieferten Holz wurde die zweite Trägerhälfte auf dem Gerüst vormontiert. Bald konnten schon die ersten Schiffe mit stehenden Masten zwischen den beiden Trägern hindurchfahren. Jetzt fehlte nur noch die Klappe in Brückenmitte, deren Mechanismus für sich allein genommen schon ein Meisterwerk der Zimmermannskunst und des Spenglerhandwerks war. Im August 1825 war das große Werk vollendet. Das Gerüst musste aber vorerst noch unter dem Träger stehen bleiben, bis die Belastungsprobe überstanden war. Trotz aller Schwierigkeiten bei der Bauausführung, der Steigerung der Kosten um mehr als 100% und dem nach wie vor existenten Misstrauen in der Nienburger Bevölkerung, hatte es Bandhauer geschafft seine Brücke zu vollenden.

Um die von Bandhauer verbürgte Tragfähigkeit zu beweisen, musste vor der Verkehrsfreigabe eine amtliche Belastungsprobe durchgeführt werden. Solche Belastungstests hatten damals eine sehr große Bedeutung, weil es noch keine allgemeinen Theorien für Hängebrücken (und schon gar nicht für Schrägseilbrücken) gab, geschweige denn einheitliche Bemessungsverfahren. Die Statik war noch nicht so weit entwickelt, dass man den Berechnungen bedenkenlos vertrauen konnte. Die gefahrlose Benutzung einer Brücke musste daher bei einer repräsentativen Probebelastung nachgewiesen werden. Bei diesem öffentlichen 'Showdown' brachte man eine so große Last auf die Brücke, wie sie im normalen Betrieb niemals zu erwarten war. Dabei beobachtete man das Verhalten der tragenden Teile, insbesondere die Durchbiegung des Trägers und etwaige Veränderungen an den Ketten.

Konnte die verbürgte Tragfähigkeit dabei nachgewiesen werden, wurde dem Baumeister sozusagen 'Entlastung' erteilt und das Risiko für spätere Schäden an dem Bauwerk ging von diesem Moment an auf den Betreiber der Brücke über. Für den genauen Ablauf einer Belastungsprobe gab es keine verbindlichen Vorschriften,

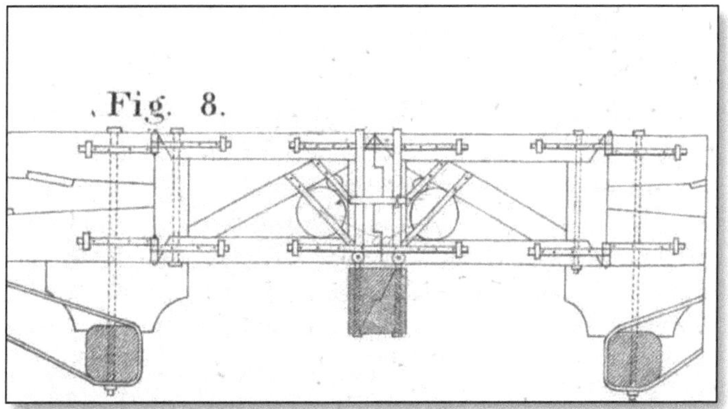

*Die Durchlassklappe für Schiffsmasten von der Innenseite der Brücke aus gesehen.*

sondern es war dem Baumeister größtenteils selbst überlassen, auf welche Weise er die Tragfähigkeit seiner Brücke demonstrieren wollte. Ein weiteres wichtiges Motiv für die Durchführung einer solchen Probe war aber auch die Stärkung des Vertrauens der Bevölkerung in die Stabilität der neuen Brücke. Um die späteren Benutzer überzeugen zu können, musste man sie aber zunächst einmal anlocken, indem man ihnen einen gewissen Unterhaltungswert versprach. Aus diesem Grunde wurde die offizielle Belastungsprobe manchmal auch von einem musikalischen Rahmenprogramm oder sonstigen Showeinlagen begleitet.

Wichtig war die möglichst anschauliche Darstellung der aufgebrachten Verkehrslast, die auch einem Laien die Tragfähigkeit der Brücke deutlich vor Augen führen sollte. Manchmal konnten die Eigenheiten der jeweiligen Region der ganzen Veranstaltung zu einem gewissen Lokalkolorit verhelfen. So wurde das vorgeschriebene Gewicht an Rhein und Mosel gerne auch in Form von gefüllten Weinfässern auf die Brücke gerollt.[292] Bei der Kettenbrücke im schlesischen Malapane (heute Ozimek/ Polen), versuchte man eine besonders lebensnahe dynamische Belastung zu erzeugen, indem man eine Herde Rinder über die Brücke trieb.[293] Meistens wurden aber einfach Wagen mit schwerem Baumaterial beladen, die eine genau definierte Last auf die Brücke brachten, oder das Gewicht wurde direkt auf der Fahrbahn abgelegt. Gerade bei den ersten Hängebrücken war die Belastungsprobe ein wirkliches Experiment, sozusagen die Stunde der Wahrheit, bei dem sich die mehr oder weniger 'berechnete' Tragfähigkeit erst noch beweisen musste. In Nienburg stand bei der Probe ja noch das Gerüst unter der Brücke aber viele Hängebrücken wurden schon im freien Vorbau errichtet, wobei kein Gerüst erforderlich war. Es kann daher nicht überraschen, dass die Belastungsprobe gelegentlich auch mit dem Einsturz des Objektes endete.[294]

Bandhauer setzte den Termin für die Belastungsprobe auf den 22. August 1825 um sieben Uhr abends fest. Die späte Uhrzeit war vor allem mit Rücksicht auf die arbeitende Bevölkerung ausgewählt worden, denn Bandhauer beabsichtigte einen möglichst großen Zuschauerkreis anzulocken. Längst hatte er erkannt, dass es bei vielen Nienburgern durchaus auch Vorbehalte gegen die Brücke gab. Aus diesem Grunde wollte er die amtliche Belastungsprobe dazu nutzen, um auch die Gegner und Pessimisten von den Vorteilen der Brücke gegenüber der alten Fähre zu überzeugen. Ganz offensichtlich hatte er aus früheren Erfahrungen gelernt und nahm jetzt mehr Rücksicht auf die öffentliche Meinung.

Der ordnungsgemäße Ablauf und die Protokollführung der Veranstaltung oblagen den Beamten des Justizamtes Nienburg, also Amtmann Rosenhagen

---

[292] Vielleicht waren die Fässer sicherheitshalber aber auch nur mit Wasser gefüllt.

[293] *"Es ist daher zu diesem Zweck so viel Rindvieh zusammengetrieben worden, als aus dem hiesigen Ort und den benachbarten Colonien Hüttendorf und Antonia hat zusammengebracht werden können, 75 Stück an der Zahl, die zusammen über die Brücke so getrieben worden sind, daß die ganze von der Brücke dargebotene Fläche voll war [...] Die Schwankung ist zwar sehr bedeutend geworden, vorzüglich aber dadurch, daß das Vieh zu schnell in Trab getrieben wurde, wodurch aber gerade die härteste Prüfung entstanden ist"*. [Zitat aus 'Actum Malapane' vom 26. September 1827, veröffentlicht in *"Die ersten Ketten- und Drahtseilbrücken"* von Ernst Werner, VDI-Verlag Düsseldorf (1973)].

[294] So z.B. beim Pont Suspendu Givors in Frankreich im Jahre 1837. Man war gerade dabei die Verkehrslast in Form von 200 kg/m² Schotter auf dem Träger aufzubringen, als die Brücke plötzlich einbrach. Dabei kamen sechs Arbeiter ums Leben. (Allgemeine Bauzeitung Wien, Ausgabe 1837, Seite 117).

und Amtsaktuar Wilhelm Nagel. Man hatte an alles gedacht, sogar an bemannte Kähne unter der Brücke, falls einer der Akteure in den Fluss stürzen sollte. Gemeinsam mit dem Baumeister begaben sich die Amtspersonen zur Brücke und vergewisserten sich zunächst, dass der Träger frei über dem Gerüst schwebte und an keiner Stelle auflag. Nun wurde ein schwerer Bauwagen mit 1.035 gebrannten Mauerziegeln beladen, deren durchschnittliches Gewicht vorher vom herzoglichen Waagemeister Gebhardt festgestellt worden war. Zur Überfahrt spannte man zehn Pferde vor den Wagen, denen fünf Männer als Führer beigegeben wurden. Das Gewicht des gesamten Gespanns entsprach damit dem zehnspännigen Frachtwagen, der ja Bandhauers 'Bemessungsfahrzeug' war und den er seinen Berechnung zugrunde gelegt hatte. Der Baumeister selbst auf seinem Dienstpferd setzte sich an die Spitze und führte das Fuhrwerk mit den Worten *"Nun, in Gottes Namen, Vorwärts!"* einmal hin und wieder zurück über die Brücke.[295]

Durch das förmliche Prozedere war es aber inzwischen schon 20:45 Uhr geworden und die Dämmerung brach allmählich herein. Als man wieder zum Gerüst hinunterstieg um die Durchbiegung des Trägers zu messen, geschah dies daher gemäß Protokoll bereits im *"Mondenscheine"*.[296] Da das anwesende Publikum bei diesen Lichtverhältnissen nichts mehr sehen konnte, machte sich Unmut in der Menge breit und es wurden Zweifel geäußert, ob bei der Probe wirklich alles mit rechten Dingen zugegangen war. Durch das laute Murren sah sich Bandhauer schließlich genötigt, die Verkehrsfreigabe noch einmal zu verschieben und die Belastungsprobe zu wiederholen.

Der zweite Termin wurde auf Samstag den 27. August angesetzt, diesmal allerdings schon um vier Uhr nachmittags. Rosenhagen sollte die amtliche Leitung und das Protokoll diesmal allein übernehmen, verspätete sich aber. Bandhauer, der keinen Aufschub mehr dulden wollte, begann also schon ohne ihn, solange das Licht noch gut war. Alles lief so ab wie bei der ersten Probe: Gebhardt stellte das Gewicht der Mauersteine fest, die dann auf den Bauwagen geladen wurden und mit zehn Pferden plus Führer - Bandhauer zu Pferde vorneweg - über die Brücke zogen. Diesmal machte Bandhauer drei Durchgänge, wobei er die Anzahl der Mauersteine bis auf 1.202 Stück steigerte und auch die Geschwindigkeit erhöhte, mit der die Passage erfolgte. Bei der letzten Überfahrt war endlich auch Rosenhagen eingetroffen und konnte die bestandene Prüfung ordnungsgemäß bescheinigen. Das Protokoll ließ Bandhauer in der Cöthenschen Zeitung vom 31. August 1825 abdrucken und *"begleitete es mit einem Aufsatze, worin er diejenigen Einwohner Nienburgs, wel-*

---

[295] Zeitung für die elegante Welt, vom 10.09.1825, Seite 1416.
[296] [Bandhauer], Seite 120.

*che durch Andere mit Misstrauen gegen die Sicherheit der Brücke erfüllt worden, von der Gefahrlosigkeit des Passirens derselben zu überzeugen sucht".*[297]

Die in Bandhauers Verteidigungsschrift abgedruckten Protokolle lesen sich so, als ob die Messung der Trägersenkung jeweils vor und nach, nicht aber während der Überfahrt des Wagens erfolgte. Normalerweise wurde dieser Wert aber ermittelt, indem man die Verkehrslast in Brückenmitte anhielt, also am statisch ungünstigsten Punkt, und in dieser Stellung die maximale Durchbiegung maß. Diesen Wert verglich man mit der unbelasteten Brücke, wobei bestimmte Toleranzen nicht überschritten werden durften. Es ist aber durchaus möglich, dass der Wortlaut des Protokolls in diesem Punkt nur etwas ungenau ist und die Probe in Wirklichkeit vorschriftsmäßig durchgeführt wurde. Die zahlreichen Zuschauer schienen mit der zweiten Belastungsprobe jedenfalls zufrieden zu sein, sodass der Brückeneröffnung nun nichts mehr im Wege stand. Allerdings nahm der Abbau des Hilfsgerüstes mehrere Tage in Anspruch, sodass noch genug Zeit für die Vorbereitung der feierlichen Einweihung blieb.

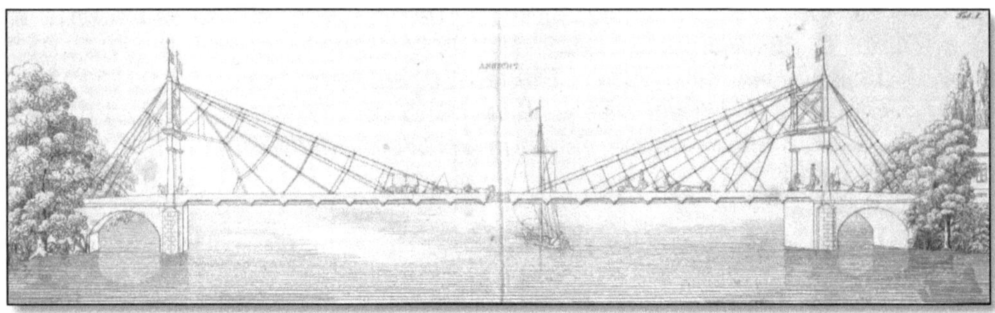

*Die Frontalansicht der fertigen Saalebrücke nach Bandhauers Zeichnung.*

Erst jetzt, von allen Stützen und Hilfskonstruktionen befreit, zeigte sich die Brücke in ihrer ganzen Schönheit, ihrer klaren Struktur und feingliedrigen Gestalt. Für die Menschen vor fast 200 Jahren muss der Anblick der vollendeten Brücke etwas völlig neuartiges, ja fast schon utopisches gewesen sein, denn man kannte Brücken die von einem schweren Fuhrwerk befahren werden konnten bis dahin nur in massiver Steinbauweise. Dieses Bauwerk aber, dessen Spinnennetz aus Eisenstäben man erst erkennen konnte wenn man nahe genug herangekommen war, muss den Menschen damals wie aus einer anderen Welt erschienen sein. Bandhauer selbst schwärmte:

---

[297] Ebenda, Seite 251.

*"...wie sie da 270 Fuß lang zwischen Himmel und Wasser, leicht wie ein Faden schwebt: wie sie in einiger Ferne, wo dem Gesicht die Ketten verschwinden, von den Lüften getragen zu werden scheint..." etc.* [298]

Auch ein Zitat von Hermann Siebert dürfte die Wirkung der Brücke gut beschreiben:

*"So kam – aus der Ferne gesehen – ein Gesamtbild zustande, das einer Gruppe von vier Schiffsmasten mit Takelwerk und Wimpeln ähnelte und zu welchem der Fluß und seine Ufer die passendste Staffage bildeten".* [299]

Zu einer Zeit in der die Fotografie gerade erst erfunden wurde und noch mehrere Jahrzehnte von der Alltagstauglichkeit entfernt war, zogen moderne Eisenbauwerke in der Regel auch viele Maler an. Neben der Herausforderung an einem völlig neuartigen Motiv zu arbeiten, waren solche Bilder auch bei Tageszeitungen und Illustrierten sehr begehrt. Leider sind aber keine derartigen Kunstwerke von der Nienburger Brücke bekannt, was vermutlich an der zu kurzen Lebensdauer und der bewussten Ignoranz in den Nachbarstaaten lag. Wahrscheinlich hat das kleine Nienburg nie wirklich begriffen, dass es für die kommenden Monate an der Spitze der europäischen Brückenbautechnik stand.

Um Bandhauers Leistung richtig einordnen zu können, ist es hilfreich sich zu verdeutlichen, wo es im August 1825 auf dem europäischen Kontinent überhaupt schon eine Kettenbrücke gab, bzw. wo gerade an einer solchen gearbeitet wurde:

| NAME | ORT | JAHR | BAUMEISTER | WEITE | VERKEHRSART |
|---|---|---|---|---|---|
| Pegnitzbrücke | Nürnberg | 1824 | J.G. Kuppler | 68 m | Fußgänger |
| Marchbrücke | Straßnitz | 1824 | F. Schnirch | 28 m | schweres Fuhrwerk |
| Panteleimon-Brücke | St. Petersburg | 1824 | W.v. Traitteur | 41 m | schweres Fuhrwerk |
| Saalebrücke | Nienburg | 1825 | G. Bandhauer | 80 m | schweres Fuhrwerk |
| Sophienbrücke | Wien | 1825 | J.v. Kudriaffsky | 71 m | Fußgänger, Reiter |

*Bis 1825 auf dem europäischen Kontinent vollendete Kettenbrücken*

---

[298] Ebenda, Vorwort Seite XXIII.

[299] [Siebert]. Auch Hermann Siebert (1865-1954) hat die Brücke natürlich nicht mit eigenen Augen gesehen. Er hat aber mit Zeitzeugen gesprochen, die die Brücke noch aus eigener Anschauung kannten und den Einsturz als junge Menschen miterlebten.

Zunächst einmal ist da die bekannte Nürnberger Kettenbrücke über die Pegnitz, die von Johann Georg Kuppler errichtet und am 30. Dezember 1824 eröffnet wurde.[300] Sie besteht noch heute und wurde erst vor wenigen Jahren grundlegend saniert. Allerdings handelte es sich hier nur um einen leichten Fußgängersteg, weniger als 2 m breit, der sich mit Bandhauers Brücke in keiner Weise vergleichen ließ. Da war die Kettenbrücke die Friedrich Schnirch wenige Monate vorher in Straßnitz (Mähren) über die March geschlagen hatte, schon weit eindrucksvoller. Sie war auch für schweres Fuhrwerk geeignet, hatte aber nur eine Spannweite von etwa 28 m, also weniger als einem Drittel von der bandhauerschen Brücke. In Wien war zur selben Zeit die Sophienbrücke (auch 'Rotundenbrücke') über den Donaukanal im Bau, die ebenfalls im Jahr 1825 eröffnet wurde. Dieses Bauwerk kam mit einer Spannweite von 71 Metern der Saalebrücke am nächsten, war aber wie die Brücke in Nürnberg relativ schmal und durfte nur von Fußgängern und Reitern benutzt werden.

*Die Panteleimon-Kettenbrücke in St. Petersburg, erbaut von Wilhelm von Traitteur im Jahr 1824.*

Bleibt noch der badische Baumeister Wilhelm von Traitteur (*1.2.1788 in Mannheim; †17.6.1858 ebenda), der im fernen St. Petersburg zur gleichen Zeit wie Bandhauer an seiner ersten Kettenbrücke arbeitete. Traitteur war 1813 in den Dienst von Zar Alexander I. getreten, für den er nach der Panteleimon-Brücke noch vier weitere Hängebrücken in St. Petersburg baute. Logistisch ging er ähnlich vor wie Bandhauer, indem er zunächst umfangreiche Belastungsversuche mit dem zur Verfügung stehenden Eisenmaterial anstellte. Auch in St. Petersburg musste dafür zunächst eine entsprechende Maschine konstruiert werden. Während Bandhauer bei seinen Versuchen im kleinen Köthen aber völlig auf sich alleine gestellt war, wurde Traitteur in Russland von namhaften Wissenschaftlern seiner Zeit unterstützt, darunter die französischen Physiker Gabriel Lamé und Émile Clapeyron. Die Panteleimon-Brücke war mit einer Spannweite von 41 m nur etwa halb so lang wie Bandhauers Brücke, dafür aber deutlich breiter und ebenfalls für alle Verkehrsarten geeignet. Sie wurde 1906 vorsichtshalber abgebrochen, nachdem die baugleiche 'Ägyptische Brücke' unter einer Schwadron Kavallerie eingestürzt war.

Zusammengefasst gab es zum Zeitpunkt ihrer Eröffnung also tatsächlich kein einziges, mit der Nienburger Kettenbrücke vergleichbares Bauwerk auf dem ganzen europäischen Kontinent.[301] Weil die Nienburger Brücke im Gegensatz zu den etwa gleichzeitig errichteten Bauwerken aber keine Hängebrücke war und über konstruktive Besonderheiten verfügte, war sie ohnehin ein Unikat und mit den oben genannten Brücken nicht wirklich vergleichbar.

Hätte Bandhauer seine Brücke wie geplant zu Michaelis, also am 29. September 1824, eröffnen können, wäre sie nach Schnirchs wesentlich kleinerer Brücke in Straßnitz überhaupt erst die zweite Kettenbrücke auf dem europäischen Festland gewesen, die auch für schweres Fuhrwerk geeignet war. Es kann daher mit Sicherheit angenommen werden, dass Bandhauers Brücke in Fachkreisen schon während der Bauarbeiten höchste Aufmerksamkeit erregte und viele Baumeister aus nah und fern nach Nienburg gereist sind, um sich dieses erstaunliche Bauwerk mit eigenen Augen anzusehen.

## Die feierliche Brückeneröffnung

Nach der geglückten Belastungsprobe wurde die offizielle Freigabe der Brücke auf Dienstag den 6. September 1825 festgesetzt. Über den Ablauf der feierlichen Veranstaltung gibt uns ein amtliches Protokoll Auskunft, das von den Beamten Nagel und Rosenhagen unterzeichnet wurde und das Bandhauer in seiner Verteidigungsschrift abdrucken ließ.[302] Aus Köthen waren Regierungsvertreter vom Landes-Direktions-Kollegium angereist, und zur Aufrechterhaltung der allgemeinen Ordnung hatte man nicht nur die Gendarmerie sondern auch gleich noch Linienmilitär einbestellt. Natürlich waren auch die Bauarbeiter und Materiallieferanten zum Richtfest eingeladen worden, aber die wichtigste Person fehlte, nämlich der Herzog, der sich mit seiner Gemahlin zu dieser Zeit immer noch in Paris aufhielt.

---

[301] Es soll aber nicht verschwiegen werden, dass bereits 1823 in der Schweiz und 1825 in Frankreich die ersten Hängebrücken mit Drahtkabeln gebaut wurden. In England und in Amerika gab es ohnehin eigenständige Entwicklungen von Ketten- und Hängebrücken.
[302] [Bandhauer], Seite 123.

Am Morgen des großen Tages bezogen die Ehrengäste und Handwerker auf dem jenseitigen Saaleufer Aufstellung, um an einer Parade über die Brücke teilzunehmen. Auf Nienburger Seite säumte eine große Menschenmenge das Ufer, da sich niemand dieses Schauspiel entgehen lassen wollte. Die Regierungsvertreter aus Köthen nahmen in einer offenen Kutsche Platz, der sieben weitere festlich geschmückte Wagen aus der Umgebung folgten. Davor ritt Bandhauer auf seinem Dienstpferd, umringt von den Handwerkern und Bauarbeitern. An der Spitze des Zuges marschierte eine Gruppe von Hautboisten,[303] die den feierlichen Einzug nach Nienburg musikalisch untermalten. Bevor Bandhauer über die Brücke reiten konnte, musste er einer Gruppe von 18 festlich gekleideten jungen Mädchen erlauben, vor ihm auf der Brücke Blumen zu streuen. Am Ende des Zuges kam wieder der zehnspännige herzogliche Bauwagen zum Einsatz, der mit 1.000 frisch gebrannten Mauersteinen beladen war. Kurz nachdem sich die Kolonne in Bewegung gesetzt hatte, machte sie mitten auf der Brücke schon wieder Halt, um dem Herzog in Abwesenheit ein Lebehoch auszubringen, *in welches das Publicum freudig einstimmte*. Anschließend huldigten die Arbeiter dem Baumeister in gleicher Weise, bevor man den Weg in Richtung Nienburg fortsetzte und sich schließlich zum vorbereiteten *Richtschmaus* begab.

Gerade an dieser Stelle ist es äußerst bedauerlich, dass uns über das Seelenleben Bandhauers so wenig bekannt ist. Wir können aber ganz sicher davon ausgehen, dass dieser Tag für ihn eine große Genugtuung war, denn nun hatte er all seine Kritiker im In- und Ausland zum Schweigen gebracht. Trotz aller Vorbehalte von tatsächlichen oder selbsternannten Fachleuten, trotz des äußerst knappen Finanzierungsrahmens und trotz aller Schwierigkeiten bei der Materialbeschaffung und der Bauausführung, hatte er es tatsächlich geschafft, dieses Werk zu vollenden. Der einzige kleine Wermutstropfen bei der Einweihungsfeier war die Abwesenheit des Herzogs, wodurch dem Ereignis der allerhöchste Glanz geraubt wurde. Immerhin erreichte Bandhauer aber einige Tage später ein Anerkennungsschreiben aus Paris, mit dem etwas lakonisch klingenden Wortlaut: *Der Baurath Bandhauer hat sich offenbar einen Namen als Architekt erworben...*.[304] Einen Namen als Baumeister über die Grenzen Köthens hinaus hatte er sich aber bereits durch eine Reihe von herzoglichen Bauten gemacht, was Ferdinand sehr wohl bewusst war.

Der Herzog scheint dem Brückenbau aber ohnehin recht wenig Beachtung geschenkt zu haben, denn nach den vorliegenden Quellen versäumte er nicht nur die Eröffnungsfeier, sondern auch alle anderen offiziellen Termine an der

---

[303] Militärmusiker.
[304] [Siebert], Seite 68.

Brücke, wie etwa die Grundsteinlegung oder die Belastungsproben. Dass er die Baustelle offenbar kein einziges Mal besucht hat, geht auch aus einem Aufsatz hervor, der anonym im 'Allgemeinen Anzeiger' erschien aber von Bandhauer selbst stammen dürfte. Dort heißt es zu den ungedeckten Kosten für den zweiten Kettenbezug: *"Es ließ sich aber die Bewilligung des dazu nöthigen Kostennachschusses am sichersten hoffen, wenn der Landesherr den Bau gesehen haben würde, was jedoch erst nach einem Vierteljahr geschah".*[305] Von der entscheidenden Phase der Bauarbeiten konnte Ferdinand schon deshalb kaum etwas mitbekommen, weil er sich zwischen März und November 1825 nicht in Köthen aufhielt. Für ihn hatte dieser Zweckbau offenbar eine weit geringere Bedeutung als seine Schlösser oder später die katholische Kirche in Köthen. Da die Brücke für damalige Verhältnisse relativ weit von der Residenzstadt entfernt war, konnte er mit ihr noch nicht einmal seine prominenten Besucher und Staatsgäste beeindrucken.

In einem Schreiben vom 7. September 1825 an die Rentkammer stellte Bandhauer noch einmal die von ihm verbürgten Belastungsgrenzen für die Brücke klar: *"Ich meiner Seits verbürge hierdurch pflichtmässig alle sich über die Brücke bewegende kleine und grosse Lasten bis zu zehnspännigen Ladungen".*[306] Damit war von seiner Seite die Tragfähigkeit der Brücke noch einmal ganz klar definiert. Der voll beladene, zehnspännige Frachtwagen war sein Bemessungsfahrzeug für die statische Berechnung der Brücke gewesen. Genau das entsprach auch seinem Auftrag, weil die Fähre einen solchen Wagen nicht transportieren konnte. Im gleichen Schreiben forderte Bandhauer auch die Einstellung des Fährbetriebs und die Abnahme des Fährseils, bzw. wenn dies nicht sofort geschehen sollte, die Verdoppelung der Fährtaxe. Der letzten Bemerkung scheint die Befürchtung zugrunde zu liegen, die Fährleute könnten den Betrieb weiter aufrechterhalten und sozusagen in Konkurrenz zur Brücke treten. Dies hätte aber sicherlich nur dann Sinn gemacht, wenn entweder die Fähre billiger gewesen wäre als die Brückenpassage oder wenn ein Teil der Bevölkerung Angst gehabt hätte, die Brücke zu benutzen.

Abschließend empfahl Bandhauer die Aufstellung von Schildern mit folgendem Wortlaut auf beiden Seiten der Brücke:

*"Das Trottoir rechts passieren die Fussgänger und die erhöhte mittlere Fahrbahn die Reiter und Wagen im Schritte, welche letztere sich nicht auf- sondern vor der Brücke ausbiegen dürfen. Jede Uebertretung die-*

---

[305] [Allg. Anzeiger], Jahrgang 1834, Nr. 318, Spalte 3893.
[306] [Bandhauer], Seite 116.

*ser Vorschrift wird mit 3 Thalern bestraft, und von dem Brückschreiber eingezogen."*

Die Schilder wurden wenige Tage später auch von der Polizeibehörde aufgestellt, allerdings unter Reduzierung der Strafe von drei auf zwei Taler.

Nun war die Brücke endlich fertig und man sollte eigentlich meinen, dass die Nienburger Bevölkerung rundum zufrieden mit dem Baumeister und der neuen Saalequerung gewesen wäre. Es gibt allerdings deutliche Hinweise darauf, nach denen dies durchaus nicht auf alle Bürger der Stadt zutraf. Dr. Erich Vogel zitiert in seinen 'Nienburger Sagen' ein Schreiben, das Bandhauer wenige Tage vor der Brückeneröffnung vom Magistrat der Stadt erhielt:

*"Unstreitig ist dieser Tag für Sie wichtig und für unser Vaterland erfreulich. Da wir von Ihnen zur Teilnahme zur Feierlichkeit nicht aufgefordert wurden, und von einer uns vorgesetzten Behörde keine Anweisung dazu erhalten haben, so erkennen wir hierin den Wunsch, daß jede Solenität, welche ihre Person betreffen könnte, unterbleibe. Deshalb fühlen wir uns verpflichtet, Ihnen für die Beharrlichkeit, welche Sie für den Bau erwiesen und für das der Stadt so nützliche Werk unseren Dank hierfür abzustatten. Sie wollen uns erlauben, daß wir den Arbeitsleuten, die Sie beim Bau beschäftigten, einen Anker Wein verabreichen lassen".*[307]

Vogel schreibt außerdem, Bandhauer wäre durch das Misstrauen der Nienburger in Bezug auf die Stabilität der Brücke sowie durch die Angriffe in der Presse gekränkt gewesen und hätte daher nur im kleinen Kreis mit den Arbeitern feiern wollen. Falls der Magistrat der Stadt wirklich nicht eingeladen war, wäre dies natürlich ein kaum erklärbarer Affront gewesen. Bandhauer hatte sich ja gerade auf Wunsch der Nienburger Geschäftsleute mit seiner ganzen Kraft für das Brückenprojekt eingesetzt und einige Magistratsmitglieder hatten sich mit Geld aus ihrem Privatvermögen an den Baukosten beteiligt. Ein möglicher Streitpunkt mit dem Magistrat könnten insofern die erheblichen Mehrkosten gewesen sein. Auf der anderen Seite kann es kaum die Aufgabe des Baumeisters gewesen sein, die Einladungen zu der Eröffnungsfeier auszusprechen, wie es in dem Schreiben anklingt.

Ein weiteres Indiz für gewisse Spannungen zwischen dem Baumeister und den Nienburgern liefert uns Bandhauer selbst. In seiner Verteidigungsschrift ist von den *"Feinden dieses Baues und der mit demselben in Beziehung stehenden Personen"*, (also ihm selbst) die Rede.[308] An zwei Stellen äußert er

---

[307] [Vogel], Seite 35 (leider fehlt hier die Angabe der ursprünglichen Quelle).
[308] [Bandhauer], Seite 142 (Fußnote).

sogar sehr deutlich die Befürchtung, die Brücke könnte zum Ziel eines Anschlags werden. Direkte Hinweise auf ein Zerwürfnis Bandhauers mit den 'Amtspersonen' Nienburgs gibt es in den Akten nicht. Zwischen den Zeilen lassen sich aber doch gewisse Unstimmigkeiten erahnen. Heute wie damals war es gar nicht so ungewöhnlich, wenn sich gegen eine neue Brücke auch eine gewisse Gegnerschaft formierte, denn es konnte dabei durchaus auch Verlierer geben. In Nienburg kommen dafür die Fährleute und deren Familien in Betracht, die durch den Brückenbau zunächst einmal arbeitslos wurden. Da die Brücke für Reisende und Gewerbetreibende eine spürbare Zeitersparnis bedeutete, ist es sogar vorstellbar, dass auch die Geschäfte stromauf- und stromabwärts gelegener Fähren von der neuen Konkurrenz betroffen waren.

Die Fährleute könnten also die erste Gruppe Unzufriedener gewesen sein, der sich vielleicht im Laufe der Bauarbeiten auch die von Bandhauer entlassenen Handwerker anschlossen. Weiteres Streitpotential entstand durch die Verdoppelung der Baukosten, über deren Finanzierung zunächst Unklarheit bestand. Die fehlenden Mittel dürften gerade während der Abwesenheit des Herzogs für viel Unmut unter den Aktionären gesorgt haben, der sich natürlich vor allem auf Bandhauer projizierte. Wer sonst sollte Schuld an den finanziellen Problemen des Unternehmens sein, wenn nicht der Baumeister selbst, weil er die Kosten falsch kalkuliert hatte? Ist der Keim zur Unzufriedenheit erst einmal gelegt, kann er sich schnell ausbreiten wenn niemand entschieden dagegen vorgeht. Gerade in der unfreiwilligen Winterpause ist der Glaube an die Vollendung des Projektes bei Teilen der Bevölkerung möglicherweise geschwunden. Auch die missglückte Probebelastung im Februar 1825, die viele Nienburger mit eigenen Augen beobachtet hatten, war sicher nicht förderlich für das Zutrauen der Bevölkerung in das Projekt.

Als die Brücke fertig war, hatte sie statt der kalkulierten 4.000 Taler genau 8.117 Taler gekostet. Damit war sie im Vergleich mit anderen Hängebrücken der damaligen Zeit aber immer noch ungewöhnlich billig. Bandhauer selbst rechtfertigt die Mehrkosten durch einen interessanten Vergleich mit einer Brücke, die etwa zur gleichen Zeit in Paris entstand. Der schon erwähnte Claude Navier begann 1824 mit dem Bau des *"Pont des Invalides"*, einer großen Hängebrücke über die Seine. Wie Bandhauer darlegt, betrug die Spannweite der Nienburger Brücke etwa 70% von derjenigen der Invalidenbrücke, die Kosten aber tatsächlich nur etwa 1%![309] Trotz des ungleich höheren Kapitaleinsatzes ereilte Naviers Brücke ein noch schlimmeres Schicksal: sie musste schon vor ihrer Vollendung wieder abgetragen werden, weil durch Setzungen im Baugrund Risse in den Verankerungsbauwerken aufgetreten waren.

---

[309] [Allg. Anzeiger], Jahrgang 1831, Spalte 1073.

Der Herzog hatte vertraglich nur die Verpflichtung übernommen, in den Jahren von 1825 bis 1828 jeweils 1.000 Taler plus üblicher Verzinsung an die Geldgeber zurückzuzahlen. Bis zu der Entscheidung die Bauarbeiten über den Winter einzustellen, waren schon ungeplante Mehrkosten in so großer Höhe aufgelaufen, dass der ursprüngliche Kostenanschlag nicht mehr zu realisieren war. Seinem Selbstverständnis entsprechend hatte Bandhauer bis dahin alles versucht, um seinen Finanzierungsplan einzuhalten. Als sich jedoch Anfang 1825 herumsprach, dass der Herzog für mehrere Monate Köthen verlassen würde und die 4.000 Taler schon fast aufgebraucht waren, musste sofort eine Entscheidung zur weiteren Finanzierung herbeigeführt werden.

*Die Verankerung von Naviers Invalidenbrücke in Paris.*

Wenige Tage vor der Abreise des Herzogpaares wurde die 'Baukasse' in der Person des Oberamtmannes Krellwitz bei der Rentkammer vorstellig und bat um die Schließung der drohenden Deckungslücke. Die Beamten, die das Finanzierungskonzept ja von Anfang an sehr kritisch gesehen hatten, äußerten sich gegenüber dem Herzog *"sehr bestimmt"* gegen die Übernahme der Mehrkosten.[310] Ferdinand gab daraufhin in einer Verfügung vom 7. März 1825 bekannt, dass über die weitere Finanzierung des Brückenbaues unmöglich noch vor seiner Abreise entschieden werden könne. Nach seiner Rückkehr sei ihm der Antrag der Baukasse aber umgehend wieder vorzulegen. Immerhin erklärte sich der Herzog aber bereit, bis dahin das benötigte Geld vorzuschießen, damit die Arbeiten im Frühjahr ohne weitere Verzögerung fortgesetzt werden konnten. Wie Bandhauer in seiner Verteidigungsschrift bemängelt, wurde diese Zusage von den Beamten der Rentkammer während der Abwesenheit des Herzogs aber nicht eingehalten.[311] Mit anderen Worten: die gewaltigen Mehrkosten blieben zunächst einmal auf den Aktionären sitzen.

---

[310] [Bandhauer], Seite 217.
[311] Ebenda, Seite 218.

Die Gründe für die Kostenüberschreitung waren vielfältig, lagen aber größtenteils außerhalb Bandhauers direkter Verantwortung. Die von ihm persönlich zu vertretenden Mehrkosten betrafen vorwiegend die Erhöhung der Tragfähigkeit, aufgrund der zwischenzeitlich von ihm gewonnenen Erkenntnisse in Bezug auf die schlechte Qualität der Ketten. Die Hauptgründe für die Verdoppelung der Baukosten waren:

1. **Änderung des Brückenstandortes und des Anstellwinkels zum Saaleufer**
   Führte zu größerer Bemessungslast (1.100 Menschen), größerer Spannweite, größerer Trägerbreite und stärkeren Ketten.

2. **Nicht einkalkulierte Bezahlung der Transportkosten**
   Bandhauer hatte die Anfuhr des Materials aus der Kalkulation herausgelassen, da er hoffte, *"dass sie von den durch die Brücke zunächst profitierenden unentgeldlich angefahren würden"*, was aber nicht geschah.[312]

3. **Vorbereitende Arbeiten für die Montage eines zweiten Kettenbezuges,**
   die Bandhauer bereits für das Jahr nach der Fertigstellung plante, die aber auch schon bei den laufenden Bauarbeiten Mehrkosten verursachten (u.a. beim Mauerwerk).

4. **Verbesserte Verbindungstechnik zwischen den 'Kettengliedern'**
   in Form von Zahnleisten statt Scharnieren. Dadurch Nachtragsverhandlungen mit der Hütte und weiterer Zeitverlust.

5. **Unzureichende Qualität des Eisenwerks**
   Nicht eingeplante Belastungsprobe an der ersten komplett montierten Brückenhälfte. Entwicklung und Bau einer Hebelpresse zur lückenlosen Materialprüfung. In der Folge Durchführung von Zugversuchen an jedem einzelnen Eisenstab. Hin- und Rücktransport der zerstörten Stäbe zur Schmiede in Baasdorf; Schweißen von über 200 Eisenstäben, die bei der ersten Prüfung zerbrochen waren und Wiederholung der Prüfung.

6. **Gescheiterte Fertigstellung vor dem Winter 1824/ 25**
   Mehrkosten durch den Rückbau einer Brückenhälfte samt Ketten, Zwischenlagerung des Materials und erneute Montage im Frühjahr.

---

[312] [Bandhauer], Seite 216.

**7. Teilweise Neubeschaffung des gelagerten Bauholzes,**
das wegen Diebstahl bzw. Unbrauchbarkeit durch ein Hochwasser und die Folgen des Winters ersetzt werden musste.

**8. Wiederholung der amtlichen Belastungsprobe**
Durch das Misstrauen der Nienburger Bevölkerung gegen die Stabilität der Brücke musste die Probebelastung ein zweites Mal durchgeführt werden.

Der größte Teil der Mehrkosten ergab sich aus der schlechten Qualität der Ketten, da sich auch die Gründe der Ziffern 3, 6, 7 und 8 direkt daraus ableiten lassen.

Nach der fröhlichen Brückeneröffnung und der Rückkehr des Alltags veränderte sich die Stimmung in der Nienburger Bevölkerung aber bald zu Gunsten der Brücke. Die zeitraubende Fähre gehörte nun der Vergangenheit an und mit jedem Tag fassten die Einwohner etwas mehr Zutrauen in die Stabilität des Bauwerks. Die Brücke wurde vom ersten Tage an rege genutzt, denn es war Herbst und die Bauern aus der Umgebung kamen mit voll beladenen Wagen in die Stadt, um ihre Erzeugnisse anzubieten. Aufgrund der späteren Ereignisse sah sich Bandhauer gezwungen, die größten Lasten die in den folgenden drei Monaten die Brücke passierten, akribisch aufzulisten. Diese waren:

- Ein Bataillon königlich preußisches Linienmilitär auf dem Rückweg vom Herbstmanöver bei Magdeburg. Bandhauer berechnete die maximale Belastung der Brücke auf 324 Mann mit einem Gesamtgewicht von 53.460 Pfund.

- Sechs vierspännige, mit Kalksteinen beladene Wagen, die sich gleichzeitig auf der Brücke befanden. Berechnetes Gewicht: 25.790 Pfund.

- Am Tag vor dem Unglück, ein Konvoi von fünf vierspännigen Fuhrwerken, hoch mit Weizen beladen, die sich gleichzeitig auf der Brücke befanden. Gesamtgewicht nach Bandhauer: 22.325 Pfund.[313]

## Das Unglück

Nach mehr als neunmonatiger Abwesenheit kehrten Herzog Ferdinand und seine Gemahlin am 2. Dezember 1825 nach Köthen zurück. Im Gepäck hatte er die Neuigkeit vom gemeinschaftlichen Religionsübertritt, die er seinen Un-

---

[313] Ebenda, Seite 127.

tertanen nun auf eine möglichst schonende Weise beibringen musste. Aber noch ließ er die Bombe nicht platzen, denn er war sich vollkommen darüber bewusst, wie delikat diese Angelegenheit war. Die vielfältigen Probleme die sich später daraus ergaben, sollten seine schlimmsten Befürchtungen allerdings noch übertreffen. Um einen günstigen Moment für sein 'Outing' abwarten zu können, hatte er den Erzbischof von Paris um die Zustimmung gebeten, den Religionswechsel vorerst noch geheim halten zu dürfen. Wahrscheinlich hatte Ferdinand geplant, sich zu Weihnachten oder Neujahr zu erklären, was dann aber wegen des Brückeneinsturzes noch einmal verschoben werden musste.

Mit der Nachricht von der Rückkehr des Herzogpaares machte sich in Nienburg auch sofort das Gerücht breit, Ferdinand werde am Nikolausabend zum Hasentreiben in das Städtchen kommen und wolle bei dieser Gelegenheit natürlich auch die neue Brücke in Augenschein nehmen. Diese Neuigkeit löste beim Nienburger Magistrat hektische Aktivitäten aus, denn der Herzog war seit über einem Jahr nicht mehr in der Stadt gewesen. Insbesondere der Justizamtsaktuar Wilhelm Nagel fühlte sich nun dazu verpflichtet, dem Herzog einen großartigen Empfang zu bereiten, weil er als Stellvertreter des Bürgermeisters gerade an der Spitze des Magistrates stand.[314]

Als dann auch noch durchsickerte, der Herzog wolle sogar in seinem Nienburger Schloss übernachten, hatte Nagel im wahrsten Sinne des Wortes eine 'Erleuchtung'. Die Idee war, nach erfolgreicher Hasenjagd bei Einbruch der Dunkelheit das Bauwerk zum Mittelpunkt eines Volksfestes zu machen, bei dem es mit Fackeln und zahllosen Kerzen festlich illuminiert werden sollte. Um diesen Plan ausführen zu können, brauchte er aber aus mehreren Gründen die Unterstützung Bandhauers, denn es wurden verschiedenste Materialien benötigt und auch einige Handwerker wie Zimmerleute und Glaser. In der Kürze der Zeit war dies nicht ohne die Hilfe des Bauamtes zu organisieren. Nagel wollte seinen Plan aber wohl auch grundsätzlich nicht ohne die ausdrückliche Zustimmung Bandhauers durchführen, da dieser ja sozusagen der Vater der Brücke war. Außerdem sollte Bandhauer nach Möglichkeit seinen

---

[314] Nagel unterzeichnete am 2. Dezember 1825 ein Schreiben an die Landesregierung mit den Worten: *"Der Magistrat daselbst. Während der Vacanz, W. Nagel"*. Der vorherige Bürgermeister Schröder wird nach der Bürgerversammlung vom 14. Januar 1824 weder bei Bandhauer noch in den Akten zum Brückeneinsturz noch einmal erwähnt. Da Nagel danach bei verschiedenen Anlässen als höchste Amtsperson Nienburgs fungierte, kann man davon ausgehen, dass Schröder entweder verstorben war, oder sein Amt niedergelegt hat. 1826 wurde der vormalige Waagemeister Friedrich Gebhardt zum neuen Bürgermeister Nienburgs ernannt [LHASA, Z 70, C 5h Nr. 2 Bd. XXX].

Einfluss auf den Herzog geltend machen, damit dieser die Nacht auch tatsächlich in Nienburg verbrachte und nicht etwa nach der Hasenjagd direkt nach Köthen zurückreiste.

In den nächsten drei Tagen folgte ein hektischer Schriftverkehr zwischen Nagel und Bandhauer, dem auch einige Details über die geplante Veranstaltung zu entnehmen sind. Demnach wollte Nagel 5.600 Kerzen in Gläsern mit bunt gefärbtem Wasser auf dem Brückenträger verteilen, die nach Farbschattierungen sortiert werden sollten. Vielleicht dachte er dabei an die Köthener Landesfarben Grün und Weiß oder an das Spektrum eines Regenbogens. Zusätzlich sollten auf und neben der Brücke zahlreiche Öllampen und Fackeln für eine stimmungsvolle Atmosphäre am Saaleufer sorgen. Zur Abrundung sollten an den Portalen zwischen den Pylonen Transparente mit dem Schriftzug *"Dank dem Geber"* angebracht werden.

Am 3. Dezember 1825 erschien Nagel bei Bandhauer in Köthen, um ihm seinen ersten Brief in dieser Angelegenheit persönlich zu übergeben und seinem Anliegen entsprechend Nachdruck zu verleihen. Wenn er aber geglaubt hatte, Bandhauer würde sein Vorhaben bereitwillig unterstützen weil er darin eine Möglichkeit sehen würde, sein Werk noch einmal buchstäblich im besten Lichte zu präsentieren, dann hatte er sich gründlich getäuscht. Bandhauer lehnte die Illumination rundweg ab, wobei er gegenüber Nagel etwas diffus argumentierte, der Zeitrahmen sei zu knapp, die Brücke könne durch Nägel oder den Rauch der Öllampen beschädigt werden, durch die Fackeln entstehe Brandgefahr, usw. In seiner Verteidigungsschrift räumt er auch durchaus ein, dass dies alles nur Ausflüchte waren, bleibt aber ziemlich undeutlich, was die wahren Gründe für die Ablehnung angeht.

Er sei es *"herzlich müde gewesen"*, den Bau einer erneuten öffentlichen Diskussion ausgesetzt zu sehen, zu der das Volksfest Anlass geben würde. Zwischen den Zeilen klingt sogar die alarmierende Befürchtung durch, die geplante Veranstaltung könne zu einem Anschlag auf die Brücke genutzt werden:

*"...[da] gleichwohl aber zu fürchten stand, dass die Feinde dieses Baues und der mit demselben in Beziehung stehenden Personen (deren ja wohl leider! nicht ohne Noth Erwähnung geschieht) dadurch noch mehr gereizt werden möchten [...] dass eben eine Erleuchtung der Bosheit, von der Nacht begünstigt, Gelegenheit zur Thätigwerdung geben könne (ich will hiermit weiter nichts gesagt, als nur die frühern abwehrenden Worte wiederholt haben)".*[315]

---

[315] [Bandhauer], Seite 142 (Fußnote).

Auch als der Konsistorialrat Hartmann ihm in der Unglücksnacht *"vor dem Bette"* von dem Einsturz berichtete, äußerte Bandhauer als erstes die Vermutung, nur ein Attentat auf die Brücke könne eine solche Katastrophe ausgelöst haben.

Nagel ließ sich aber nicht so leicht von seiner Idee abbringen und bombardierte Bandhauer jetzt zu jeder Tages- und Nachtzeit mit weiteren Briefen, die eiligst von berittenen Boten zugestellt wurden. Hatte er Bandhauers Ablehnung zunächst nicht ganz ernst genommen, wurde er im Tonfall jetzt immer verzweifelter. Bis zum letzten Moment versuchte er den Baumeister doch noch zur Unterstützung und zur persönlichen Teilnahme an der Veranstaltung zu überreden. Bandhauer blieb aber eisern, lehnte die Illumination weiterhin ab und kam am Abend auch nicht nach Nienburg. Nagel gab sich erst geschlagen, als Bandhauer auch seinen letzten Bittbrief, der mit *"6. Dezember, 3 Uhr früh"* datiert war, abgelehnt hatte.

Für Nagel war die Idee der Illumination damit zwar vorerst gestorben, nicht aber die feierliche Begrüßung des Herzogs durch die Bevölkerung. Als der lange ersehnte Tag endlich gekommen war, traf der Herzog samt Gattin und Entourage pünktlich um acht Uhr morgens in Nienburg ein. Der komplette Magistrat mit Wilhelm Nagel an der Spitze nahm die herzogliche Kutsche an der Brücke in Empfang, und Ferdinand konnte zum ersten Mal das Werk seines mutigen Baumeisters mit eigenen Augen bewundern. Nach einer kurzen Besichtigung gab es aber zunächst einmal Wichtigeres zu tun und schon wenig später brach die Jagdgesellschaft vom Nienburger Schloss zum Hasentreiben auf.

Die für den Abend geplante Beleuchtung der Brücke war natürlich nicht geheim geblieben. Im Gegenteil: das Gerücht von dem bevorstehenden Ereignis hatte sich schon seit Tagen weit über die Grenzen Nienburgs herumgesprochen. Da die Illumination erst wenige Stunden vor dem Eintreffen des Herzoges endgültig aufgegeben wurde, konnte die Bevölkerung natürlich nicht mehr rechtzeitig informiert werden. So war es kein Wunder, dass sich im Laufe des Tages hunderte von Menschen aus nah und fern in Nienburg versammelten, die sich das Schauspiel am Abend nicht entgehen lassen wollten. Sicherlich trug aber auch die lang erwartete Rückkehr des Herzogpaares zu dem Menschenauflauf bei. Schon am Nachmittag hatte sich ein großes Publikum am Saaleufer eingefunden, das nun ungeduldig auf den Einbruch der Dunkelheit wartete.

Die erwartungsfrohe Menschenmenge auf der einen und das gescheiterte Vorhaben auf der anderen Seite, setzten den Amtsaktuar Nagel, der das Ganze ja eingefädelt hatte, unter erheblichen Druck nun irgendeinen Ersatz anzubieten. Als es soweit war, organisierte er daher spontan einen musikalisch untermalten Fackelzug quer durch die Straßen der Stadt. Die Mitglieder des Magistrats an der Spitze, die schon seit Tagen bestellte Musikkapelle und viele Schaulustige mit brennenden Fackeln hinterher, bewegte sich die Menge zum herzoglichen Schloss. Im Schlosshof angekommen, wurden dem Herzog lautstarke Ovationen entgegengebracht, bis sich Ferdinand und seine Gemahlin am Fenster zeigten, um die Huldigungen der Untertanen entgegenzunehmen. Nun hielt Nagel eine improvisierte aber hochemotionale Rede, dankte dem Landesvater für das großzügige Geschenk der Brücke und brachte sein tiefstes Bedauern darüber zum Ausdruck, dass die geplante Illumination leider entfallen müsse. Nachdem das dreifache Lebehoch auf den Herzog verklungen war, antwortete dieser *"von echt landesväterlicher Humanität beseelt: es leben meine treuen Nienburger"*.[316]

Wäre die Veranstaltung damit beendet gewesen, hätten sich alle auf den Heimweg machen können und die Katastrophe wäre vermieden worden. Offensichtlich war man aber noch nicht recht zufrieden mit dem Verlauf des Abends, und vielen war es nach den hohen Erwartungen noch zu früh, um schon nach Hause zu gehen. Jedenfalls stand man etwas unschlüssig im Schlosshof herum, bis jemand den Vorschlag machte, gemeinsam mit der Musik und den Fackeln zur Brücke zu ziehen. Später gab es unterschiedliche Darstellungen darüber, von wem dieser Gedanke zuerst geäußert worden war. Die einen sagten die Herzogin wäre es gewesen, während andere den Amtsaktuar Nagel dafür verantwortlich machen wollten, der die Brücke ja von Anfang an in den Mittelpunkt der Veranstaltung stellen wollte. Auf jeden Fall machte sich das ganze Publikum gegen halb neun auf den Weg, wiederum angeführt von Wilhelm Nagel und der Musikkapelle.

Unter den Klängen patriotischer Lieder und im gespenstischen Schein der Fackeln marschierte die gesamte Menschenmenge zum Saaleufer hinunter. In der Mitte der Brücke angekommen, also genau über der Öffnungsklappe, gebot Nagel dem ganzen Zug Einhalt. Er ließ einen Tisch bringen, um den herum sich die Musiker und Fackelträger versammelten. Nun wurden bekannte Melodien angestimmt, die von der Menge begeistert mitgesungen wurden. Währenddessen strömten von hinten immer mehr Menschen auf die Brücke und forderten lautstark dazu auf, weiter aufzurücken. Es war jetzt schon sehr voll auf der Brücke, genauer gesagt auf der halben Brücke, denn da die Musiker und der Tisch den Weg versperrten, war nur die stadtseitige Hälfte mit

---

[316] [Bandhauer], Seite 150.

Menschen besetzt. Auf der rechten (nördlichen) Trägerhälfte standen nur ein paar Kinder, die der Marschkolonne vorausgeeilt waren.

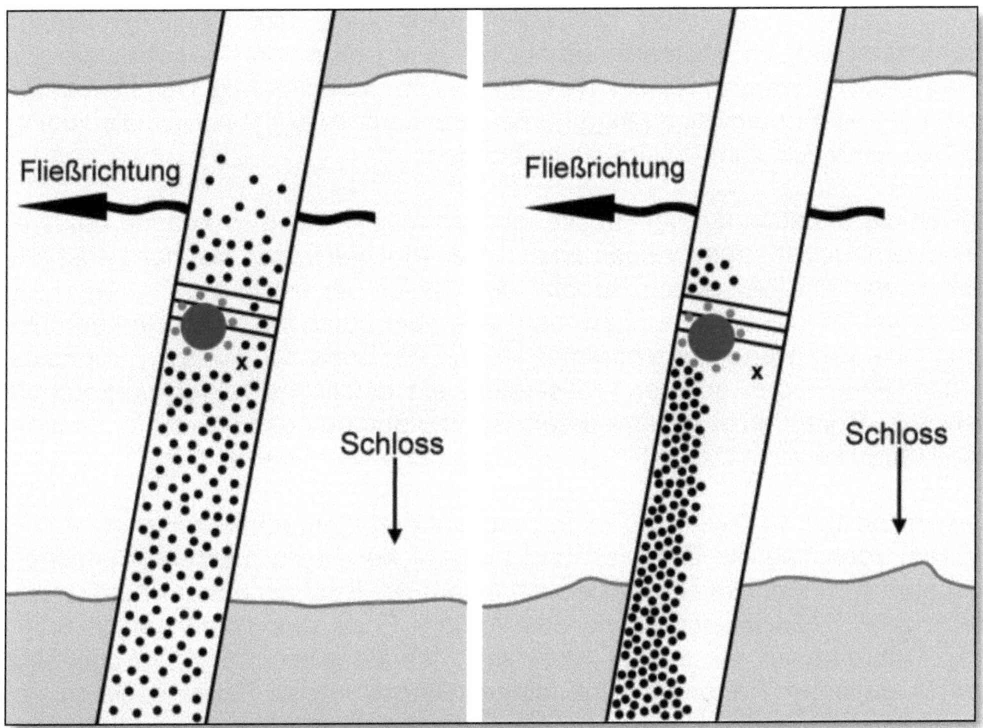


*Links: Die Situation unmittelbar nach dem Eintreffen des Festzuges auf der Brücke. Die Musiker hielten in der Mitte der Brücke an und ließen sich an einem Tisch nieder.*
*Rechts: Nachdem der Amtsaktuar Nagel (x) die Teilnehmer aufgefordert hatte, die Sicht zum Schloss freizumachen, standen die meisten Menschen dicht gedrängt auf einem Viertel der Brückenfläche.*

Zu allem Überfluss forderte Nagel nun dazu auf, die stromaufwärts gelegene Längsseite der Brücke freizumachen, damit die Klänge der Musik freier zum Schloss dringen konnten. Schließlich sollte der Herzog das Schauspiel ja auch gebührend zur Kenntnis nehmen und alle reckten die Hälse, um zu sehen, ob sich in den hell erleuchteten Fenstern des Schlosses etwas bewegte. Obwohl die Menschentraube nun schon sehr dicht gedrängt stand, wollten immer noch mehr Leute auf die Brücke. Wie viele es genau waren, sollte später noch zu mancher Kontroverse führen. Einigen wurde es dadurch zu eng und sie kletterten auf die Barrieren, sich dabei an den Kettenstäben festhaltend. Manche Erwachsene nahmen ihre Kinder auf den Arm, damit sie von der Menge nicht erdrückt würden.

Die Brücke war jetzt natürlich sehr ungleich belastet, weil sich praktisch das gesamte Gewicht auf einem Viertel der Brückenfläche konzentrierte. Eine so asymmetrische Belastung des Trägers hätte es im normalen Verkehrsbetrieb niemals geben können. Auch die Ketten mussten jetzt sehr ungleichen Kräften standhalten, weil im Wesentlichen nur die Eisenstäbe von einem der vier Pylonen beteiligt waren. Als sei dies alles nicht schon genug Durcheinander, sollen ein paar übermütige junge Leute auch noch versucht haben, die Brücke im Takt der Musik zum Schaukeln zu bringen.

Soweit die Situation auf der Brücke, als das musikalische Programm bei *"Heil dir, o Ferdinand"* angekommen war.[317] Der Amtsverwalter Mahner berichtete später, während der ersten Strophe des Liedes sei ein lautes Krachen, wie von einem Schuss zu hören gewesen, was aber durch die Musik und den Gesang nicht von allen wahrgenommen wurde. Am Ende der zweiten Strophe sei in den Hauptketten auf der Wasserseite ein deutliches Klirren vernehmbar gewesen, woraufhin er sich mit einem Sprung gerade noch auf das Widerlager habe retten können. Daraufhin sei der Einsturz unvermittelt erfolgt.[318]

Das linksseitige (südliche) Portal fiel mitsamt den zerbrochenen Ketten auf die Brücke, zerschlug die Barrieren und töte auf der Stelle mehrere Menschen, darunter auch Wilhelm Nagel, der von einem der Kettenstäbe am Kopf getroffen wurde.[319] Gleichzeitig kippte das vordere Ende des Trägers nach unten weg, während sich die andere Seite am Widerlager leicht anhob. Schließlich fiel die gesamte Trägerhälfte mit lautem Getöse in den Fluss, begleitet von dem Lärm berstenden Holzes und den Schreien der abstürzenden Menschen. Das alles war natürlich in Bruchteilen einer Sekunde geschehen und einige Teilnehmer berichteten später, die Musiker hätten noch gespielt, während sie schon in die Tiefe sanken.[320] Auch das Umkippen des Portals und das Abstürzen der Fahrbahn geschahen fast zeitgleich. Der Brückenträger und mit ihm alles was sich darauf befand, wurde von den schweren Eichenstämmen und den Ketten kurzzeitig unter Wasser gedrückt.

Bei alldem war die von der Stadt abgewandte Brückenhälfte völlig unversehrt geblieben. Etwa 50 Menschen hatten sich auf diesen Teil der Brücke retten können. Sie kamen zwar mit dem Schrecken davon, konnten auf dieser Seite aber kaum etwas zu den sofort beginnenden Rettungsmaßnahmen beitragen.

---

[317] Eigentlich: *"Heil dir, im Siegerkranz"*, nach der Melodie der englischen Nationalhymne.

[318] [Bandhauer], Seite 256.

[319] Wilhelm Nagel war zu diesem Zeitpunkt erst 33 Jahre alt. Das ergibt sich aus einer Personalliste der herzoglichen Beamten aus dem Jahr 1818.

[320] [Siebert], Seite 14.

Einige Fackelträger waren von den Ketten oder den Portalen erschlagen worden aber die meisten waren in die Saale gestürzt, sodass augenblicklich fast völlige Finsternis herrschte. Die dunkle Winternacht war nun erfüllt von dem Stöhnen und Jammern der Verletzten und den angsterfüllten Schreien der Umstehenden. Die Saale war Anfang Dezember natürlich sehr kalt, sodass die Abgestürzten nur eine Überlebenschance hatten, wenn es ihnen gelang, das Wasser möglichst schnell wieder zu verlassen. Zudem soll der Fluss durch andauernde Regenfälle schon seit Tagen Hochwasser geführt haben, sodass eine starke Strömung herrschte und die im Wasser treibenden Opfer vom Ufer aus kaum erreichbar waren. Damals war der Anteil der Nichtschwimmer in der Bevölkerung noch deutlich größer als heute, aber auch ein guter Schwimmer kommt mit vollgesogener Winterbekleidung schnell an seine Grenzen.

Die unverletzten Teilnehmer der Veranstaltung begannen sofort mit der Bergung der Überlebenden und Verwundeten. Mehrere Schiffer die den Fackelzug vom Hafen aus beobachtet hatten, beteiligten sich spontan an der Rettungsaktion. Auch der Herzog, der das Unglück offenbar vom Schlossfenster aus mitangesehen hatte, kam sofort mit seinem ganzen Gefolge zur Brücke gelaufen und soll die Hilfsmaßnahmen persönlich angeleitet haben. Im Urteil der Göttinger Juristen wurde später erwähnt, dass allein im Raum Wedlitz ca. 90 bis 100 Verunglückte lebend aus der Saale geborgen werden konnten. Man brachte die Verwundeten so schnell wie möglich nach Hause ins Trockene und musste sich dann vermutlich mit seinen Nachbarn darüber streiten, wohin die wenigen Ärzte zuerst kommen sollten.

Obwohl sie von dem eiskalten Wasser völlig durchnässt waren, konnte sich eine überraschend große Zahl von Menschen auf die Reste der abgestürzten Brückenhälfte retten, die wie ein Floss die Saale abwärts trieb.[321] Man kann nur vermuten, dass sich auch Tote und viele Verletzte mit Knochenbrüchen auf dem seltsamen Wasserfahrzeug befanden, denn sie alle hatten ja einen mehrere Meter tiefen Absturz auf den harten Brettern des Brückenträgers hinter sich. Auch der Amtmann Krellwitz, der ja selbst einer der wichtigsten Geldgeber für den Brückenbau gewesen war, befand sich auf dem Floss. Er soll in dieser Situation kühlen Kopf bewahrt haben, wodurch er sich große Verdienste um die Rettung der Verunglückten erwarb. Schließlich fuhr sich die Brückenhälfte am sogenannten 'Köberling' fest, wo die Überlebenden das Wrack verlassen konnten. Später, nachdem man auch die Toten und Verletzten geborgen hatte, riss das Hochwasser die Brückenreste noch einmal los und beförderte sie weiter stromabwärts.

---

[321] [Vogel], Seite 38. Er berichtet von über 100 Menschen auf dem Floss.

Die Zahl der Verwundeten war enorm, darunter auch viele mit gefährlichen Schädelfrakturen. Andere trugen Verstümmelungen der Gliedmaßen davon, die sie zu lebenslanger Erwerbsunfähigkeit verurteilten. Wenn es sich dabei um ihren Haupternährer handelte, bedeutete dies damals für die ganze Familie in aller Regel den unausweichlichen Absturz in die Armut. Die wenigen medizinisch versierten Bürger Nienburgs waren mit der Situation völlig überfordert und man brauchte Stunden, um mitten in der Nacht die Ärzte aus den Nachbarorten herbeizuholen. Erst im Morgengrauen konnte man das ganze Ausmaß der Katastrophe wirklich überblicken. Einige der Getöteten waren derart in die Holztrümmer verkeilt, dass sie von den Zimmerleuten buchstäblich herausgesägt werden mussten. Bei Tagesanbruch waren zwar schon viele Tote identifiziert und einige Verletzte gerettet worden, aber noch galten viele Menschen als vermisst. In den nächsten Tagen und Wochen wurden immer wieder Leichen aus der Saale geborgen, angeblich sogar noch ein halbes Jahr nach dem Unglück.[322] Dr. Erich Vogel fand in einem alten Nienburger Gesangbuch einen handschriftlichen Eintrag mit folgendem Wortlaut: *"Die verunglückten Menschen sind gefunden, bis auf eine alte Frau und einen Knaben, die garnicht zum Vorschein gekommen sind".*[323]

Das Justizamt Nienburg stellte drei Tage nach dem Unglück eine erste Bilanz zusammen, nach der bereits 23 Tote und 36 Verwundete zu verzeichnen waren aber 31 Menschen immer noch als vermisst galten. In den folgenden Tagen starben zwei weitere Schwerverletzte und fast alle Vermissten konnten nur noch tot geborgen werden. Die abschließende Statistik bestätigte die traurige Bilanz, nach der letztendlich 55 Tote aus Nienburg und nächster Umgebung zu beklagen waren.[324] Darüber hinaus wurde eine niemals genau ermittelte Zahl von Menschen verstümmelt oder dauerhaft versehrt. Manche Familien waren gleich mehrfach durch getötete oder verletzte Angehörige betroffen. Tragischerweise waren unter den Opfern auch überdurchschnittlich viele Kinder und Jugendliche, weil sie dem Fackelzug vorausgeeilt waren und zuerst auf der Brücke ankamen. Es gab aber noch eine weitere besonders stark betroffene Gruppe von Opfern, nämlich die Musiker, die allesamt in die Saale gestürzt waren.

Das Unglück am Nikolausabend war in den nächsten Wochen und Monaten ein Dauerthema der in- und ausländischen Tagespresse. Neben den Spekulationen über mögliche Einsturzursachen wurde mit Vorliebe über tragische Einzelschicksale oder geglückte Rettungsaktionen berichtet. Hier einige der kol-

---

[322] [Siebert], Seite 15.
[323] [Vogel], Seite 40.
[324] [Bandhauer], Seite 255.

portierten Geschichten, die heute nicht mehr auf ihren Wahrheitsgehalt überprüfbar sind:

- Einer der Musiker hatte sich seine Pauken auf den Rücken gebunden und fiel damit kopfüber in die Saale. Da die Trommeln wie Schwimmblasen wirkten, konnte er sich mühelos über Wasser halten und wurde später gerettet.[325]

- Einer der Hautboisten bekam beim Absturz mit einer Hand gerade noch einen Balken zu fassen. Mit den Resten seiner zerbrochenen Klarinette, die ihm in der anderen Hand verblieben war, konnte er auf sich aufmerksam machen und dadurch ebenfalls dem Tod entgehen.[326]

- Der einzige an dem Fackelzug teilnehmende Arzt soll kurz vor dem Unglück von zwei kleinen Mädchen gerettet worden sein, weil sie ihn gebeten hätten, ihnen mit seiner Laterne nach Hause zu leuchten. Dadurch hatte er die Brücke gerade noch rechtzeitig verlassen und konnte später bei der Erstversorgung der Verwundeten wertvolle Hilfe leisten.[327]

- Der 16-jährige Sohn eines Schiffers aus Nienburg wurde mit seinem Fuß zwischen dem Holz eingeklemmt und hing schwerverletzt an einer Stelle, wo man ihm nicht zur Hilfe kommen konnte. Zwei Männer die ihn retten wollten, wurden von der Strömung mitgerissen und konnten anschließend selbst nur mit Mühe aus dem Wasser gezogen werden. Der bedauernswerte Junge soll die ganze Nacht hindurch abwechselnd gejammert, gesungen und geschrien haben und schließlich in den Morgenstunden verstorben sein.[328]

- Ein Mann namens Ruder aus Nienburg hatte sich mit einigen Begleitern an der nächtlichen Suchaktion beteiligt und bei Wedlitz die festgefahrene Brückenhälfte gefunden. Als seine Begleiter die Suche schon aufgeben wollten, sah er im Fluss einen dunklen Gegenstand treiben, den man unter großen Anstrengungen an Land ziehen konnte. Es war ein Balken von der Brücke, an den sich zwei Kinder festklammerten. Eines davon war tot, das andere war bewusstlos und stellte sich als Ruders eigene Tochter heraus. Dem

---

[325] Frankenthaler Wochenblatt Nr. 53, vom 31.12.1825.

[326] Der Wanderer Nr. 357, vom 23.12.1825 (übernommen aus der Leipziger Zeitung vom 9.12.1825).

[327] Ebenda.

[328] [Vogel], Seite 39, der hier einen Bericht aus der Bernburger Zeitung zitiert.

Kind war die Teilnahme an dem Fackelzug verboten worden, weil es krank war. Nachdem die Eltern es zuhause eingeschlossen hatten und selbst zum Fackelzug gegangen waren, entwischte das Kind durch ein Fenster und war dann unerlaubterweise doch auf der Brücke gewesen.[329]

Trotz des ganzen Durcheinanders konnten sich unmittelbar nach der Katastrophe einige Menschen als selbstlose Retter auszeichnen. Viele unversehrte Teilnehmer des Fackelzuges hatten sich sofort nach dem Einsturz in die greifbaren Kähne gestürzt oder waren direkt in das kalte Wasser gesprungen, um Hilfe zu leisten. Einige von ihnen wurden später vom Herzog, der das Ganze ja mit eigenen Augen verfolgt hatte, gelobt und teilweise auch belohnt.

Noch in der Nacht schickte Ferdinand den Konsistorialrat Hartmann nach Köthen, um Bandhauer über die Ereignisse zu informieren. Wie es ihm der Herzog aufgetragen hatte, erstatte Hartmann aber nur einen gefilterten Bericht, bei dem er insbesondere die vielen Toten und Verletzten unerwähnt ließ. Vor allem sollte er Bandhauer davon abhalten, persönlich nach Nienburg zu kommen, weil sich der Herzog wegen des aufgebrachten Volkszorns Sorgen um seine Sicherheit machte. Für Bandhauer war Hartmanns Vortrag wohl reichlich kryptisch, aber er wusste ja von dem Vorhaben Nagels und konnte sich den Rest zusammenreimen.

Noch in der Nacht schrieb er in einem Brief an den Herzog:

> *"Durchlauchtigster Herzog,*
> *Gnädigster Herzog und Herr!*
> *Was diese verhängnisvolle Nacht zu Nienburg gebahr, hat der Consistorialrath Hartmann mir vor dem Bette berichtet, und die milden Rücksichten, welche nach jenem Bericht in Beziehung auf mich Ew. Durchlaucht geleitet haben, haben mich aufrichtig gerührt. Ich soll unter andern nicht nach Nienburg kommen, weil Ew. Herzoglichen Durchlaucht selbst Vormittag noch nach Cöthen zu kommen geruhen würden.*
>
> *Indessen ist aus dem geheimnisvollen Vortrage und nach meiner eigenen Combination auf grösseres Unglück zu schliessen, als es der alleinige Bruch der Brücke allerdings an sich selbst schon ist. Wenn dies wirklich der Fall ist, und Menschen dabei ums Leben gekommen sind, so empfinde ich im ganzen Umfange, welche Landesherrliche Pflichten Ew. Herzogl. Durchlaucht gegen die Verunglückten empfinden werden, und stelle mich hierdurch zum willigen Opfer ihrer Sühne.*

---

[329] Ebenda, Seite 43.

*Dass indess bei vernünftigem Gebrauche der Brücke, oder ohne vorher-
gegangene boshafte Verletzung daran, kein Unglück entstehen konnte,
davon bin ich überzeugt, und haben solches die vorhergegangenen
Proben bewiesen; allein diess kann nichts gut machen, und bitte Ew.
Herzogl. Durchlaucht ich nur unterthänigst, durch Sachkundige rück-
sichtslos mein Urtheil gnädigst fällen zu lassen. So bitter es auch ausfallen möge, ich bin endlich auf das Schlimmste gefasst!*

*Durch Ew. Herzogl. Durchlaucht gnädigen Befehl hier festgehalten, sehe
ich Höchstderoselben weitern Verordnungen ruhig entgegen und erster-
be in tiefster Ehrfurcht*

*Ew. Herzogl. Durchlaucht
Unterthänigster
G. Bandhauer".[330]*

Offenbar konnte Bandhauer sich in diesem Moment nur zwei mögliche Ursachen für den Zusammenbruch der Brücke vorstellen und das war entweder
Sabotage oder eine unvernünftige Überlastung, wobei er mit letzterem
schließlich Recht behalten sollte. Seinem Wunsch nach einer Untersuchung
des Einsturzes durch Sachverständige sollte der Herzog schon bald nachkommen.

Am Tag nach dem Unglück war die Stimmung in Nienburg von einer gespenstischen Betriebsamkeit geprägt. Einerseits war die Stadt wie gelähmt von den
Ereignissen der Nacht und der Trauer, die beinahe jede Familie betraf. Andererseits mussten viele Dinge geregelt werden. So fanden schon am 7. und 8.
Dezember die ersten Beerdigungen statt. Für Freitag den 9. Dezember 1825
waren allein in Nienburg 16 Bestattungen angesetzt.[331] Allerdings hatten auch
die Nachbargemeinden zahlreiche Opfer zu beklagen. Der Herzog hatte die
ersten Untersuchungen durch die Nienburger Behörden schon am Tag nach
dem Unglück angeordnet. Mitglieder des Magistrats besichtigten die Trümmer
und befragten Teilnehmer und Augenzeugen der Veranstaltung nach ihren
Wahrnehmungen. Diese Zeugenaussagen waren später die Basis für ein
Rechtsgutachten der Köthener Landesjuristen.

Wie es so häufig geschieht, wurden in den Zeitungen die fehlenden Fakten zu
den Einsturzursachen vorerst durch wüsteste Spekulationen ersetzt. Schon
wenige Tage nach dem Unglück wurde in verschiedenen Blättern behauptet,
die Katastrophe sei durch die schlechte Qualität des Eisens verursacht wor-

---

[330] [Bandhauer], Seite 1.
[331] [Siebert], Seite 16.

den. Teilweise wurde auch die Zahl der Opfer erheblich übertrieben. So meldete die Neckarzeitung in ihrer Ausgabe vom 21. Dezember, es habe 86 Tote gegeben. Durch verschiedene Zeitungen wurde auch das Gerücht verbreitet, am Tag vor dem Unglück sei ein Lastkahn mit stehendem Mast durch die Brücke gefahren, hätte dabei aber die Durchlassklappe verfehlt. Es sei daher zu einem starken Anprall am Brückenträger und dem Springen einiger Ketten gekommen. Anschließend habe sich die Klappe nicht mehr richtig schließen lassen. Einige Zeitungen mussten ihre Behauptungen und Übertreibungen später allerdings widerrufen.

Das Interesse an dem Nienburger Unglück erfasste sogar Johann Wolfgang von Goethe in Weimar, der ja bekanntlich vielseitig interessiert war. Als ihm die Nachricht von dem Brückeneinsturz zu Ohren kam, besprach er die möglichen Ursachen in einem Kreis befreundeter Intellektueller, darunter auch der Architekt Clemens Wenzeslaus Coudray, der gelegentlich als 'Goethes Baumeister' bezeichnet wurde. Im Tagebuch Goethes ist für den 11. Dezember 1825 vermerkt: *"Zu Mittag von Froriep, Coudray und Voigt. Riß der bey Nienburg gebrochenen Eisenbrücke. Frühere Reise des Architecten Heß dahin"*.[332] Ohne Goethes Aufzeichnungen wäre uns wahrscheinlich nicht bekannt, dass auch der Frankfurter Stadtbaumeister Johann Friedrich Christian Heß nach Nienburg gereist war, um sich die Brücke mit eigenen Augen anzusehen.

## Unterstützung für Opfer und Hinterbliebene

Am Morgen nach dem Unglück suchte das Herzogpaar die junge Witwe des ums Leben gekommenen Amtsaktuars Wilhelm Nagel auf, die von diesem Tag an sich und ihre fünf Töchter alleine versorgen musste. Nagel war der höchste Beamte des Herzogs in Nienburg gewesen und hatte nicht nur durch sein Engagement bei der Ausrichtung des Fackelzuges seine Loyalität unter Beweis gestellt. Ferdinand soll bei dem Besuch der Witwe und ihren Kindern tief erschüttert gewesen sein, woraufhin er versprach, zu helfen soweit es in seiner Macht stünde. Er hielt Wort, denn in dem eben schon zitierten Schreiben wies er das Landes-Direktions-Kollegium an,

*"...auch der Wittwe des verunglückten Amtsaktuarius Nagel zum Beweise Unserer Theilnahme an ihrem Schmerz und mit Rücksicht auf den Diensteifer und die Ergebenheit ihres verstorbenen Ehemannes gegen*

---

[332] Johann Wolfgang von Goethe: *"Tagebücher"*; http://www.zeno.org, [August 2013].

*Unsere Person, eine lebenslängliche Pension von Zweihundert Thalern jährlich zu bewilligen".* [333]

Nach dem Besuch reiste der Herzog nach Köthen zurück und veranlasste neben der Einleitung erster Untersuchungen, umgehend auch ein durchaus beachtliches Hilfsprogramm für die Opfer der Katastrophe. Mit der Durchführung beauftragte er den Kammerrat Poetsch, der zunächst in Nienburg feststellen sollte, wer am dringendsten Hilfe benötigte und in welcher Form eine Unterstützung am sinnvollsten wäre. Vor Ort assistierte ihm dabei der Amtmann Krellwitz, der ja selbst durch sein geistesgegenwärtiges Handeln auf dem Floß viele Menschenleben gerettet hatte. Dafür erhielt er schon fünf Tage später vom Herzog eine Belohnung, indem er zum Oberamtmann beförderte wurde. [334]

Poetsch legte dem Herzog seinen ersten Bericht zur Situation der Verletzten und Hinterbliebenen schon am 15. Dezember vor. Ferdinand bewilligte alle vorgeschlagenen Unterstützungsleistungen in Geld und teilweise auch in Naturalien, wie z.B. Getreide. Dabei beschränkte er sich nicht auf seine eigenen Untertanen, sondern ordnete auch Hilfsleistungen für Opfer aus den benachbarten Herzogtümern an. Sogar einigen die das Unglück unverletzt überstanden hatten und 'nur' materiellen Schaden davon getragen hatten, wurde geholfen. So ersetzte die Rentkammer zahlreiche Musikinstrumente der in- und ausländischen Hautboisten. Auch der größte Teil der Bestattungskosten wurde von der herzoglichen Rentkammer übernommen. Dem Arzt Dr. Siederer wurde für seine aufopferungsvolle (und unbezahlte) Erstversorgung der vielen Verletzten der Titel *"Hofarzt von Gnaden"* verliehen und der Chirurg Stahmer erhielt eine Gratifikation. [335]

Zur Abwicklung des Hilfsfonds setzte der Herzog eine Kommission mit Poetsch an der Spitze ein, in die außerdem Krellwitz, Rosenhagen, der Waagemeister Gebhardt, zwei Geistliche und ein Arzt berufen wurden. Sie hatten die Aufgabe für die sachgerechte Verteilung der Hilfsleistungen zu sorgen aber auch die Spenden aus dem In- und Ausland zu verwalten. Die Kommission sollte so lange wie nötig bestehen bleiben und hatte zweimal jährlich einen Bericht über die weitere Notwendigkeit der einzelnen Leistungen vorzulegen. Der Report vom 14. Januar 1826 enthielt eine erste Danksagung und eine namentliche Liste der Spender. Es wurde aber nicht nur Geld gespendet, son-

---

[333] [LHASA], DE, Z 70, C 9k Nr. 110. Schreiben des Herzogs vom 11.12.1825 an Krellwitz, bzw. an das Landes-Direktions-Kollegium.
[334] Ebenda.
[335] Ebenda, Schreiben des Herzogs an das Landes-Direktions-Kollegium vom 16.12.1825.

dern auch viele Sachwerte, darunter Getreide aller Art, Leinenzeug für die Wundversorgung und sogar ein gemästetes Schwein. Die meisten Spender kamen aus dem Herzogtum selbst oder der nächsten Umgebung aber es gingen auch recht hohe Einzelbeträge aus Berlin, Dresden, Regensburg und vielen anderen Städten ein.[336] Vielerorts wurden Sammelaktionen *"für das leidende Nienburg"* durchgeführt, die sicherlich durch die generelle Spendenbereitschaft in der Vorweihnachtszeit begünstigt wurden. Auch Hamburg, mit dem Nienburg durch die Schifffahrt viele geschäftliche Beziehungen pflegte, zeigte sich sehr großzügig. Ungeachtet aller politischen Spannungen gingen aber gerade auch aus Preußen zahlreiche Zuwendungen bei der Hilfskommission ein.

In dem schon erwähnten Zeitungsartikel der Anhalt-Bernburgischen Zeitung wurde der Einsatz des Herzogs unmittelbar nach dem Unglück ganz besonders herausgestellt und seine unbestreitbaren Bemühungen zur Unterstützung der Opfer ausführlich und in bestem Lichte präsentiert. Wörtlich hieß es dort:

*"Unser Herzog, der ordnend am Ufer des Saalstroms stand, besorgte die Rettung vieler Menschen, rief in schneller Eile die ärztliche Hülfe der benachbarten Städte herbei, ließ die Todten zur Erde bestatten, verpflegte als Menschenfreund die Verwundeten, und gewährte als Vater den Wittwen und Waisen, den schwachen und greisen Eltern, welche den treuen Beistand und die sorgliche Pflege in ihren Kindern verloren hatten, augenblickliche Unterstützung und selbst bleibende Versorgung durch Ertheilung von Pensionen.*
*Dank unserem edlen Herzoge! Dank Seiner herzoglichen Gemahlin, welche durch milde Spenden und theilnehmende Worte Wittwen und Waisen erfreuete, und so als heilbringende Trösterin und sorgsame Landesmutter erschien".*[337]

Vielleicht hatte Ferdinand die Veröffentlichung dieses Berichtes auch geschickt lanciert, denn am Tag vor dessen Erscheinen, also am 13. Januar 1826, hatte er sein Geheimnis gelüftet und die Öffentlichkeit von dem vollzogenen Konfessionswechsel in Kenntnis gesetzt.[338] Da diese Nachricht für die meisten seiner Untertanen zweifellos eine große Enttäuschung war, glaubte er

---

[336] Ebenda, *"Anhalt-Bernburgische wöchentliche Anzeigen"* vom 14. Januar 1826.
[337] Ebenda.
[338] Dr. phil. Franz Schulte: *"Herzog Ferdinand und Herzogin Julie von Anhalt-Cöthen. Eine religionsgeschichtliche und religions-psychologische Studie";* Verlag des Sächsischen Tageblattes, Köthen 1925.

wohl die aufgebrachten Gemüter etwas besänftigen zu können, wenn praktisch zeitgleich von seinen großzügigen Hilfsleistungen berichtet wurde.

Seine Befürchtungen stellten sich als völlig begründet heraus, denn prompt versuchten einige Bürger einen Zusammenhang zwischen den beiden Ereignissen herzustellen. Sie sahen in dem Brückeneinsturz eine Art 'göttlicher Strafe' für den Verrat ihres Landesherrn an der evangelischen Kirche. Ferdinands Konfessionswechsel, der von einem Historiker sogar als 'Kriegserklärung' gegen seine protestantischen Nachbarn bezeichnet wurde, bescherte ihm aber auch außenpolitisch erhebliche Schwierigkeiten. Insbesondere Preußen, zu dem die diplomatischen Beziehungen ja ohnehin schon seit längerer Zeit abgekühlt waren, äußerte völliges Unverständnis. Die Spannungen gingen sogar soweit, dass die Beziehungen Herzogin Julies zu ihrer preußischen Familie bis auf die Grundfesten erschüttert wurden. Darüber geben vor allem die Briefe König Friedrich Wilhelm III. an seine Halbschwester lebhaft Auskunft, die in einem erregten und herabsetzenden Ton verfasst waren.[339]

Es wäre allerdings falsch, Ferdinands Wohlfahrtsprogramm für die Opfer des Brückeneinsturzes als reines Kalkül abzutun. Sein Mitgefühl war ebenso redlich wie die ungeheure Hilfsbereitschaft seiner Landsleute und der ausländischen Wohltäter. In einigen Veröffentlichungen hieß es später sogar, die Spendenbereitschaft sei so groß gewesen, dass noch Geld übrig geblieben wäre, um es für andere caritative Zwecke einzusetzen. Mit dieser Legende räumte aber schon Vogel auf, indem er klarstellte, dass die Zuwendungen gerade bei den kinderreichen Familien nur für das Notdürftigste ausgereicht hätten. Besonders schwierig war die Situation für einige leicht Verletzte, bei denen sich erst nach einiger Zeit bleibende Schäden herausstellten. Sie konnten dadurch ihrem früheren Broterwerb nicht mehr nachgehen, fielen aber auch durch sämtliche Maschen des herzoglichen Wohlfahrtsprogrammes.[340]

## Ursachen und Schuldfrage

Das zweite Problem um das sich der Herzog direkt nach dem Unglück kümmern musste, war die Klärung der Einsturzursache und die Feststellung etwaiger Schuldiger. Die notwendigen Untersuchungen gliederten sich in zwei Teilbereiche, nämlich eine rein technische und eine rechtliche Ermittlung. Durch erstere war vor allem zu klären, ob Bandhauer sich bei den Berechnun-

---

[339] Ebenda.
[340] [Vogel], Seite 42.

gen oder bei der Bauausführung einen grob fahrlässigen Fehler hatte zu Schulden kommen lassen. In juristischer Hinsicht stand die Frage im Raum, ob Bandhauer oder einer anderen Person ein persönlicher Vorwurf gemacht werden konnte und daher ein förmliches Gerichtsverfahren einzuleiten sei. Das technische Gutachten konnte nicht von landeseigenem Personal abgegeben werden, weil es dort niemanden gab, der die Arbeit des Baumeisters hätte beurteilen können, schon gar nicht bei einem so neuartigen Bauwerk wie einer Kettenbrücke.

Ferdinand dürfte allerdings kein Interesse an einer Verurteilung Bandhauers gehabt haben, denn in diesem Fall hätte er ihn nicht an der Spitze seines Bauamtes belassen können. In seinen wenigen Dienstjahren war Bandhauer dem Herzog durch seine Fähigkeiten und seine sparsame Bauweise aber schon sehr nützlich gewesen. Aus Rücksicht auf die öffentliche Meinung war es Ferdinand jedoch sehr wichtig, von vornherein jeglichen Anschein eines behördeninternen Gefälligkeitsgutachtens zu vermeiden. Es blieb ihm daher nichts weiter übrig, als vorerst eine distanzierte Haltung zu seinem Baumeister einzunehmen und auf einen guten Ausgang des Verfahrens zu hoffen.

Da die juristischen Folgen entscheidend von den Ergebnissen der technischen Untersuchung abhängen würden, waren letztere zuerst einzuleiten. Am vordringlichsten war die Sicherung und Bergung der stehengebliebenen Brückenruine, die zur Beweissicherung von größter Bedeutung war. Insbesondere die zerbrochenen Ketten mussten schnellstmöglich von Fachleuten untersucht werden, bevor sie durch Witterungseinflüsse verändert oder gar gestohlen werden konnten. Diese Sorge war durchaus nicht unbegründet, denn Eisen war damals immer noch ein seltenes und wertvolles Material.

Die Untersuchung der Eisenstäbe führte am 18. Dezember ein königlich großbritannisch-hannoverscher Landbaukondukteur namens Schuster durch, der die schlechte Qualität der Ketten bestätigte. Er entdeckte zahlreiche Mängel in der Eisenstruktur, die auf inhomogenes Material zurückzuführen waren: Risse, Nester, Schlacke und außerdem die reichliche Verwendung von Ölfarbe, mit der die Hütte versucht hatte, Materialfehler zu vertuschen. Insgesamt fand er bei den gebrochenen Ketten sieben Stellen, an denen er das Eindringen von Ölfarbe nachweisen konnte. Daraus folgerte er, dass diese Risse schon von der Hütte bemerkt worden waren und nicht vom Einsturz stammen konnten.

Für das eigentliche bautechnische Gutachten versuchte die Köthener Landesregierung einige der renommiertesten Baufachleute im deutschsprachigen Raum zu gewinnen. Das waren Albert Eytelwein und Adolf Günther von der preußischen Oberbaudeputation, sowie Georg Moller in Darmstadt.[341] In seiner Verteidigungsschrift ersetzte Bandhauer die Namen aber durch Platzhalter, weil alle drei ablehnten. Die Absage der preußischen Beamten ist durchaus nachvollziehbar, weil sich sowohl die Oberbaudeputation als auch das Handelsministerium schon mehrfach gegen das System der Schrägseilbrücken ausgesprochen hatten. Weit unverständlicher erscheint da schon die Ablehnung Mollers, vor allem wenn man bedenkt, dass er ja Bandhauers Ausbilder war. Leider sind die Ablehnungsschreiben in den Akten nicht erhalten, sodass uns über die näheren Beweggründe Mollers keine Informationen vorliegen. Moller unternahm aber gerade in der Zeit zwischen 1825 und 1830 ausgedehnte Bildungsreisen ins Ausland, sodass die Annahme des Auftrages auch ganz einfach an der fehlenden Zeit gescheitert sein könnte.[342]

Wie aus einem Schreiben des Herzogs an die Landesregierung hervorgeht, lehnten noch zwei weitere, namentlich nicht genannte Fachleute die Untersuchungen ab. Mehr Erfolg hatte man schließlich bei der sächsischen Bauverwaltung in Dresden. Der Bergbautechniker Christian Friedrich Brendel aus Freiberg/ Sachsen und der Landbaumeister August Königsdörfer aus Dresden waren bereit, die undankbare Aufgabe zu übernehmen. Bandhauer stimmte ihrer Berufung zu, da er beide nicht kannte und insofern nicht von einer etwaigen Voreingenommenheit ausgehen konnte. Inwieweit Brendel und Königsdörfer aber tatsächlich die ausgewiesenen Fachleute zur Beurteilung eines hochmodernen Brückenbaus waren, sei einmal dahingestellt. Allerdings wäre es wohl für jeden Sachverständigen damals eine echte Herausforderung gewesen, ein Bauwerk zu beurteilen, wie es auf der ganzen Welt kein zweites gab.

Brendel und Königsdörfer trafen im November 1826 beim Herzog in Köthen ein und reisten kurz darauf weiter nach Nienburg. Als sie endlich mit ihrer Arbeit beginnen konnten und den Schauplatz der schrecklichen Ereignisse zum ersten Mal mit eigenen Augen sahen, war also fast schon ein ganzes Jahr vergangen. Von Seiten der Landesregierung wurden den Gutachtern zwei 'Commissare' zur Seite gestellt, die bei den Untersuchungen vor Ort behilflich sein sollten, soweit Ortskenntnisse erforderlich waren oder bestimmte Zeugen aufgesucht werden mussten.[343]

---

[341] [LHASA], DE, Z 70, C 9k Nr. 110. Schreiben Ferdinands an das Landes-Direktions-Kollegium vom 9.12.1825.

[342] [Frölich/ Sperlich], Seite 48.

[343] Die Kommisare waren C. Bramigk und A. v. Behr.

Brendel und Königsdörfer scheinen der Ansicht gewesen zu sein, dass sie am sichersten zu einem objektiven Ergebnis kämen, wenn sie ihre Untersuchungen ohne den direkten Einfluss Bandhauers durchführen würden. Das heißt, Bandhauer wurde nicht persönlich von ihnen befragt, sondern er durfte seine Sichtweise nur in einem schriftlichen Bericht formulieren, der später die Grundlage für seine Verteidigungsschrift bildete. Als Anlage händigte Bandhauer auch sämtliche Berechnungen, Zeichnungen und Kostenanschläge an die Gutachter aus. Nach eigenen Angaben schrieb Bandhauer diesen Bericht innerhalb von 20 Tagen, obwohl ihn gerade zu dieser Zeit die Aufstellung des Bauetats für das nächste Rechnungsjahr sehr stark in Anspruch nahm.[344]

Der Herzog hatte schon kurz nach dem Unglück die Sicherung des Status Quo bis zum Abschluss des Verfahrens angeordnet, sodass die unversehrte Brückenhälfte noch immer wie ein Galgen über die Saale ragte. Nur die bereits untersuchten Ketten des eingestürzten Trägers waren schon weggeschafft worden. Brendel und Königsdörfer begutachteten die verbliebenen Bauteile, studierten Schusters Bericht über das Eisenwerk und sprachen mit Überlebenden und Augenzeugen. Nachdem sie ihre Ermittlungen abgeschlossen hatten reisten sie nach Dresden zurück und versprachen ihr Gutachten bald vorzulegen.

Für Bandhauers angegriffenes Gemüt war es während der nun folgenden Wartezeit von Vorteil, dass sein Berufsalltag ihm kaum eine Verschnaufpause gönnte und seine Dienstgeschäfte ohne die geringste Unterbrechung weiterliefen als sei nichts geschehen. Dennoch waren die vielen Monate bis endlich mit den Untersuchungen begonnen wurde, für ihn sicher sehr nervenaufreibend. Er hätte am liebsten sofort damit begonnen die Brücke wieder aufzubauen und wurde bereits im Januar 1826 mit diesem Vorschlag beim Herzog vorstellig. Ferdinand konnte aber wohl nicht anders, als dies wegen der laufenden Untersuchungen vorerst abzulehnen.[345] Bandhauers Geduld sollte aber noch auf eine weit härtere Probe gestellt werden, denn die Gutachter ließen mit ihrem Abschlussbericht bis zum Oktober 1827 auf sich warten, also fast noch ein weiteres Jahr.

Die zentrale Frage auf die Brendel und Königsdörfer eine Antwort finden mussten war, ob die Belastung der Brücke die zum Einsturz geführt hatte, innerhalb oder außerhalb der von Bandhauer garantierten Tragfähigkeit lag. Um dies aber entscheiden zu können, mussten sie zunächst einmal möglichst

---

[344] [Bandhauer], Seite 184.
[345] Zum ersten Mal erwähnte Bandhauer den Wunsch die Brücke wieder aufzubauen schon in einem Schreiben vom 8. Januar 1826 an den Legationsrat.

genau wissen, wie viele Menschen sich tatsächlich auf der Brücke aufgehalten hatten. Das war eine der schwierigsten Fragen überhaupt, mit der sich die herzoglichen Beamten schon am Tag nach dem Unglück beschäftigt hatten. Nach deren Einschätzung, die sich vorwiegend auf Augenzeugenberichte stützte, waren kurz vor dem Einsturz 186 Erwachsene und 66 Kinder auf der Brücke gewesen. Die Gutachter fanden aber schnell heraus, dass diese Schätzung zu niedrig war.

Um zu einem genaueren Ergebnis zu kommen, hatten Brendel und Königsdörfer eine namentliche Liste auf der Grundlage ihrer eigenen Zeugenbefragungen zusammengestellt. So kamen sie schließlich zu dem Resultat, dass sich insgesamt 307 Menschen *"verschiedenen Geschlechts und Alters"* auf der Brücke aufgehalten hätten.[346] Die Köthener Juristen hielten diese Schätzung für zu hoch, weil man eher den Angaben der eigenen Beamten vertraute. Für Bandhauer hingegen war auch das Ergebnis der Gutachter noch zu niedrig. In seiner Schrift argumentiert er nachvollziehbar, dass bei dem angewandten Verfahren der namentlichen Benennung nur eine Mindestzahl angeben werden könne. Auf der Liste konnten natürlich nur Personen stehen, an die sich wenigstens einer der Umstehenden erinnerte und die diesem auch namentlich bekannt waren. In dem Durcheinander des folgenreichen Abends waren aber auch viele Menschen aus der näheren und weiteren Umgebung in Nienburg gewesen, sodass auf der Brücke sicher nicht jeder alle um ihn herum stehenden Personen kannte.

Bandhauer erwiderte daher ganz richtig, dass auch Teilnehmer auf der Brücke gewesen sein könnten, die sich nach dem Unglück nicht gemeldet hätten und an die sich auch niemand erinnern würde. Er konnte sogar ein Beispiel für eine solche Person angeben, nämlich seinen neuen Kutscher, der zum Zeitpunkt des Unglücks noch im Dienst des Pfarrers in Prosigk gestanden hatte. Auch er wollte sich die Brückenillumination in Nienburg nicht entgehen lassen, war mit auf der Brücke gewesen und in die Saale abgestürzt. Dabei hatte er Glück im Unglück, denn er konnte sich aus eigener Kraft ans Ufer retten. Anschließend hatte er sich auf dem schnellsten Wege nach Hause begeben und wollte mit niemandem darüber sprechen, weil es ihm peinlich war. Weil sein damaliger Wohnort mehr als sechs Stunden von Nienburg entfernt lag, war er auch niemals befragt worden und niemand konnte sich an ihn erinnern, sodass er auch nicht auf der Liste der Sachverständigen erscheinen konnte.[347]

---

[346] [Bandhauer], Seite 159.
[347] Ebenda, Seite 210.

Da man eine genauere Anzahl aber nicht sicher bestimmen konnte, wurden die 307 Personen letztlich sowohl von Bandhauer, als auch von der juristischen Fakultät der Universität Göttingen als Grundlage für die weiteren Ermittlungen akzeptiert. Allerdings kündigte Bandhauer für den Fall eines förmlichen Gerichtsverfahrens an, diese Zahl einer genaueren Überprüfung unterziehen zu lassen. Beinahe ebenso schwierig war es übrigens, die tatsächliche Zahl der ums Leben gekommenen zu bestimmen. Die bis heute offiziell angegebene Opferzahl von 55 Toten stammt aus einer namentlichen Aufstellung des Bäckers Hofmann aus Nienburg, welche dieser *"aus freiem Antriebe"* angefertigt hatte.[348]

Wenn man sich heute das technische Gutachten sowie Bandhauers Verteidigungsschrift dazu durchliest, fällt insbesondere die Verwirrung bezüglich der verwendeten Maßeinheiten ins Auge. Es gab damals noch keine einheitlichen Längen- und Gewichtseinheiten für ganz Deutschland, geschweige denn für Europa.[349] Als Längenangabe war im deutschsprachigen Raum meist der 'Fuß' die gebräuchliche Basiseinheit. Ein Fuß bestand aus 12 Zoll und ein Zoll wiederum aus 12 Linien. Allerdings hatte der Fuß, und damit natürlich auch das Zoll und die Linie, in jedem 'Land' eine andere Länge. Es gab z.B. den Berliner Fuß (der mit dem Rheinländischen Fuß identisch war), Dresdner Fuß, Wiener Fuß, Schweizer Fuß, Pariser Fuß, Englische Fuß und eben auch den *"Fuß nach dem Köthenschen Baumaße"*, den Bandhauer verwendete. Für die Gewichtseinheiten galt prinzipiell das Gleiche. Sie wurden zwar meistens in Pfund angegeben, meinten aber überall etwas anderes. Das in Deutschland heute noch gebräuchliche Pfund (500 Gramm) wurde erst 1858 vom deutschen Zollverein eingeführt. Bis dahin wog z.B. ein 'Berliner Pfund' nur 467,711 Gramm. Bei der Aufarbeitung des Brückeneinsturzes benutzten auch die Sachverständigen - je nach Herkunft - ihre gewohnten Einheiten, sodass ständig umgerechnet werden musste.[350]

---

[348] [Bandhauer], Seite 255.

[349] Deutschland trat erst 1872 der französischen Meterkonvention bei und beendete damit zumindest das Chaos bei den Längeneinheiten.

[350] Ein Zitat aus Bandhauers Verteidigungsschrift (Seite 187) belegt dies: *"Zu dem sub a bemerkten Verhältnisse zwischen den Dresdner und dem an der Brücke gebrauchten Fussmaasse ist zu erinnern, dass der Dresdner Fuss 125,568 und der hiesige 130 Pariser Linien enthält. Zwar wird das hiesige Baumaas für Calenberger ausgegeben, das nur 129,16 Pariser Linien enthält, es ist aber nicht so. Das Verhältniss müsste darum wie 6595 zu 6371 oder besser wie 130, zu 125,568 stehen. Daraus folgt auch, wenn 8,638 Leipziger Pfund auf den Dresdner Quadrat-Fuss gehen, für den hiesigen Quadrat-Fuss 9,237539 statt der 9,134556 Berliner Pfd...."*, etc. etc.

Brendel und Königsdörfer berechneten mit den 307 Personen und einem Durchschnittsgewicht von etwas mehr als 102 Pfund einen Belastungsansatz, den Bandhauer wiederum nicht akzeptierte. Er selbst hatte 17 Männer, Frauen und Kinder in seinem Umfeld gewogen und dabei ein Durchschnittsgewicht von fast 133 Pfund ermittelt. Die Sachverständigen stellten die berechnete Gesamtbelastung und die sich daraus ergebenden Zugkräfte auf die Ketten der theoretischen Festigkeit des Eisens nach Navier gegenüber. Die wichtigste um 1826 vorhandene Literatur über Materialfestigkeiten, waren im wesentlichen Eytelweins *"Statik fester Körper"* [351] und die schon erwähnte Schrift Naviers, die 1825 von Dietlein ins Deutsche übersetzt wurde. Die Angaben bei Eytelwein stammten zum Teil aus den umfangreichen Materialversuchen, die der niederländische Naturwissenschaftler Musschenbroek bereits 1756 durchgeführt hatte.[352] Bandhauer konnte sich bei seinen Berechnungen aber nur auf Eytelwein beziehen, weil Naviers Werk zu diesem Zeitpunkt in Deutschland noch gar nicht im Handel war. Brendel und Königsdörfer hielten ihm aber vor, dass er die neueren Erkenntnisse Naviers ignoriert hätte. Auch in diesem Punkt verteidigte sich Bandhauer souverän, indem er sich nicht einfach nur auf das Erscheinungsdatum bezog, sondern klarstellte, dass die *"Autorität"* Naviers in Fachkreisen keineswegs größer sei, als diejenige Eytelweins. Außerdem müsse nach beiden Gelehrten die tatsächliche Festigkeit des jeweiligen Eisens ohnehin durch Versuche überprüft werden, was er ja auch getan hatte.

Die Gutachter kamen abschließend zu dem Ergebnis, dass *"aus Besorgnis die Baukosten zu sehr zu steigern mit dem Materiale zu sparsam umgegangen worden ist, wodurch jeden Theils absolutes Tragvermögen sehr in Anspruch genommen worden ist…"*, womit in erster Linie natürlich das Eisenwerk gemeint war.[353] Die Tragfähigkeit einzelner Bauteile, insbesondere der Ketten und der daran befestigten Querbalken auf denen der Träger ruhte, sei zwar sehr weit ausgereizt worden, entspreche aber gerade noch den damals unter Fachleuten anerkannten Berechnungsansätzen. Im Tenor kamen die Gutachter also zu dem Ergebnis, dass Bandhauer nicht für das Unglück verantwortlich gemacht werden könne, weil die zum Einsturz führende Belastung außerhalb der von ihm berechneten und verbürgten Grenzen gelegen habe.

---

[351] Johann Albert Eytelwein: *"Handbuch der Statik fester Körper mit vorzüglicher Rücksicht auf ihre Anwendung in der Architektur"*, Berlin 1808.
[352] Pieter van Musschenbroek (*14.03.1692 in Leiden, †19.09.1761 ebenda).
[353] [Bandhauer], Seite 176.

Obwohl Brendel und Königsdörfer ausschließlich eine technische Stellungnahme abzugeben hatten, konnten sie sich einen deutlichen Hinweis auf einen ihrer Meinung nach Mitschuldigen nicht verkneifen:

*"...dass diese Brücke [...] vielleicht zu viel Zutrauen erweckt hatte, am Tage des Einsturzes dem andrängenden Publico, von einem freudetrunkenen und in Folge dessen auch mit verunglückten Nienburger Einwohner und resp. Herzogl. Beamten mit zu viel Unbesonnenheit preiss gegeben wurde, wodurch allein deren Einsturz herbeigeführt worden ist".*[354]

Damit war natürlich der übermotivierte Amtsaktuar Wilhelm Nagel gemeint, der für die ungleichmäßige Belastung der Brücke verantwortlich gemacht wurde. Gerade ihm als Repräsentanten der Polizeigewalt wäre aber in diesem Moment die Aufgabe zugefallen, für die strikte Einhaltung der Brückenordnung zu sorgen und jegliche Überlastung des Bauwerks zu verhindern. Bandhauer kommentierte diese Erkenntnis der Gutachter nur beiläufig mit den Worten: *"Hier ist der Ort die Ursachen des Einsturzes nachzuweisen".*

Während der langen Wartezeit auf das Gutachten begann Bandhauer aus seiner fachlichen Stellungnahme die 'Verteidigungsschrift' zu entwickeln. Gegenüber kritischen Berufskollegen, Juristen, dem Herzog und der Nienburger Bevölkerung wollte er seine Berechnungen offenlegen und nachweisen, dass er alles in seiner Macht stehende für die Sicherheit der Brücke getan hatte. Die erste Version war ausschließlich für Brendel und Königsdörfer bestimmt. Bandhauer fasste aber schon bald den Entschluss, die Verteidigungsschrift auch als Buch zu veröffentlichen und wartete deshalb voller Ungeduld auf Nachrichten aus Sachsen. Als er von dem Eintreffen des technischen Gutachtens in Köthen erfuhr, schrieb er umgehend an den Herzog, weil er möglichst schnell über dessen Inhalt informiert werden wollte. Mit dem gleichen Schreiben informierte er den Herzog auch über seine Absicht, die Verteidigungsschrift zu veröffentlichen. Ferdinand antwortete ihm daraufhin recht kühl:

*"Zugleich habe Ich aus Ihrem Anschreiben vom 6ten d.M. erfahren, daß Sie die Absicht haben eine Rechtfertigung des Baues der Nienburger Brücke durch den Druck bekannt zu machen, und sich dieserhalb auf eine von Mir gegeben Erlaubniß beziehen. Da Ich Mich jedoch einer solchen Erlaubniss durchaus nicht erinnern kann, so ist es um so mehr Mein Wille daß Sie jede öffentliche Rechtfertigung unterlassen müssen, als Ich jetzt von der Ungerechtmäßigkeit derselben schon im Allgemeinen durchdrungen bin. Sie haben daher den Ausgang dieser Angelegenheit ruhig abzuwarten, und diejenige öffentliche Rechtfertigung zu*

---

*gewärtigen, welche Ihnen nach Lage der Umstände vielleicht wird ert-
heilt werden können. Uebrigens verbleibe Ich Ihnen in Gnaden gewogen."* [355]

Diese Zurechtweisung war für Bandhauer sicher eine große Enttäuschung,
was dem Herzog wohl auch durchaus bewusst war, wie der um Ausgleich
bemühte Schlusssatz erahnen lässt. Durch diese allerhöchste Entscheidung
konnte Bandhauer die Verteidigungsschrift erst 1829 veröffentlichen, nachdem die Juristenfakultät in Göttingen ihr abschließendes Urteil gesprochen
hatte. Also war Bandhauer erneut zur Untätigkeit verurteilt. Er musste weiter
geduldig auf den Ausgang des Verfahrens warten, während er die ganze Zeit
das Damoklesschwert einer möglichen Entlassung über sich spürte.

Ferdinand leitete das technische Gutachten zunächst an seine Hofjuristen
weiter und forderte eine Stellungnahme darüber an, ob gegen Bandhauer nun
ein förmliches, oder wie man damals sagte *"peinliches"* Gerichtsverfahren
einzuleiten sei. Nun zeigte sich einmal mehr, dass offenbar nicht alle Mitglieder der Landesregierung Bandhauer wohlgesonnen waren. Die hauseigenen
Juristen zeigten sich nämlich durchaus willens, Bandhauer der Anklage aus-
zusetzen und wollten auch das entlastende technische Gutachten nicht akzeptieren. Stattdessen verließen sie sich lieber auf die Untersuchungsergebnisse
der Nienburger Beamten, die diese am Tag nach dem Unglück vor Ort ermittelt hatten.

Im Übrigen wollten sie auch die Schuldzuweisung gegen Nagel nicht hinnehmen, die ja schließlich einen Juristen betraf und damit auch einen Berufskollegen. In ihrer Stellungnahme an den Herzog schlugen sie deshalb vor, die
Expertise Brendels und Königsdörfers zu verwerfen und stattdessen ein zweites technisches Gutachten von der oberen Baubehörde *"eines großen Staates"* einzuholen.[356] Vermutlich dachten sie dabei an die preußische Oberbaudeputation, die aber durch Eytelwein und Günther die Gutachterrolle schon
einmal abgelehnt hatte. Es wird nicht ganz klar, warum die eigenen Hofjuristen
gegen Bandhauer eingestellt waren, aber die Grundhaltung des internen
Rechtsgutachtens war zweifellos eher 'schuldig' als 'unschuldig'.

Nagels dienstliches Fehlverhalten am Abend des Unglücks war unübersehbar,
wurde von den Juristen der Köthener Landesregierung aber vollständig igno-

---

[355] [LHASA], DE, Z 70, C 9k Nr. 110. Schreiben Ferdinands an Bandhauer vom 12.01.1828.
[356] Die Stellungnahme der Köthener Juristen ist das einzige wichtige Dokument, das Bandhauer in seiner Verteidigungsschrift nicht abducken ließ, sondern nur auszugsweise zitierte.

riert. Bandhauer weist im Schlusswort seiner Verteidigung auf den Interessenskonflikt der Behörden hin:

> *"Dass nämlich eine Brücke, die zur Sicherheit des Publicums besondere Vorschriften nöthig macht, eben der Sorge für Befolgung dieser Vorschriften willen, unter landespolizeilicher Aufsicht steht, lässt sich nicht widersprechen. Die Landespolizei resortirt nun aber bei der Herzoglichen Landesregierung, der begutachtenden Behörde in dieser Sache".*[357]

Schon das Bemühen der Landesjuristen die Anzahl der auf der Brücke befindlichen Menschen gegenüber dem technischen Gutachten nach unten zu korrigieren, war ein bewusster Versuch, Bandhauer zu belasten, bzw. Nagel zu entlasten.

Bandhauer wurden die Inhalte des technischen und des rechtlichen Gutachtens erst im Mai 1828 in vollem Wortlaut bekannt gegeben. Vom fachlichen Teil fühlte er sich weitgehend bestätigt, setzte sich aber gegen die *"mehr anklagende als gründlich prüfende Form des Rechtsgutachtens"*[358] zur Wehr. Die Hofjuristen hielten Bandhauer schon deshalb für schuldig, weil nach ihrer Meinung einem 'obersten Baumeister' grundsätzlich nichts entgehen dürfe, was die Sicherheit seiner Bauwerke betreffe. Sie vertraten sogar die Meinung, Bandhauer hätte die Pflicht gehabt, weil er ja von Nagels Vorhaben wusste, am Abend des Unglücks nach Nienburg zu kommen, um eine Überlastung der Brücke persönlich zu verhindern. Sie warfen dem Baumeister also vor, er hätte es versäumt, polizeiliche Aufgaben wahrzunehmen und die eigentlich dafür zuständige Amtsperson von dem gefährlichen Vorhaben abzuhalten.

Das interne Rechtsgutachten enthielt offenbar mehr oder weniger versteckt sogar den absurden Vorwurf, Bandhauer hätte beim Brückenbau grob fahrlässig, ja an der Grenze zur Vorsätzlichkeit gehandelt. Er antwortet darauf:

> *"Allein ein Blick auf meine übrigen Handlungen; ein Gedanke an meine unendlichen Mühen, Kämpfe und Unannehmlichkeiten, denen ich 2 Jahre hindurch wegen dieses Baues ausgesetzt war – an meine eigenen Opfer, die ich dem Baue brachte, indem ich ihn meinen Untergebenen nicht anvertrauen durfte, sondern neben meinen andern Geschäften ohne besondern Entgeld ausführen und desshalb fast täglich auf die zwei Meilen Weges von meinem Wohnorte entfernte Baustelle reisen musste; ein Gedanke an die Vernunft endlich, die mir wohl, die Möglichkeit eines*

---

[357] [Bandhauer], Seite 238.
[358] Ebenda, Seite 240.

*Teufels in mir vorausgesetzt, meine Schande und gerechte Strafe vor Augen stellen musste – sollte ich glauben, müsste die Hand eines Solchen, der alles dieses weiss, gelähmt haben, um einen Zweifel der Art niederzuschreiben.*" [359]

Während ihm die herzoglichen Juristen vorwarfen, die Brücke nicht ausreichend dimensioniert zu haben, sah Bandhauer seinen einzigen Fehler - ganz im Gegenteil - darin, dass er die Breite der Brücke überdimensioniert hatte. Denn dadurch war es überhaupt erst möglich geworden, dass eine Menschenmenge auf dem Brückenträger Platz fand, die groß genug war, um ihn zum Einsturz zu bringen. Sein ursprünglicher Entwurf hatte nur eine Trägerbreite von 20 Fuß vorgesehen, die er jedoch wegen der Änderung des Stellungswinkels zum Fluss auf 26 Fuß erhöhen musste. Wegen der größeren Brückenlänge wäre der Träger ohne die gleichzeitige Verbreiterung sehr schlank und dadurch anfälliger gegen Wind geworden. Diese extreme Schlankheit hätte gegen die *"Theorie des Windstosses"* von Crelle verstoßen, auf die sich Bandhauer gestützt hatte.[360] Da die Brücke bei Dryburgh Abbey und andere Hängebrücken bei Sturm eingestürzt waren, schenkte Bandhauer den Windlasten größte Aufmerksamkeit. In seiner Verteidigungsschrift weist er Crelle einen Fehler nach und rechnet vor, dass er die Trägerbreite, wie geplant, bei 20 Fuß hätte belassen können, ja sogar noch hätte reduzieren dürfen. Er war davon überzeugt, dass die Brücke mit nur 20 Fuß Trägerbreite niemals eingestürzt wäre, weil die dafür erforderliche Menschenmenge ganz einfach keinen Platz auf ihr gefunden hätte. Dies ist die einzige Stelle, an der sich Bandhauer Selbstvorwürfe macht, weil er sich auf die Meinung eines anderen verlassen hatte.

Der Ansatz realistischer Windlasten blieb noch jahrzehntelang ein großes Problem für alle Brückenbauer. Insbesondere war es damals noch nicht möglich, tatsächlich auftretende Windkräfte zuverlässig zu messen. Auch Ingenieure in anderen Ländern blieben von diesen Schwierigkeiten nicht verschont. Über 50 Jahre nach dem Unglück in Nienburg stürzte in Schottland die Eisenbahnbrücke über den Firth of Tay ein.[361] Dieses Bauwerk lag an einem stürmischen Meeresfjord und hatte mit extremen Wetterverhältnissen zu kämpfen.

---

[359] [Bandhauer], Seite 224.

[360] August Leopold Crelle: *"Theorie des Windstosses, welche in der Anwendung auf Windflügel, und die von denselben getriebenen Maschinen, durch eine völlige Uebereinstimmung mit der Erfahrung begründet wird"*; Berlin 1802.

[361] Der Einsturz geschah am 28.12.1879. In Deutschland wurde dieses Ereignis vor allem durch die literarische Bearbeitung Theodor Fontanes bekannt, der unter dem Eindruck des Unglücks die Ballade von der *"Brück'am Tay"* schrieb.

Allerdings unterliefen ihrem Konstrukteur Thomas Bouch auch zwei entscheidende Fehler bei der Berechnung der Windkräfte. Zum einen hatte er sich auf über 100 Jahre alte Lastannahmen der königlichen Astronomen von Greenwich verlassen, während man in Amerika und Frankreich zu dieser Zeit schon mit vier- bis fünfmal so großen Windkräften rechnete. Der zweite noch schwerer wiegende Fehler war es aber, als Windangriffsfläche nur die Brücke selbst anzusetzen und die Seitenflächen einer über die Brücke fahrenden Lokomotive und ihrer Wagen zu vernachlässigen.

*Die Brücke am schottischen Firth of Tay, am Tag nach ihrem Einsturz (1879).*

Als man drei Jahre später ein Stück weiter nördlich mit den Bauarbeiten an der Eisenbahnbrücke über den Firth of Forth begann, war man vorsichtiger geworden. Die Auslegerbrücke sollte über einen benachbarten Meeresarm gebaut werden, mit identischen Wetterverhältnissen. So stellte sich die Frage, wie man zu realistischeren Annahmen für den Winddruck kommen könnte. Die verantwortlichen Baumeister John Fowler und Benjamin Baker stellten dabei ihre Fähigkeiten als kreative Ingenieure unter Beweis, indem sie sich selbst einen originellen Ansatz herleiteten.

Mitten im Fjord gab es einen Felsen namens Inchgarvie, der als Standort für einen Stützpfeiler vorgesehen war. Auf diesem Inselchen befand sich an einer exponierten Stelle eine kleine Holzhütte, die schutzlos dem Wetter ausgesetzt war. Die Tür, die sich auf der Nordost-Seite befand, hatte eine kleine Glasscheibe, die seit vielen Jahren den heftigsten Stürmen getrotzt hatte. Diese Glasscheibe baute man vorsichtig aus und belastete sie in einem horizontalen Versuchsaufbau mit einem langsam ansteigenden Gewicht in Form von Sand. Als die Scheibe schließlich brach, konnte man aus dem Gewicht des Sandes eine Druckkraft ermitteln, die offensichtlich noch niemals auf diese Scheibe eingewirkt hatte. Diesen Grenzdruck multiplizierten die Ingenieure mit einem Sicherheitsfaktor und hatten somit einen beruhigenden Ansatz für die tatsächlich auftretenden Windkräfte gefunden. Das Ergebnis kann so falsch nicht gewesen sein, denn die Firth of Forth Eisenbahnbrücke ist noch heute in Betrieb, immerhin schon über 120 Jahre nach ihrer Vollendung.

Bandhauer erläuterte seinen Ansatz für die Windlasten an der Saale mit einem ebenso anschaulichen Beispiel. Er stellte sich ein Schiff mit einer bestimmten Ladung und Wasserverdrängung vor, welches von fünf Männern an einem Tau unter einem Winkel von 35° zum Ufer stromaufwärts gezogen wird. Dieser Annahme stellte er als Äquivalent einen Antrieb mittels Windkraft gegenüber, wobei er von einem Orkan mit einer Windgeschwindigkeit von 60 Fuß je Sekunde ausging, der auf ein Segel mit einer Fläche von 200 Quadratfuß einwirkte. Mit diesem Ansatz kam er auf eine recht realistische Windbelastung von 27 Pfund je Quadratfuß seitlicher Brückenfläche.[362] Die verschont gebliebene Hälfte der Brücke stand noch mehrere Jahre unverändert am Ufer der Saale und soll in dieser Zeit so manchen Sturm unbeschadet überstanden haben, obwohl am sensibelsten Punkt des Hebelarms der Gegendruck der eingestürzten Brückenhälfte fehlte. Insofern scheinen die Berechnungsansätze Bandhauers wohlbegründet gewesen zu sein.

Die Köthener Juristen waren mit der Abwägung des technischen Gutachtens auf der einen und Bandhauers Rechtfertigung auf der anderen Seite wohl schlichtweg überfordert. Schon über die tatsächliche Belastung der Ketten zum Zeitpunkt des Bruches war man sich nicht einig, weil sowohl die Personenzahl, als auch deren Durchschnittsgewicht kontrovers diskutiert wurden. Außerdem legte man unterschiedliche Literaturwerte für die Festigkeit des Eisens zugrunde und verwendete noch nicht einmal die gleichen Maßeinheiten, sodass ständig umgerechnet werden musste. Aus dieser Hilflosigkeit heraus hatten sie ein zweites technisches Gutachten vorgeschlagen das aber vermutlich kaum neue Gesichtspunkte ergeben hätte.

Wohl auch zu Bandhauers Überraschung folgte Ferdinand dem Vorschlag seiner Rechtsabteilung aber nicht, denn für ihn war es nun am vordringlichsten, die Angelegenheit bald zu einem Abschluss zu bringen. An dem Verhalten des Herzoges in dieser Situation lässt sich aber auch sehr gut erkennen, dass er grundsätzlich weiter zu seinem Baumeister stand, während er nach außen bemüht war, möglichst eine neutrale Position einzunehmen. Ferdinand ignorierte die Stellungnahme seiner Hofjuristen vollständig und holte stattdessen ein weiteres Rechtsgutachten von einer neutralen Stelle ein. Das war ein deutliches Zeichen sowohl an Bandhauer, als auch an die Landesregierung.

---

[362] [Bandhauer], Seite 87.

Im Herbst 1828 ließ der Herzog die kompletten Akten vom Brückenbau und ihrem Einsturz, die inzwischen auf elf Bände angewachsenen waren, an die juristische Fakultät der Königlich Großbritannisch-Hannoverschen Georg-Augustus Universität in Göttingen schicken. In deren Hände legte er nun die Entscheidung, ob Bandhauer vor ein ordentliches Gericht zu stellen sei oder nicht. Ob für dieses Urteil noch ein weiteres technisches Gutachten vonnöten sei, sollte von den dortigen Rechtsgelehrten selbst entschieden werden.

## Das Urteil und seine Folgen

Vom Brückeneinsturz bis zur Entscheidung durch die Göttinger Juristen im April 1829 verstrichen insgesamt mehr als 40 Monate. Während Bandhauer zuerst auf das technische, dann auf das rechtliche Gutachten und schließlich auf das Urteil aus Göttingen wartete, war er durch eine Fülle von Baumaßnahmen stark in Anspruch genommen. Die unentwegte Beschäftigung half ihm mit Sicherheit dabei, sich von der Ungewissheit seiner weiteren Zukunft als Baumeister des Herzogs abzulenken. Im Juli 1826 brannte in seiner Heimatstadt Roßlau die Brauerei ab, die Bandhauer innerhalb von nur fünf Monaten nach eigenen Plänen wieder aufbaute. Dieses Gebäude, das er nach der Grundidee seiner Quadrathohlbauten entwarf, besteht noch heute. Allerdings befindet sich die Bausubstanz in keinem guten Zustand.

Der Konfessionswechsel des Herzogpaares brachte Bandhauer eine Fülle weiterer Aufträge. Am 22. April 1827 wurde in Köthen der Grundstein für die katholische Kirche St. Maria gelegt, deren Bau seine Zeit von nun an ganz besonders in Anspruch nahm. Im gleichen Jahr wurde in Grimschleben ein großer herzoglicher Schafstall errichtet, den Bandhauer ebenfalls als Quadrathohlbau konzipierte. Dabei soll auch einer der Pylonmasten der verunglückten Brücke verwendet worden sein. Schließlich begann er 1828 mit dem Bau des neuen Klosters und Hospitals der 'Barmherzigen Brüder' noch ein weiteres zeitraubendes Projekt.

Trotz der Ablenkung durch die tägliche Arbeit lastete der Brückeneinsturz schwer auf Bandhauers Gemüt, zumal er sich nun immer häufiger scharfen Angriffen von Berufskollegen und vermeintlichen *Kunstverwandten* ausgeliefert sah. Im 'Allgemeinen Anzeiger der Deutschen' erschien schon wenige Tage nach dem Unglück ein anonymer Aufsatz, der mit *"Bauwesen"* überschrieben war. Darin wurde massive Kritik an der Konstruktion der Nienburger Brücke geübt, die Bandhauer nicht unbeantwortet lassen konnte. Seine ausführliche Gegendarstellung erschien Anfang 1826 in der gleichen Zeitung.[363] Die Einleitung der ansonsten rein technischen Erwiderung öffnet uns ein kleines Fenster in Bandhauers Seele:

*"Ueber Bauwesen – so ist ein Aufsatz im 346. St. d. Bl. v. 1825 überschrieben, dessen Erwiederung man erwarten dürfte und die Unterzeichneter hierdurch auch übernehmen will, obwohl sie ihm sehr schwer fallen wird, nicht wissend, ob er dem leidenden Gemüth des Menschen oder der gekränkten Ehre des Baumeisters die Feder führen soll. Die Gefühle und das Interesse beider sind sehr entgegengesetzter Natur: wo der Eine nur klagen, nur leiden darf, und gern leidet, was man über ihn verhängt, da ist es dem Andern erlaubt, ja selbst Pflicht, mit den Gründen hervor zu treten, welche zu seiner Rechtfertigung dienen können. Allein dieses widersprechende Interesse in Eins zu vereinen, ist schwer, ja unmöglich; man kann nicht zugleich duldend schweigen und rechtfertigend sprechen. Indessen verdienen unter den obwaltenden Umständen wol die Gefühle des erstern, als die bessern, vor allem Andern Rücksicht, und es mag deshalb der Baumeister mit schlichter Anführung seiner Berechnungen sich begnügen, ihre billige Beurtheilung dem bessern Theil des Publicums überlassen, und die leidenschaftlichen Ausfälle des Verf. jenes Aufsatzes zwar dem Thatbestande nach berichtigen, aber weiter nicht beachten."*

Bandhauers Ärger war durchaus begründet, denn die *"leidenschaftlichen Ausfälle"* gingen tatsächlich weit unter die Gürtellinie. Unter anderem hieß es dort:

*"…wenn auch die Eisenstangen gehalten hätten, der Einsturz der Brücke musste doch früher oder später gewiß erfolgen, weil die aller unverzeihlichsten Fehler, Fehler, die kein nur im Geringsten unterrichteter Baumeister, ja nicht einmahl ein Zimmermeister, zumahl bey einem so wichtigen Werke machen wird, bey dem Bau in Rücksicht der Gegenbelastung und Unterstützung geschehen sind. […] Dem Baumeister kann man nichts zur Last legen, er hat nach seinem beßten Wissen, so gut er es verstand, gehandelt. Die Verantwortung kann nur die treffen, die ihm unbedingten Glauben schenkten und seinen Plan nicht von gewiegtern Baumeistern beurtheilen ließen. Die Regierung ist der Allgemeinheit verantwortlich, sie muß den Erfolg vertreten."* [364]

Der eigentliche Angriff galt also der Person des Herzogs und Bandhauer wurde nur als sein unfähiger Erfüllungsgehilfe hingestellt, der es eben nicht bes-

---

[363] [Allg. Anzeiger], Jahrgang 1826; Nr. 53, Spalte 565.
[364] Ebenda, Jahrgang 1825, Nr. 346, Spalte 4245.

ser verstand. Gerade diese Sichtweise war für Bandhauers ausgeprägte Berufsehre besonders schmerzlich. Spekulationen über die Identität des anonymen Verfassers gestalten sich aus heutiger Sicht schwierig, denn er gibt nicht viel von sich preis. Er könne auf eine 20-jährige Praxis zurückblicken, während der *"seine Stellung ihn mit die wichtigsten Bauten an der Saale ausführen ließ"*. Wichtige Bauten an der Saale waren neben Brücken vor allem Hafenanlagen und Deiche. Da der größte Teil der Saale, zumindest im schiffbaren Unterlauf, in Preußen lag, könnte es sich durchaus um einen preußischen Baumeister gehandelt haben.[365] Bandhauer selbst äußerte später allerdings den Verdacht, sein eigener Mitarbeiter Hengst könne der Autor sein. Um ihn in seiner Erwiderung direkt ansprechen zu können, verwendete er für diese Person das Pseudonym *"M"*.

Der Hauptvorwurf M´s richtete sich gegen die angeblich zu geringe Tragfähigkeit der hölzernen Portale sowie die unzureichenden Verankerungen. Bei Bandhauers Konstruktion bestanden die Ankerblöcke aus den gemauerten Widerlagern und Bögen sowie dem anschließenden Damm, soweit dieser statisch wirksam wurde. 'M' behauptete insbesondere, Bandhauer hätte nur die Ketten im Kopf gehabt und dadurch übersehen, dass sich das Gewicht des Mauerwerks und des Dammes bei einem Aufstau des Flusses reduzieren würde. Das stimmt aber nachweislich nicht, denn Bandhauer hat den Auftrieb unter Berücksichtigung des Hochwasserstandes von 1784 sehr wohl berücksichtigt.[366] In seiner Erwiderung im 'Allgemeinen Anzeiger' parierte Bandhauer die Angriffe kühl und sachlich, indem er seine Berechnungen zu den kritisierten Punkten offenlegte.

In diesen kurzen 'Pressekrieg' mischte sich ein paar Tage später in der gleichen Zeitung noch ein dritter Autor ein, der die Auseinandersetzung zwischen Bandhauer und 'M' kommentierte und eine eigene Wertung hinzufügte. Er zog es ebenfalls vor anonym zu bleiben und bezeichnete sich als unparteiisch. Bezüglich der Standsicherheit der Portale gab er der Kritik M´s weitgehend

---

[365] Eine Person auf die all das zutreffen könnte, war der preußische Baumeister Johann Friedrich Wilhelm Dietlein (*31.05.1787 in Halle, †30.08.1837 in Berlin). Dietlein war u.a. von 1824 - 1831 Dozent an der Berliner Bauakademie. Da er ein ausgewiesener Brückenexperte war, gerade auch für Hängebrücken, ist es durchaus vorstellbar, dass er sich berufen sah, sich zu Bandhauers Konstruktion zu äußern. Aus den Vorlesungsmanuskripten seines berühmtesten Schülers, Johann August Röbling, geht hervor, dass er früher an der Saale mit Wasserbauarbeiten beauftragt war. [Nele Güntheroth / Andreas Kahlow: *"Zwischen Kunst und Wissenschaft – J.A. Röbling (1806-1869)"* in Mühlhäuser Beiträge, Sonderheft 20].
[366] [Bandhauer], Seite 43. In fast schon prosaisch anmutender Wortwahl bezeichnete er den Auftrieb als *"die lichtende Kraft des Wassers"*.

Recht, war bei der Festigkeit der Verankerungen aber auf Bandhauers Seite. Der Aufsatz war mit *"B.E."* unterzeichnet und vermutlich hat Bandhauer auch bei diesem Pseudonym eine Vorstellung gehabt, wer sich dahinter verbergen könnte. Die Ausführung der Pylone in Holz war von der preußischen Bauverwaltung ja schon bei Poyets Patentgesuch kritisiert worden, ebenso wie bei Bandhauers Entwurf für die Oderbrücke in Brieg. Mit Sicherheit hätte auch Bandhauer lieber Mauerwerk oder gar Eisen verwendet, aber auch diese Entscheidung war ein Tribut an die begrenzte finanzielle Ausstattung des ganzen Unternehmens.

Auch das in Leipzig erscheinende *"Morgenblatt für gebildete Stände"* berichtete sowohl vor, als auch nach dem Einsturz über die Nienburger Brücke. Kurz vor ihrer Vollendung versuchte ein Referent Bandhauers Konstruktionsprinzip der Lächerlichkeit preis zu geben:

> *"Ein Werk auf Feengebot von Wasser- und Luftgeistern erbaut, schwebt das leichte Gebäude zwischen Himmel und Wasser und nur ihr leiser Fußtritt scheint es berühren zu dürfen, keineswegs aber ein unbehülflicher Frachtwagen mit stampfenden Karrengäulen".*[367]

Die beißende Ironie zog sich wie ein roter Faden durch den gesamten Aufsatz. Er endete mit dem Vorschlag, man könne das Bauwerk immerhin noch für wenig Geld retten, indem man nachträglich ein paar Joche unter die Brücke stellen würde. Bandhauer wartete die geglückte Vollendung der Brücke ab, bis er auch auf diesen Artikel eine Reaktion in der gleichen Zeitung abdrucken ließ. Im Hochgefühl der soeben vollendeten Brücke zahlte er mit gleicher Münze zurück und meinte, der Verfasser des zitierten Textes urteile *"wie der Blinde von den Farben"*. Als Schlusswort konnte er sich ein triumphierendes *"dixi!"* nicht verkneifen.[368]

Derart respektlose Angriffe musste sich Bandhauer während der Wartezeit auf das Urteil immer wieder von sogenannten 'Kunstverwandten' gefallen lassen. Obwohl sie alle anonym verfasst waren, hielt er es offenbar für ratsam, sich öffentlich dagegen zur Wehr setzen. Solange der Rechtsspruch aus Göttingen noch ausstand, war er den Angriffen mehr oder weniger schutzlos ausgeliefert. Durch seine früheren Erfahrungen sah er sich jetzt gezwungen, um seinen Ruf zu kämpfen. In der Umgebung von Nienburg konnte er sich vermutlich ohnehin kaum noch blicken lassen, denn es dürfte noch sehr viel Wasser die Saale hinuntergeflossen sein, bis auch die Angehörigen der Opfer seine Unschuld akzeptieren konnten.

---

[367] Morgenblatt für gebildete Stände, Ausgabe vom 13. April 1825.
[368] Ebenda, Ausgabe vom 18. Oktober 1825.

Der Herzog wartete den Ausgang des Verfahrens geduldig ab und ließ Bandhauer vorerst in einer sachorientierten Atmosphäre an den laufenden Projekten weiterarbeiten. Sein Mitarbeiter Hengst hingegen scheint diese Situation ausgenutzt zu haben, weil Bandhauer währenddessen nicht die uneingeschränkte Rückendeckung der Landesregierung besaß. Etwa in diese Zeit fällt auch der Beginn der erbitterten Auseinandersetzungen zwischen Hengst und Bandhauer. Offenbar versuchte Hengst die Autorität des angeschlagenen Baumeisters zu untergraben und lancierte gezielt Gerüchte über die angebliche Unfähigkeit seines Dienstvorgesetzten.

Die Göttinger Juristen wägten ihre Entscheidung mit der gebotenen Sorgfalt ab und kamen nach *"fleissiger Durchlesung"* der umfangreichen Akten im Februar 1828 zu einem Urteil, das vom Ordinarius, dem Senior und sämtlichen Assessors der Fakultät unterzeichnet wurde. Am 28. April 1829, 10 Uhr morgens, versammelte sich die Landesregierung Anhalt-Köthens vollständig zur Verlesung des Urteils. Bandhauer war natürlich ebenfalls anwesend und dürfte das Brechen des Siegels unter größter Anspannung verfolgt haben. Ob auch der Herzog persönlich an der Sitzung teilnahm, wissen wir nicht.[369]

Das versammelte Kollegium der Juristenfakultät Göttingen erkannte für Recht:

*"Dass wider den Baurath Bandhauer wegen der ihm beigemessenen culposen Verursachung des am 6. Dezember 1825 geschehenen Einsturzes der von ihm über die Saale erbaueten Hängebrücke, und der daraus erfolgten Verunglückung vieler Menschen, die Einleitung eines Strafverfahrens nicht statt findet. Auch ist derselbe die, durch die bisherige Untersuchung und durch die Actenversendung verursachten Kosten abzustatten nicht verbunden."* [370]

Es folgte eine ausführliche Begründung, die Bandhauer in der Verteidigungsschrift abdrucken ließ. Der Spruch wurde später mehrmals in juristischer Fachliteratur veröffentlicht, als Beispiel für ein schlüssiges und wohlbegründetes Urteil. In den *"Annalen der deutschen und ausländischen Criminal-Rechts-Pflege"* findet sich dazu eine interessante Fußnote: *"Verfasser dieser durch Schärfe des Urtheils und Vollendung in der Form sich in gleichem Maaße auszeichnenden Relation ist sicherem Vernehmen nach, Herr Hofrath Bauer".* [371] Damit war der aus Marburg stammende Rechtswissenschaftler Anton Bauer (1772 - 1843) gemeint, der zeitweise auch Rektor der Universitäten in

---

[369] [Bandhauer], Seite 247.
[370] Ebenda, Seite 248.
[371] *"Annalen der deutschen und ausländischen Criminal-Rechts-Pflege, herausgegeben von dem Criminal-Direktor Hitzig in Berlin"* (Berlin 1830).

Göttingen und Marburg war und sich durch die Veröffentlichung kriminalrechtlicher Literatur einen Namen gemacht hatte.[372]

Das Urteil ist in jeder Weise nachvollziehbar und die Herleitung der Rechtsgründe für den Freispruch klingt auch für den juristischen Laien zwingend und logisch. In der ausführlichen Begründung wird die Unschuld Bandhauers klar herausgearbeitet. Alle konkreten Vorwürfe gegen den Baumeister werden mit guten Gründen zurückgewiesen. Insbesondere werden technische Fehler in den Berechnungen oder ein fahrlässiges Übersehen sicherheitsrelevanter Aspekte verneint. Nachdem Bandhauer die qualitativen Mängel des Eisenwerkes erkannt hatte, tat er alles in seiner Macht stehende, um die Hütte zu sorgfältigerer Arbeit anzuhalten. Er hatte die Brücke erst für den Allgemeingebrauch freigegeben, nachdem er mehrere Belastungsversuche durchgeführt hatte. Dabei konnte er nachweisen, dass die Brücke über die verlangte und von ihm berechnete Tragfähigkeit verfügte, nämlich einen voll beladenen zehnspännigen Frachtwagen, bzw. 1.100 Menschen. Schließlich hatte er die Grenzen der Belastbarkeit klar formuliert und diese als Brückenordnung an beiden Uferseiten anbringen lassen. In diesen geordneten Verhältnissen hatte er die Brücke in die Hände der Aufsichtsbehörden übergeben. Eine vermeintliche Pflicht Bandhauers, an dem verhängnisvollen Abend nach Nienburg zu kommen und eine mögliche Überlastung persönlich zu verhindern, wurde eindeutig verneint.

Wie schon die technischen Sachverständigen Brendel und Königsdörfer sparten auch die Göttinger Rechtsgelehrten nicht mit Kritik an dem hier auch namentlich genannten Amtsaktuar Wilhelm Nagel. Wäre Nagel nicht selbst bei dem Unglück ums Leben gekommen, hätten diese Anmerkungen sicherlich noch Konsequenzen für ihn gehabt. In § 20 der Begründung heißt es abschließend:

*"Es bedarf daher kaum noch der Bemerkung, dass der Baumeister für einen so höchst unbesonnen, und eben daher nicht zu erwartenden Missbrauch seines Werkes nicht verantwortlich gemacht werden kann."*

Bandhauer kommentierte diesen alles entscheidenden Satz mit dem Kommentar:

*"Gott, du Baumeister der Welten, sei gedankt! Zum ersten Male meine Ueberzeugung aus Anderer, so Gerechter Munde. – Viel, sehr viel ist*

---

[372] Ludwig Ferdinand Spehr: *"Bauer, Anton"*, in: Allgemeine Deutsche Biographie (1875), Onlinefassung: http://www.deutsche-biographie.de/pnd116083980.html?anchor=adb; [Oktober 2013].

*dahin, das nicht wieder gegeben werden kann, doch Friede und Segen allen, die es nahmen!"* [373]

Bandhauer äußerte einmal von sich selbst, er sei 'sehr leicht erregbar' und verfüge über kein gutes Nervenkostüm. Obwohl wir nur wenig über das Wesen Bandhauers wissen, ist es nicht schwer sich seinen Gemütszustand innerhalb der dreieinhalb Jahre vom Brückeneinsturz bis zum endgültigen Urteil aus Göttingen vorzustellen. Im Grunde war er während dieser Zeit in Köthen nur geduldet, sozusagen 'herzoglicher Baumeister unter Vorbehalt'. Ferdinand scheint jedoch nicht vergessen zu haben, dass Bandhauer ihm durch seine konstruktiven und künstlerischen Fähigkeiten sowie seine ökonomische Bauweise schon sehr nützlich gewesen war. Es ist daher zu vermuten, dass auch er mit dem Ausgang des Verfahrens hochzufrieden war.

Der Herzog ließ die Nachricht von Bandhauers Freispruch umgehend durch einen Artikel in der 'Cöthener Zeitung' verbreiten. Am wichtigsten war es ihm dabei allerdings, noch einmal deutlich zu machen, dass dieses Urteil von einer übergeordneten Instanz gefällt worden war, völlig unbeeinflusst von ihm selbst oder den Landesbehörden. Wie aus den Akten in Dessau hervorgeht, befürchtete er, die Untertanen (vor allem in Nienburg) könnten glauben, ein förmliches Gerichtsverfahren gegen Bandhauer sei nur durch sein persönliches Eingreifen verhindert oder niedergeschlagen worden. [374]

Rein rechtlich war Bandhauer somit vollständig rehabilitiert und ganz sicher ist ihm auch ein gewaltiger Stein vom Herzen gefallen. In der Öffentlichkeit und bei vielen Berufskollegen hatte sein Ansehen aber irreparablen Schaden genommen. Seine Bemühungen um eine korrekte Wiedergabe der tatsächlichen Einsturzursachen erwiesen sich als Kampf gegen Windmühlen. Dies beweist z.B. ein Eintrag in einem Lexikon aus dem Jahr 1828, das sich selbst als *"Riesen- und Ehrenwerk teutscher Gründlichkeit und teutschen Fleißes"* verstand. Dort hieß es unter dem Stichwort 'Cohäsion' zu den unterschiedlichen Qualitäten des damaligen Eisens:

*"[...] derjenige, welcher Maschinen zu construieren hat, muß vorher nothwendig das Material derselben prüfen, wie dieses auch umsichtige Mechaniker, namentlich in England, längst bei der Erbauung von Dampfmaschinen und Kettenbrücken gethan haben. Bei manchen engländischen Kettenbrücken wurde die Festigkeit eines jeden einzelnen*

---

[373] [Bandhauer], Seite 297.
[374] [LHASA], DE, Z70, C 9k Nr. 110; Schreiben des Herzogs an das Landes-Direktions-Kollegium vom 11.05.1829.

*Stabes genau untersucht, und es wurden diejenigen Stangen verworfen, welche keine hinreichende Stärke besaßen. Wie ganz anders, als das Verfahren bei Erbauung der Nienburger Kettenbrücke über die Saale, wo das Leben von Hunderten zum Theil dadurch geopfert wurde, daß der Baumeister die Stärke des Eisens nicht gehörig untersuchte, und auch die Haltbarkeit der ganzen Brücke auf die leichtsinnigste (um den gelindesten Ausdruck zu gebrauchen) Art prüfte, indem die Brücke bei dieser Untersuchung auf dem darunter befindlichen Gerüste ruhte!"* [375]

Alles was hier über die Nienburger Brücke gesagt wurde war falsch: Bandhauer hatte sehr wohl jedes einzelne Kettenglied überprüft, bei den Belastungsproben hatte das Gerüst den Träger nicht berührt und außerdem wurde die Zahl der Opfer erneut gewaltig übertrieben.

Wie so oft bei technisch bedingten Katastrophen trafen beim Einsturz der Nienburger Saalebrücke gleich mehrere Faktoren in unglücklicher Weise zusammen. Aus heutiger Sicht sind die drei folgenden Hauptursachen zu nennen:

- Die alles überlagernde Knappheit der Mittel, die Bandhauer zu äußerster Sparsamkeit bei der Bauausführung zwang. Die dadurch begründete Herstellung der Pylone aus Holz statt aus Eisen oder Mauerwerk, sowie die Ausreizung der Leistungsreserven des Baumaterials, insbesondere der 'Ketten'.

- Die Lieferung qualitativ minderwertigen Eisenwerks durch die Hütte in Rübeland im Harz, noch verschlimmert durch die betrügerische Absicht, selbst erkannte Mängel durch einen Anstrich mit Ölfarbe zu vertuschen.

- Eine nicht vorhersehbare und gegen die Brückenordnung verstoßende ungleichmäßige Belastung der Konstruktion, dazu noch unter Anwesenheit und Aufsicht der polizeilichen Behörden, wahrscheinlich sogar mit dem Versuch einiger Teilnehmer verbunden, den ganzen Träger in Schwingungen zu versetzten.

Bandhauer hatte anfangs noch gehofft die Brücke bald wieder aufbauen zu dürfen, sobald alle Zweifel an der grundsätzlichen Richtigkeit seiner Berechnungen beseitigt wären. Am besten natürlich gleich mit der geplanten Verstärkung durch den zweiten Kettenbezug. Als Bandhauer die Entscheidung dann

---

[375] *"Allgemeine Encyclopädie der Wissenschaften und Künste, Achzehnter Theil mit Kupfern und Charten"*; Seite 204 (Leipzig 1828).

aber endlich verlesen wurde, war schon so viel Zeit vergangen, dass er selbst alle Hoffnung auf die Instandsetzung der Brücke aufgegeben hatte.

## Technisch-historische Bedeutung der Nienburger Brücke

Bandhauer vertraute bei allen Entwürfen auf das Prinzip der Schrägseilbrücke, das er nach eigenen Angaben 'größtenteils' eigenständig entwickelt hat. Aber selbst wenn man ihm die Kenntnis von den Veröffentlichungen Poyets unterstellt, kann dies seine Leistung als Brückenbauer kaum schmälern. Während Poyet für seine Brücke eine Anwendungsgrenze von 30 bis 40 m angegeben hatte, verdoppelte Bandhauer die Spannweite bei der ersten praktischen Ausführung des Systems gleich auf 80 m. Für die Brücke in Brieg hatte er sogar schon Spannweiten von 2 x 150 m projektiert. Hätte er diese Brücke wirklich bauen dürfen, wäre sie in Abhängigkeit vom Datum ihrer Fertigstellung entweder die größte oder die zweitgrößte Brücke der Welt gewesen.[376]

Angesichts solcher Superlative hat die Nienburger Saalebrücke in der technischen Fachliteratur erstaunlich wenig Spuren hinterlassen. In den meisten Büchern und Fachzeitschriften über frühe Hänge- und Kettenbrücken wurde sie schlichtweg 'vergessen'. Kaum nachvollziehbar ist ihre Unterschlagung aber in den beiden einzigen deutschsprachigen Büchern zum Spezialgebiet 'Brückeneinstürze'.[377] Dabei hätte sie es aber durchaus verdient gehabt häufiger erwähnt zu werden. Nicht in erster Linie wegen ihres tragischen Endes, sondern vor allem wegen ihrer technischen Bedeutung für den Brückenbau. Sie war weltweit die erste reine Schrägseilbrücke und eine der allerersten Kettenbrücken auf dem europäischen Kontinent, die auch für schwere Fuhrwerke geeignet war. Insofern war sie tatsächlich ein Meilenstein des Brückenbaus und versank völlig zu Unrecht in der Vergessenheit.

Allerdings darf man bei der Bewertung der damaligen Vorgänge nicht die Wirkung dieses Unglücks auf die Menschen vor fast 200 Jahren unterschätzen, die einem kollektiven Schock gleichkam. Der Einsturz der Nienburger Saalebrücke war einer der allerersten Unfälle Europas, der eine direkte Folge der voranschreitenden Industrialisierung mit all ihren technischen Errungenschaften war. Niemals vorher (mit Ausnahme bei der Schifffahrt) hatte es so viele

---

[376] Am 30. Januar 1826 wurde in Wales die Menai Strait Bridge von Thomas Telford eröffnet. Mit einer Spannweite von 176 m war sie bis 1834 die größte Brücke der Welt.
[377] Conrad Stamm: *"Brückeneinstürze und ihre Lehren"*, Zürich 1952, sowie Joachim Scheer: *"Versagen von Bauwerken – Band 1: Brücken"*, Berlin 2000.

Tote und Verletzte bei einem einzigen Unglück auf einem Verkehrsweg gegeben. Vielleicht hatte man schon einmal von einer umgestürzten Postkutsche
gehört oder von einem havarierten Saalekahn. Die Massenverkehrsmittel waren noch gar nicht erfunden, sodass den damaligen Menschen weder Eisen-
bahnunglücke, Autounfälle oder gar Flugzeugabstürze bekannt waren. Niemand hätte sich 1825 in seinen schlimmsten Träumen die großen Katastrophen des Industriezeitalters vorstellen können, die aber erst noch bevorstan-
den.[378] Insofern löste der Einsturz der Saalebrücke offenbar eine Art überregi-
onales Trauma aus, sodass niemand so schnell wieder etwas von Hängebrücken hören wollte.

Weit schwerer erklärbar ist da schon die Ignoranz der Fachwelt, die allein
durch den Einsturz nicht zu entschuldigen ist. Eine gute Idee muss nicht
zwangsläufig an einem einzigen Misserfolg scheitern. Im Übrigen teilte die
Nienburger Brücke ihr Schicksal mit vielen frühen Hängebrücken, von denen
so manche von einem sehr viel bekannteren Baumeister errichtet wurde.[379]
Noch nicht einmal das Unglück mit einer dramatischen Zahl an Toten und Verletzten führte dazu, dass sie späteren Generationen in Erinnerung blieb. Ge-
messen an der Opferzahl ist ihr Einsturz bis heute der zweitgrößte Unfall beim
Betrieb einer Brücke auf deutschem Boden.[380] Während ähnliche Fälle nicht
nur juristisch, sondern vor allem auch in technischer Hinsicht viel akribischer
aufgearbeitet wurden, um für die Zukunft die richtigen Lehren daraus zu ziehen, machte sich bei der Nienburger Brücke niemand diese Mühe. Die Konsequenz war aber eine andere: man verzichtete in Köthen, Anhalt und ganz
Norddeutschland vorläufig auf jegliche Experimente mit Ketten- und Hängebrücken.

Paradoxerweise wurde die Nienburger Brücke in der Fachliteratur zwar selten
angesprochen, hatte aber dennoch über Jahrzehnte hinweg nachhaltigen Einfluss auf den europäischen Brückenbau. Durch den scheinbaren Misserfolg
des bandhauerschen Systems und die ebenso unglückliche erste Brücke bei
Dryburg Abbey, wurden Konstruktionen mit schrägen Abspannungen nun für
über 100 Jahre in die Schubladen der Ingenieure verbannt. Währenddessen
betrachtete man Schrägseilbrücken als Irrweg, weil man deren statische Wir-

---

[378] Z.B.: Einsturz der Eisenbahnbrücke am Tay (1879 / 75 Tote), Untergang der Titanic (1912 /
ca. 1500 Tote), Brand der Hindenburg (1937 / 36 Tote).
[379] Auch Brücken von Samuel Brown, Marc Seguin, Robert Stephenson, Joseph Chaley, Wilhelm von Traitteur und Gustav Eiffel stürzten ein.
[380] Das größte deutsche Brückenunglück war der Einsturz einer steinernen Isarbrücke in München bei einem extremen Hochwasser am 13.9.1813. Dabei kamen 87 Menschen ums Leben
(nach anderen Quellen sogar über 100).

kungsweise nicht richtig begriffen hatte. Dafür schritt die Entwicklung der klassischen Hängebrücke in vielen Ländern aber umso rascher voran. In der zweiten Hälfte des 19. Jhds. wurden gleichermaßen Ketten- und Drahtseilhängebrücken gebaut, bis sich die Drahtkabel schließlich weltweit durchsetzen konnten.

*Die Ankerketten der Brooklyn Bridge. Übergangsbereich der Drahtkabel auf massive 'Ketten', die tief in den Widerlagern verankert wurden.*

Allerdings ist auch die Geschichte der Hängebrücken keineswegs frei von Rückschlägen, denn es kam immer wieder zu Einstürzen und tragischen Unfällen. Die häufigste Ursache dafür waren Stürme, weil Hängebrücken systembedingt immer sehr leicht, labil und somit auch windanfällig sind. Zum Glück kamen dabei meistens aber keine Menschen zu Schaden, weil sich ein Einsturz durch einen Sturm normalerweise vorher abzeichnet und sich die Passanten rechtzeitig in Sicherheit bringen können. Einige Hängebrücken versagten aber bereits bei den Probebelastungen, die in Ermangelung exakter Berechnungsverfahren lange Zeit die 'Stunde der Wahrheit' blieben. Auch marschierendes oder reitendes Militär brachte immer wieder Hängebrücken zum Einsturz, obwohl man schon frühzeitig erkannt hatte, dass eine im Gleichschritt marschierende Kolonne zerstörerische Resonanzen erzeugen kann.

Der größte Nachteil der Drahtseilbrücken war ihre Korrosionsanfälligkeit, denn viele dünne Drähte bieten der Witterung natürlich eine wesentlich größere Angriffsfläche als ein einzelner massiver Kettenstab. Nach längeren Betriebszeiten wurden Drahtkabelbrücken daher häufig durch Rost in den Ankerkammern zerstört, an die man konstruktionsbedingt schlecht herankam. Ein Beispiel dafür ist die Basse-Chaine-Hängebrücke im französischen Angers, die im Jahre 1850 von einer Kolonne marschierender Soldaten (allerdings *"ohne Tritt"*) zum Einsturz gebracht wurde.[381] Die genialen Röblings umgingen das

---

[381] Mehr über die Basse-Chaine-Hängebrücke bei *www.bernd-nebel.de*

Problem der Ankerkorrosion beim Bau der Brooklyn Bridge, indem sie sich sowohl die Vorteile der Draht- als auch die der Kettenbrücken zunutze machten. Beim Eintritt in den unzugänglichen Ankerblock ließen sie die Drähte enden und verbanden sie an dieser Stelle mit massiven Kettengliedern, die sie stattdessen in das Mauerwerk hinunterführten.

Die Umstände der Katastrophe in Nienburg waren zwar sehr speziell aber doch nicht einzigartig. Am 2. Mai 1845 ereignete sich im ost-englischen Yarmouth der Einsturz einer Hängebrücke, die ebenfalls bei einer volksfestartigen Veranstaltung durch eine große Menschenmenge überlastet wurde. Der Ablauf dieses tragischen Ereignisses weist interessante Parallelen zum Unglück in Nienburg auf. Die Kettenbrücke über den Fluss Bure hatte eine Spannweite von 80 englischen Fuß (knapp 25 Meter), war also viel kürzer als die Saalebrücke aber ebenfalls für schweres Fuhrwerk ausgelegt. Sie wurde 1829 vollendet, also nur vier Jahre nach der Nienburger Brücke.[382]

Am Tage des Unglücks hielt sich ein Zirkus in der 16.000 Einwohner zählenden Stadt auf, dessen Clown sich eine skurrile (fast ist man geneigt zu sagen: 'typisch britische') Werbekampagne ausgedacht hatte. In Flugblättern und den Tageszeitungen hatte er angekündigt, sich in einem von vier Gänsen gezogenen Holzfass den Fluss hinaufziehen zu lassen. Die Bekanntmachung verfehlte ihre Wirkung nicht, sodass sich zur festgesetzten Zeit hunderte von Menschen an den Ufern des Flusses versammelt hatten, darunter auch sehr viele Eltern mit ihren Kindern.

Da die Szenerie von der Brücke aus besonders gut zu überblicken war, standen die Menschen dicht gedrängt auf dem Bauwerk, als sich der Clown auf dem Fluss langsam näherte. Man schätzte später, dass sich zum Zeitpunkt des Einsturzes mindestens 300 Personen auf der Brücke aufhielten. Tragischerweise hatten die meisten Erwachsenen den Jugendlichen die 'Logenplätze' auf der Brücke überlassen und auch viele Mütter standen dort mit kleinen Kindern auf dem Arm.

Als der Clown mit seinem seltsamen Wasserfahrzeug unter der Brücke hindurchfuhr, strömte die Menschenmenge wie auf Kommando von der einen Seite der Brücke auf die andere und viele beugten sich über das Geländer. Durch diese plötzliche Gewichtsverlagerung kam es, ähnlich wie in Nienburg, zu einer sehr asymmetrischen Belastung des Tragwerks und zum plötzlichen Versagen einer der beiden Hauptketten. In Sekundenbruchteilen kippte der

---

[382] *"Minutes of Proceedings of the Institution of Civil Engineers"*; London 1845; Bericht von William Thorold, Seite 291.

Brückenträger seitlich ab und stürzte in den Fluss. Die schreckliche Bilanz des Unglücks waren 79 Tote sowie eine große Anzahl Verletzter, darunter sehr viele Kinder und Jugendliche. Auch die Ergebnisse der eingeleiteten Untersuchung wiesen Parallelen zum Nienburger Unglück auf: die Qualität des Eisens war mangelhaft und die Möglichkeit einer so ungleichmäßigen Belastung durch eine große Menschenmenge war bei den statischen Berechnungen nicht bedacht worden.[383]

*Der Einsturz der Hängebrücke in Yarmouth / England*
*(Illustrated London News, 1845)*

Für Deutschland hatte der Brückeneinsturz in Nienburg besonders langfristige Folgen. Durch das Unglück kam nicht nur Bandhauers Schrägkettensystem in Verruf, sondern die Hängebrücken generell. Das lag vor allem daran, dass man diese Konstruktionstypen damals noch gar nicht unterschied. Vor dem Bau der Nienburger Brücke hatte es in Deutschland noch keine einzige Hängebrücke für schweres Fuhrwerk gegeben. Nach dem Einsturz stand daher zunächst nur dieser Misserfolg zu Buche, der die zuständigen Behörden Deutschlands langfristig verschreckte. Gerade auch Preußen, als einer der im Bauwesen führenden deutschen Staaten, blieb nun für lange Zeit äußerst misstrauisch gegenüber Hängebrücken. Die Leidtragenden waren junge, innovative Ingenieure, die sich gerade erst anschickten, sich dieser neuen Technik zuzuwenden.

Ein Vertreter dieser neuen Generation war Johann August Röbling, der während seines Studiums an der Bauakademie in Berlin besonders von Dietleins Vorlesungen über Hängebrücken fasziniert war. Bereits bei seiner ersten Tätigkeit als preußischer Baukondukteur in Westfalen, arbeitete er Pläne für eine

---

[383] *"The Gentlemans Magazin"*, Januar – Juni 1845, Seite 640.

Hängebrücke über die Ruhr aus.[384] Das war 1828 und die Ablehnung des Entwurfes durch die Oberbaudeputation in Berlin dürfte wohl auch eine Folge des generellen Argwohns gegen Hängebrücken gewesen sein. Röbling scheint wegen dieser Ablehnung sehr frustriert gewesen zu sein, war aber wohl auch generell mit dem erdrückenden preußischen Staatsapparat und den Berufsaussichten für junge Baukondukteure unzufrieden.

Folglich wanderte er nach Amerika aus, offenbar ohne vorher das zweite Staatsexamen abgelegt zu haben. In Amerika fand Röbling bessere Bedingungen vor und entwickelte sich zu einem der berühmtesten Brückenbauer aller Zeiten. Da er parallel dazu eine Fabrik für Drahtseile aufbaute, war er in Amerika bald der führende Spezialist für Hängebrücken aus Drahtkabeln. Sein Meisterwerk wurde der Entwurf für die Brooklyn Bridge in New York, damals mit Abstand die größte Brücke der Welt und als wahres Wunder der Technik gefeiert. Er selbst erlebte den Bau dieser Brücke aber nicht mehr, die aber von seinem Sohn und seiner Schwiegertochter unter dramatischen Umständen vollendet wurde.[385]

Die Schrägseilbrücken erlebten ihre Renaissance erst nach dem 2. Weltkrieg von Deutschland ausgehend, als man hier vor dem Problem stand, mit bescheidenen Mitteln eine Unzahl von zerstörten Brücken wieder aufbauen zu müssen. Zu dieser Zeit standen auch mathematische Modelle und statische Berechnungsverfahren zur Verfügung, mit denen man das Tragverhalten einer Schrägseilbrücke besser abbilden konnte. Männer wie die Ingenieure Fritz Leonhardt, Franz Dischinger und Hellmut Homberg sowie die Architekten Friedrich Tamms und Gerd Lohmer, gaben dem System neue Impulse und verhalfen ihm schließlich zu seinem internationalen Durchbruch.

Für Nienburg hatten sich Experimente mit Hänge- oder Schrägseilkonstruktionen aber bis zum heutigen Tage erledigt. Fast 15 Jahre lang musste man nach dem Unglück wieder mit der alten Seilfähre zurechtkommen, bis wenigstens eine Schiffbrücke in Betrieb genommen wurde. Am 18. März 1840 wurde sie eingeweiht.[386] In der Mitte der Fahrrinne hatte sie ein fahrbares Segment, das beim Durchgang eines Schiffes ausgeschwommen wurde. Bei Hochwasser und Eisgang musste sie allerdings den Betrieb einstellen. Von der Schiff-

---

[384] Eberhard Grunsky: *"Johann August Röblings erster Entwurf für eine Hängebrücke"*; veröffentlicht in: *"Von Mühlhausen in die neue Welt – Der Brückenbauer J.A.Röbling"* (Mühlhäuser Beiträge, Sonderheft 15; Mühlhausen/ Thüringen 2006)

[385] Mehr über Johann August Röbling und den Bau der Brooklyn Bridge findet sich u.a. auf der Internetseite *www.bernd-nebel.de*.

[386] [LHASA], DE, E 144, Nr. 178.

brücke existiert eine interessante Lithographie von Carl Wilhelm Arldt aus dem Jahr 1848. Das eigentlich bemerkenswerte an diesem Bild ist aber der Hintergrund, weil dort noch das südliche Widerlager der eingestürzten Kettenbrücke zu sehen ist.

*Die Schiffbrücke von 1830 auf einer Lithographie von Carl Wilhelm Arldt. Auf dem jenseitigen Ufer ist noch das Mauerwerk vom Widerlager der Kettenbrücke zu erkennen. Im Hintergrund das Nienburger Schloss. Rechts hinter dem Hafen sieht man die Bodebrücke.*

Die letzten Überreste des Mauerwerks wurden erst 1892 beim Beginn der Bauarbeiten an der Herzog-Friedrich-Brücke beseitigt. Sie war die erste feste Saalequerung in Nienburg nach Bandhauers Schrägkettenbrücke.[387] Zu diesem Zeitpunkt hatte der Straßenverkehr schon so stark zugenommen, dass die Zustände an der Schiffbrücke bei Hochwasser und Eisgang unzumutbar geworden waren. Die Herzog-Friedrich-Brücke war eine Stahlkonstruktion, bestehend aus zwei parabelförmigen Fachwerkträgern sowie einem zentralen Pfeiler im Flussbett. Sie wurde im Oktober 1893 eingeweiht. Am 12. April 1945 wurde sie von deutschen Soldaten auf dem Rückzug gesprengt. Durch diese

---

[387] [Siebert], Seite 18.

sinnlose Tat konnte das Vorrücken der alliierten Streitkräfte für ganze zwei Stunden aufgehalten werden.

Bei den Aufräumungsarbeiten nach Kriegsende wurden die Ankerkammern der Rückhalteketten von Bandhauers Brücke teilweise freigelegt.[388] Die unerreichbaren Kettenstäbe und die Verankerungsplatten sollen sich aber noch heute in den Uferböschungen der Saale befinden. Auch der Grundstein mit den entsprechenden Beigaben ist offenbar niemals gefunden worden. Eine Ersatzbrücke für die gesprengte Herzog-Friedrich-Brücke konnte vier Jahre nach Kriegsende fertiggestellt werden. Sie ähnelte ihrem Vorgängerbau, wobei der Bogen auf der Stadtseite nun etwas höher war als der andere. So kurz nach dem Krieg war aber offenbar minderwertiges Material verwendet worden, sodass sie knapp 50 Jahre später schon wieder komplett erneuert werden musste.[389]

Die heute vorhandene Stahlbogenbrücke ist also bereits die vierte feste Saalebrücke in Nienburg. Sie befindet sich ziemlich genau an der Stelle, an der 1825 Bandhauers Brücke einstürzte. Sie wurde im August 1999 dem Verkehr übergeben und trägt dem Baumeister zu Ehren den Namen 'Bandhauerbrücke'. An das historische Bauwerk und den schwarzen Tag in der Geschichte Nienburgs erinnert eine kleine Gedenktafel mit einem kurzen Text. Im Vergleich zu Bandhauers Zeiten hat sich der Schauplatz der historischen Ereignisse aber erheblich verändert, weil die Nienburger Saaleschleife durch die ca. 1955 vorgenommene Flussbegradigung zum Totarm wurde.

Bandhauer war tatsächlich ein Kettenbrückenbauer der allerersten Stunde, ein wahrer Pionier des Eisenbaus, der unerschrocken seinen eigenen Weg ging. Hätte er nicht das Pech gehabt, dass schon seine erste praktisch ausgeführte Brücke durch unglückliche Umstände eingestürzt war, hätte er vermutlich noch viele Kettenbrücken nach seinem System bauen können. Die Nienburger Brücke war im Vergleich mit ähnlichen Bauwerken der damaligen Zeit so auffallend billig, dass mit Sicherheit noch weitere Städte und Landesbehörden im In- und Ausland auf diesen Brückentyp aufmerksam geworden wären. Lernfähig wie er war, wären ihm die Erfahrungen die er beim Bau der Nienburger Brücke gesammelt hatte dabei sehr hilfreich gewesen, und es wäre ihm sicherlich schnell gelungen, die 'Kinderkrankheiten' seines Systems abzustellen.

---

[388] [Vogel], Seite 41.

[389] http://www.amsaaleknick.de/Bode_u._Saalebruecke/bode_u._saalebruecke.html [August 2013].

*Die 'Bandhauerbrücke' an der Stelle, an der einst die Kettenbrücke stand*

Vermutlich wäre ihm auch bald aufgegangen, dass er seinen speziellen Brückentyp durchaus auch ohne Gerüst im freien Vorbau errichten konnte. Dadurch hätte er nicht nur weitere Einsparungen bei den Baukosten erzielen können, sondern auch die Schifffahrt während der Bauarbeiten nicht behindert. Dies wären weitere gute Argumente für das bandhauersche Brückensystem gewesen, das seiner Zeit aber auch so um viele Jahrzehnte voraus war.

Stattdessen durfte Bandhauer weder die Saalebrücke wieder aufbauen, noch beteiligte er sich jemals wieder an einer Ausschreibung für ein Brückenbauwerk. So war die hoffnungsvolle Karriere eines jungen Brückenbauers zerstört, noch bevor sie richtig begonnen hatte.

# Anhang:

# Anhang 1: Bandhauers Nachkommen

### LUISE CHRISTINE BANDHAUER

* 03.02.1815 in Darmstadt, † 30.09.1889 in Harrisburg / USA

Luise Christine war die erste uneheliche Tochter Bandhauers mit Maria Catharina Becker aus Darmstadt. Nachdem ihre Mutter in Darmstadt und Bandhauer in Roßlau verstorben waren, heiratete Luise am 21.04.1839 den aus Heppenheim stammenden Johannes Weiß.[390] Das Paar wanderte zu einem unbekannten Zeitpunkt (zwischen 1839 und 1852) nach Amerika aus und ließ sich in Harrisburg/ Pennsylvania nieder. Dort wurde 1852 die Tochter Annie geboren, die wahrscheinlich das einzige Kind des Paares blieb und von der es heute noch Nachkommen in den USA gibt. Luise Weiß, geb. Bandhauer starb am 30.09.1889, im Alter von 74 Jahren in Harrisburg.[391]

### AUGUSTE BANDHAUER

* 08.10.1817 in Darmstadt, † 09.03.1821 in Darmstadt

Auguste war das zweite Kind Bandhauers mit Maria Catharina Becker. Ihr Taufpate war der Zimmermann August Kettmann aus Anhalt-Köthen, von dem anzunehmen ist, dass er ein Halbbruder Bandhauers war.[392] Auguste starb bereits im Alter von drei Jahren und neun Monaten, kurz nachdem Bandhauer seinen Dienst in Köthen angetreten hatte.

### ANNA ELISABETH FRIEDERIKE BANDHAUER

* 08.06.1830 in Köthen, † unbekannt

Anna war das erste Kind Bandhauers mit seiner Ehefrau Luise Friederike Matthiae und auch das einzige, das noch in Köthen geboren wurde, bevor die Familie nach Roßlau umzog. Sie war beim Tod ihrer Eltern sechs Jahre alt.

---

[390] Zentralarchiv der Evangelischen Kirche in Hessen und Nassau, Standort Darmstadt; Trauungen 1839, Filmrolle 2774, Seite 435.

[391] www.familysearch.org.

[392] Zentralarchiv der Evangelischen Kirche in Hessen und Nassau, Standort Darmstadt; Beerdigungen 1821, Filmrolle 2763, Seite 606/607.

Um 1850 heiratete sie einen Juristen aus Dessau namens Isensee.[393] Dabei handelt es sich vermutlich um Fedor Isensee, der 1851 in Köthen Rechtsanwalt war und in den Adressbüchern Köthens von 1880 bis 1905 nachweisbar ist.[394] Auch aus einer Akte im Zusammenhang mit Leo Bandhauers Tod geht hervor, dass Anna Isensee um 1862 in Köthen lebte. Fedor Isensee hatte mindestens zwei Töchter, die Elise und Therese hießen und deren Mutter vermutlich Anna war. Ort und Zeit von Anna Bandhauers Tod sind bisher unbekannt. Ob die beiden Töchter ihrerseits Nachkommen hatten, ließ sich bisher nicht ermitteln.

### JOHANNE PAULINE BERTHA BANDHAUER

* 1831 in Roßlau, † ca. 1900 in Essen (?)

Johanne Pauline Bertha wurde kurz nach dem Umzug der Familie nach Roßlau geboren und war bei Bandhauers Tod etwa fünf Jahre alt. Aus einer Akte im Zusammenhang mit dem Tod ihres Bruders Leo geht hervor, dass sie 1862 in Köthen lebte. In den Adressbüchern Köthens ist sie in den Ausgaben von 1877, 1886 und 1891 nachweisbar.[395] In der Ausgabe von 1896 erscheint ihr Name nicht mehr. Als 'Stand' wird jeweils 'Fräulein' angegeben, woraus sich schließen lässt, dass sie mindestens bis zu ihrem 60. Lebensjahr unverheiratet war. 1891 wohnte sie in der Wallstraße 14. Hausbesitzer war ein Pensionär namens Ihle. Im Adressbuch von 1896 wird unter dieser Adresse bereits eine andere alleinstehende Frau geführt. Dies stimmt mit einer schriftlichen Information der Kirchengemeinde St. Marien in Roßlau überein, nach der Bertha Bandhauer um 1900 in Essen gestorben sein soll. Es kann daher angenommen werden, dass sie ihren Lebensabend bei ihrem Bruder Otto verbrachte und kinderlos in Essen verstorben ist.

### LEO BANDHAUER

* 1833 in Roßlau, † 16.04.1862 in Zerbst

Leo war bei Bandhauers Tod erst drei oder vier Jahre alt. Wie sein Vater erlernte er zunächst das Zimmermannshandwerk und nahm von 1848-1851 zu-

---

[393] Schriftliche Auskunft der Ev. Kirchengemeinde St. Marien in Roßlau, vom 27.10.2012.
[394] Diverse Adressbücher der Residenzstadt Köthen, gefunden bei www.familysearch.org.
[395] Ebenda.

sätzlich privaten Zeichenunterricht bei einem Baurat,[396] von dem er ein gutes Abschlusszeugnis erhielt. Anschließend trat er im Anhalt-Dessauischen Staatsdienst in die Fußstapfen seines Vaters, indem er eine Ausbildung zum Feldmesser begann, die er mit der Prüfung am 26. und 27. Mai 1859 abschloss. Seinem Vater hätte dabei das 'genügend' in Geometrie sicher sehr missfallen, wobei er allerdings alle anderen Fächer mit der Note 'gut' bestand.[397] Zwei Jahre später bat er seine Vorgesetzten um die Ausstellung eines Dienstzeugnisses, weil er sich bei der preußischen 'Grundsteuerregulierung' bewerben wollte. Nachdem er sich dort aber näher erkundigt hatte, zog er sein Gesuch mit Schreiben vom 30. Oktober 1861 wieder zurück und blieb weiter in Anhalt.[398]

Leo Bandhauer starb am 16. April 1862 in seinem Wohnort Zerbst, im Alter von nur 28 oder 29 Jahren. Todesursache war eine Lungenentzündung, der er *"nach nur 3-tägigem Krankenlager"* erlag. Darüber informiert uns eine Akte im Landeshauptarchiv Sachsen-Anhalt, in der es um die Regulierung seines Nachlasses geht. Die drei Geschwister erschienen zwei Tage nach dem Tod Leos vor einer Kommission in Köthen, erklärten dass sie die einzigen Erben des Verstorbenen seien und noch Zahlungen des Herzogtums für bereits ausgeführte Vermessungsarbeiten Leos ausstünden. Zur Wahrung ihrer Belange beauftragten sie den Bürgermeister Kuhnemann aus Zerbst, der bei dem Termin ebenfalls anwesend war. Leo Bandhauer war bei seinem Tod unverheiratet und kinderlos.


### OTTO HERMANN HEINRICH ERNST BANDHAUER

*1834 in Roßlau, † 1907 in Essen (?)

Otto[399] war das jüngste Kind Bandhauers und bei dessen Tod erst drei Jahre alt. In Bezug auf heute noch lebende Nachkommen des Baumeisters ist er die interessanteste Person. Nach der oben bereits erwähnten Akte zur Nachlassregelung nach Leos Tod, war sein Rufname Otto. Dem gleichen Schriftstück ist zu entnehmen, dass er 1862 in Biendorf wohnte, das heute zu Bernburg gehört. Otto Bandhauer war während seines gesamten Berufslebens in der Versicherungsbranche tätig. Nach *"anonymen Angaben"*, die erstmalig 1938 in

---

[396] Dabei handelt es sich vermutlich um Friedrich Kretzschmar (1797 – 1857), der von 1821 bis zu seinem Tod in Anhalt-Dessau Leiter des herzoglichen Bauamtes war.

[397] [LHASA], DE Z 127, Nr. 2; *"Bandhauer, Leo, 1854-1863"*.

[398] Ebenda.

[399] Nach Nestler lauteten seine Vornamen 'Karl Ernst Hermann Otto'. Der Grund für die verschiedenen Angaben zu den Vornamen ließ sich bisher nicht ermitteln.

einer Beilage der *"Cöthenschen Zeitung"* veröffentlicht wurden, soll er nach einem Jurastudium erst in Köthen und dann in Magdeburg gearbeitet haben und schließlich 1907 in Essen gestorben sein.[400] Bei seinem Tod war er Direktor der Westdeutschen Versicherungs-Aktienbank. Warum der damalige Informant lieber anonym bleiben wollte, ist nicht bekannt.

Otto Bandhauers Lebensstationen lassen sich auf der Grundlage von Adressbüchern und genealogischen Sammlungen recht gut nachzuvollziehen. Er lebte 1862 in Biendorf, 1868 in Magdeburg, ab 1869 in Hannover[401] und spätestens ab 1880 in Essen. Im Jahr 1868 heiratete er die Magdeburgerin Anna Katerbow.[402] Otto Bandhauer und Anna Katerbow hatten mindestens sechs Kinder. Nach Klemens Koschig waren es sogar zehn, von denen aber vier schon sehr früh verstarben.[403] Mindestens drei von Otto Bandhauers Kindern hatten selbst wieder Nachkommen. Von diesem Zweig der Familie gibt es heute noch Nachkommen und somit auch von Gottfried Bandhauer.

Otto Bandhauer verstarb 1907 in Essen. Der genaue Todestag ließ sich bisher nicht ermitteln.

---

[400] [Nestler], Seite 33; er bezieht sich auf *"Gottfried Bandhauers Nachkommen"* in Askania 17/1938, Seite 68.

[401] Adressbuch Hannover, gefunden bei www.familysearch.org.

[402] Roßlauer Heimatkalender von 1987, mitgeteilt durch die Ev. Kirchengemeinde in Roßlau. Eine weitere Quelle ist die Homepage *www.familysearch.org*. Nach letzterer Quelle hieß die Ehefrau: Henriette Anna Katerbow.

[403] [Koschig]

# Anhang 2: Kurzbiografien

FRIEDRICH FERDINAND VON ANHALT-KÖTHEN

* 25.06.1769 in Pleß, † 23.08.1830 in Köthen

Herzog Ferdinand entstammte dem uralten Adelsgeschlecht der Askanier, das vor allem in norddeutschen Ländern über Jahrhunderte hinweg viele Landesregenten gestellt hatte. Bereits im Alter von 17 Jahren trat er in die preußische Armee ein, wo er bis zum Generalmajor aufstieg. Nach dem Tod seines Vaters erbte er 1797 die heimische Standesherrschaft Pleß in Schlesien, heute Pszczyna/ Polen, etwa 40 km südöstlich von Gleiwitz. 1803 heiratete er Prinzessin Marie Dorothea Henriette Luise von Holstein-Beck, die jedoch schon 2 ½ Monate nach der Hochzeit verstarb. Sie wurde nur 20 Jahre alt.

In der preußischen Armee konnte sich Ferdinand wiederholt bei Gefechten gegen französische Truppen auszeichnen, wurde aber auch mehrmals schwer verwundet. An den Folgen eines 1795 bei Lautern erlittenen Hüftdurchschusses laborierte er sein Leben lang. 1806 nahm er an der Schlacht bei Jena und Auerstedt teil, bei der die preußischen Truppen gleich zwei schmerzhafte Niederlagen hinnehmen mussten. Obwohl er eigentlich schon seinen Abschied von der Armee genommen hatte, kehrte er während der Befreiungskriege (1813) noch einmal als Kommandant des schlesischen Landsturmes zurück, nahm aber selbst nicht mehr an aktiven Kampfhandlungen teil.

Erst 13 Jahre nach dem Tod seiner ersten Frau, immerhin schon 47-jährig, ging er eine zweite Ehe ein. Sophie Julie Gräfin von Brandenburg war eine außereheliche Tochter des preußischen Königs Friedrich Wilhelm II mit Gräfin Sophie von Dönhoff. Julie war eine Schwester des preußischen Ministerpräsidenten Friedrich Wilhelm Graf von Brandenburg und eine Halbschwester des von 1806 - 1840 regierenden Königs Friedrich Wilhelm III. Die familiäre Bindung an den preußischen Hof sollte für Ferdinand nicht zuletzt ein gutes Verhältnis zu dem mächtigen Nachbarstaat garantieren.

Als am 16.12.1818 der minderjährige Herzog Ludwig August verstarb, gelangte Ferdinand unerwartet auf den Thron des Herzogtums Anhalt-Köthen. Die Standesherrschaft in Pleß trat er daraufhin an seinen jüngeren Bruder Heinrich ab. Gemeinsam mit Julie traf Ferdinand am 11. Februar 1819 in Köthen ein und soll dabei von seinen neuen Untertanen begeistert empfangen worden sein.

*Sophie Julie Gräfin von Brandenburg (*4. Januar 1793 in Neuchâtel, †27. Januar 1848 in Wien)*

Schon im ersten Jahr nach seiner Thronbesteigung kam es zu Streitigkeiten mit Preußen, die während seiner gesamten Regierungszeit andauern sollten. Nach dem Sieg gegen Frankreich und den Gebietsreformen durch den Wiener Kongress, sah sich Köthen vollständig vom preußischen Staat umzingelt. Eine Reform seiner Zollgesetze glaubte Preußen daher nur durchsetzen zu können, indem es die anhaltischen Herzogtümer in sein Zollgebiet mit einbezog. Das stieß aber auf den erbitterten Widerstand Ferdinands, der die Souveränität seines Landes in Gefahr sah. Seine Verdienste in der preußischen Armee waren nun schnell vergessen und er sah sich gezwungen, die Zollstreitigkeiten vor der Bundesversammlung zur Sprache zu bringen.

Dort wurde ihm zunächst von Österreich Unterstützung zugesichert, die aber in der Praxis nur sehr halbherzig erfolgte. Fürst von Metternich hatte offenbar wenig Interesse daran, die Beziehungen zum mächtigen Preußen durch die Fürsprache für ein paar kleine Fürstentümer zu belasten. Die jahrelangen Streitigkeiten endeten 1828 für Ferdinand mit einer schmerzhaften politischen Niederlage, indem er sich schließlich doch noch gezwungen sah, dem preußischen Zollgebiet beizutreten.

Anlässlich eines mehrmonatigen Aufenthaltes in Paris trat der bis dahin protestantische Ferdinand am 25. Oktober 1825 gemeinsam mit Julie zum katholischen Glauben über. Dieses Ereignis stieß sowohl bei den Untertanen in Köthen, die mehrheitlich evangelisch waren, als auch im Ausland und hier insbesondere in Preußen, auf größtes Unverständnis. Gerade König Friedrich Wilhelm III machte seiner Halbschwester in mehreren Briefen die heftigsten Vorhaltungen. Insgesamt führte der Konfessionswechsel zu einer weiteren Verschlechterung der außenpolitischen Beziehungen mit Preußen. Zudem blieb die von Ferdinand erhoffte massenhafte Rekatholisierung weiter Bevölkerungsschichten aus.

Innenpolitisch regierte Ferdinand weitgehend nach absolutistisch geprägten Vorstellungen. Die schon vor seiner Regierungszeit bestehende Finanzkrise des Landes verschärfte er - mit tatkräftiger Unterstützung seiner Gemahlin - durch ein ausschweifendes und kostspieliges Hofleben nach französischem Vorbild. Auch die von ihm befohlene umfangreiche Bautätigkeit, Erweiterung und Umbau seiner Schlösser sowie sonstiger herrschaftlicher Bauten, hätten den Staat sich noch weit mehr Geld gekostet, wenn sich sein Baumeister Bandhauer nicht durch eine ausgesprochen sparsame Bauweise ausgezeichnet hätte.

Trotz seines konservativen Regierungsstils zeigte sich Ferdinand technischen und wissenschaftlichen Neuerungen gegenüber stets aufgeschlossen. So nahm er Samuel Hahnemann, den 'Vater der Homöopathie', in seinem Herzogtum auf, als dieser in Leipzig in Schwierigkeiten geraten war. Die Homöopathie steckte zu dieser Zeit noch in den Kinderschuhen und wurde aus verschiedenen Richtungen massiv bekämpft. Das hinderte Ferdinand jedoch nicht daran, Hahnemann als Leibarzt der herzoglichen Familie einzustellen und ihm eine beamtenähnliche Stelle zu übertragen. Auch Bandhauer wurde von Ferdinand unterstützt und aktiv gefördert. Bei den Bauvorhaben hatte er weitgehend freie Hand, insbesondere was die jeweilige Ausführungsart und die verwendeten, teilweise neuartigen Technologien betraf.

Um der wirtschaftlichen Misere des Landes entgegen zu wirken, erwarb Ferdinand im Süden der ukrainischen Steppe einen 550 km² großen Landstrich auf dem er eine anhaltische Kolonie für Schafzucht gründete. Im Frühjahr 1828 brach eine Gruppe von 25 Landwirten mit Kühen, Stieren, Pferden und weit über 2.000 Schafen in die neue Heimat auf. In Anlehnung an das Adelsgeschlecht der Askanier nannte man die nördlich der Krim gelegene Kolonie *"Askania Nova"*. Auf Befehl des Herzogs wurden alle Schafställe und sonstigen Wirtschaftsgebäude der Kolonie nach dem Prinzip von Bandhauers Quadrathohlbauten errichtet.

Zunächst schien das Projekt durchaus erfolgreich zu verlaufen, denn bereits 1830 waren die Schafbestände auf über 8.000 Tiere angewachsen. Anstatt Gewinn abzuwerfen, musste die Kolonie aber in den nächsten Jahren immer wieder von Köthen aus finanziell unterstützt werden, obwohl sie in den ersten 10 Jahren sogar von der Steuer befreit war. Nach dem Aussterben des Köthener Adelsgeschlechts und dem Anschluss an Anhalt-Dessau, entschied Herzog Leopold IV 1856, die gesamte Kolonie an einen deutschen Gutsbesitzer zu verkaufen. Zu diesem Zeitpunkt umfasste der landwirtschaftliche Betrieb über 30.000 Schafe, wirtschaftete aber immer noch unrentabel.

Wenige Tage nach dem Gerüsteinsturz beim Bau der katholischen Kirche in Köthen, erlitt Ferdinand bei einem Spaziergang einen *"Anfall"*, von dem er sich nicht mehr erholte.[404] Hahnemann hatte in seinen Aufzeichnungen am 28. Februar 1830 zum ersten Mal eine Entzündung auf der Stirn des Herzoges dokumentiert, die sich in den kommenden Monaten trotz aller Heilungsversuche zu einem großen eitrigen Geschwulst ausbildete. In den Wochen und Monaten vor seinem Tod ist in den Aufzeichnungen Hahnemanns immer wieder von 'Anfällen' die Rede, deren Höhepunkt eine *"Ohnmacht im Freien"* war, die der Herzog um den 20. Mai erlitt.[405]

Friedrich Ferdinand von Anhalt-Köthen starb am 23. August 1830, im Alter von 61 Jahren. Auch weil Hahnemann den Tod des Herzogs in seinen sonst so penibel geführten Aufzeichnungen mit keinem Wort erwähnt, liegt die wirkliche Todesursache bis heute im Dunklen. Da Ferdinand in beiden Ehen kinderlos blieb, folgte ihm sein Bruder Heinrich auf den Köthener Thron, an den er bereits 11 Jahre vorher die Standesherrschaft in Pleß abgetreten hatte. Nach Vollendung der von ihm selbst gestifteten und von Bandhauer entworfenen katholischen Kirche St. Maria in Köthen, wurden seine Gebeine in deren Gruft überführt. Nach dem Tod seiner Gemahlin Julie im Januar 1848 wurde ihr Leichnam nach Köthen gebracht und in einem eigenen Sarkophag neben Ferdinand bestattet.

---

[404] Samuel Hahnemann: *"Krankenjournal D34"*. Kommentarband zur Transkription von Ute Fischbach-Sabel. Heidelberg 1998.
[405] Ebenda. Eintrag Hahnemanns vom 23.08.1830.

## GEORG MOLLER

* 21.01.1784 in Diepholz, † 13.03.1852 in Darmstadt

Der Architekt und Stadtbaumeister Georg Moller war vermutlich die entscheidende Person bei Bandhauers Weiterbildung vom Zimmermann zum Baumeister, obwohl sich dieses Ausbildungsverhältnis bisher nicht eindeutig durch Quellen belegen ließ. Allerdings ist Bandhauers stilistische Nähe zu Mollers Werk so deutlich greifbar, dass kein Zweifel an einer, wie auch immer gearteten, Lehrer-Schüler-Beziehung bestehen kann.

Mollers Vater war Advokat und Notar in Celle und Diepholz. Seine aus dem Oberengadin stammende Mutter verstarb jung, als Moller erst elf Jahre alt war. Nach Abschluss der Schule trat Moller im Jahr 1800 eine Ausbildung bei dem Architekten Christian Wittig in Hannover an. Hier lernte er zufällig den damals schon bekannten badischen Baumeister Friedrich Weinbrenner kennen. Ihm folgte er 1802 nach Karlsruhe, um seine Studien in den nächsten fünf Jahren an dessen privater Bauschule fortzusetzen. Weinbrenner übte großen Einfluss auf Moller aus, insbesondere im Hinblick auf seinen spätklassizistischen Architekturstil.

1807 brach Moller zu einer mehr als zwei Jahre dauernden Reise nach Italien auf, um die antiken Vorbilder der Architektur zu studieren und zu zeichnen. Am längsten hielt er sich in Rom auf, wo er in einem Kreis deutscher und italienischer Künstler wohlwollende Aufnahme fand. Nach seiner Rückkehr nach Karlsruhe fand er durch die Vermittlung Weinbrenners schnell eine Anstellung als großherzoglich-hessischer Baumeister in Darmstadt. Der von Napoleon initiierte Aufstieg der Stadt zum Großherzogtum hatte auch einen Bauboom ausgelöst. Vor allem waren viele öffentliche Gebäude zu errichten aber auch repräsentative Wohnhäuser für den Hofstaat und die Regierung. Moller, der schon bald zum Hofbaurat ernannt wurde, leistete durch seine Tätigkeit einen entscheidenden Beitrag zum herrschaftlichen Erscheinungsbild der Stadt, insbesondere in der klassizistischen Neustadt. Er bewährte sich vor allem auch als Stadtplaner und gab der vorherigen Provinzstadt durch breite Straßen, großzügige städtische Grünanlagen und beeindruckende Bauwerke mit repräsentativen Fassaden ein neues Gesicht. Sein Wirkungskreis reichte aber weit über die Grenzen Darmstadts hinaus, indem er auch in Mainz, Wiesbaden, Gießen, Lich, Bensheim und vielen anderen Städten Projekte verwirklichte.

Moller war nicht nur ein herausragender Architekt, sondern zeigte sein Leben lang auch besonderes Interesse an innovativen Lösungen konstruktiver Probleme und an neuen Entwicklungen in den Bereichen Statik und Materialforschung. Die Leistungen der britischen und französischen Ingenieure verfolgte er mit größtem Interesse und korrespondierte mit ausländischen Berufskollegen über aktuelle Themen, wie z.B. die Verwendung von Eisen in der Architektur. Bei der Rekonstruktion der 1793 zerstörten Kuppel des Mainzer Doms wandte er die neuen Erkenntnisse des Eisenbaus auch praktisch an. Das *"Mollersche Ei"*, eine spitzbogige Konstruktion aus Schmiedeeisen, wurde jedoch 1870 wieder abgebrochen. Um ausländische Erfahrungen näher kennenzulernen unternahm er zwischen 1825 und 1830 noch einmal längere Studienreisen nach Frankreich und Großbritannien.

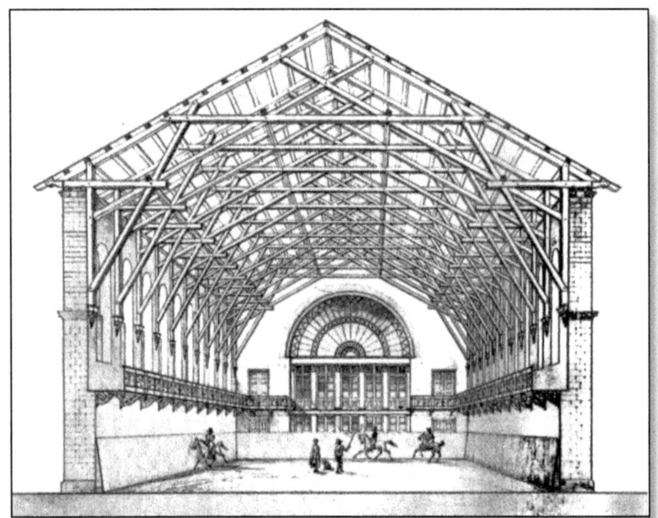

*Mollers Reitbahn am Wiesbadener Schloss (1839). Die Halle musste 1960 dem neuen Plenarsaal des hessischen Landtages weichen.*

Moller wirkte neben seiner Tätigkeit als oberster Baumeister des Großherzoges auch als Lehrer an der von ihm gegründeten staatlichen Bauschule in Darmstadt. Auch als Sachverständiger wurde er gelegentlich angefordert und er war Herausgeber von Fachliteratur über Architektur. So brachte er im Laufe der Jahre drei Bände seines Gesamtwerkes *"Denkmäler der deutschen Baukunst"* heraus. Trotz seiner umfangreichen Tätigkeit auf allen Gebieten der Architektur und des Bauwesens war er keineswegs nur auf seine Karriere fixiert. So lehnte er die angebotene Nachfolge Weinbrenners in Karlsruhe ab.

Besondere Verdienste erwarb sich Moller auch um die Fertigstellung des Kölner Doms, deren Bauarbeiten zu Anfang des 16. Jhd. vollständig zum Erliegen gekommen waren. Im Jahr 1814 wurde auf einem Dachboden bei Darmstadt eine Hälfte des seit Jahrhunderten verschollenen Risses der Westfassade sichergestellt. Der hinzugezogene Moller sicherte die über vier Meter hohe Pergament-Zeichnung durch die Herstellung eines Druckes und sorgte anschließend dafür, dass der Riss wieder nach Köln zurückkehrte. Als Mollers Freund, der Kunsthistoriker Sulpiz Boisserée, zwei Jahre später die andere

Hälfte der Zeichnung in Paris auffand, waren die Voraussetzungen geschaffen, um den Dom nach den historischen Entwürfen zu vollenden, was schließlich bis 1880 gelang.

Georg Moller war ein vielseitig interessierter Mensch, der auch den schönen Künsten wie der Musik und der Malerei zugetan war. Er unterhielt zahlreiche Kontakte zu Prominenten des öffentlichen Lebens, darunter auch Johann Wolfgang von Goethe und Friedrich Wedekind. Moller war in erster Ehe mit Amalie Merck verheiratet, einer Tochter der darmstädtischen Apothekerfamilie sowie der späteren Industriellendynastie Merck. In zweiter Ehe heiratete er die aus Caldern bei Marburg stammende Helene Hille, mit der er drei Kinder hatte.

Georg Moller starb im Alter von 68 Jahren in Darmstadt. Sein Grab befindet sich auf dem Alten Friedhof in der ehemaligen Residenzstadt.

Eine ausführliche Darstellung des Gesamtwerkes mit Besprechung seiner wichtigsten Bauwerke ist der Biografie von Marie Frölich und Hans-Günther Sperlich zu entnehmen: *"Georg Moller – Baumeister der Romantik"*, Darmstadt 1959.

## JOHANN ALBERT EYTELWEIN

* 31.12.1764 in Frankfurt a. Main, † 18.08.1848 in Berlin

*Johann Albert Eytelwein.*

Johann Albert Eytelwein war eine der einflussreichsten Persönlichkeiten in der preußischen Bauverwaltung des 19. Jahrhunderts. Bereits im Alter von 15 Jahren wurde er als Schüler an der berühmten Artillerieschule von General v. Tempelhoff zugelassen, um die *"Kriegskunst"* zu erlernen. Nebenbei studierte er aber bereits autodidaktisch Mathematik und die Feldmesskunde. Die staatliche Prüfung zum Feldmesser bestand er 1786 mit ausgezeichneten Noten. Das anschließende Studium der Architektur und des Bauwesens beendete er 1790 vor einer preußischen Prüfungskommission mit dem 2. Staatsexamen.

Dem nunmehr königlich preußischen Baukondukteur wurde als erste Aufgabe die Stelle eines Deichinspektors beim Oderbruch in Küstrin übertragen. In den nächsten Jahren war er mit der Regulierung von Oder, Warthe, Weichsel und Niemen beschäftigt. Dabei baute er unter anderem die Hafenanlagen in Memel, Pillau und Swinemünde.

Im Jahr 1793 veröffentlichte er das Werk *"Sammlung von Aufgaben aus der angewandten Mathematik für Feldmesser, Ingenieure und Baumeister"*, durch das er in Fachkreisen einen großen Bekanntheitsgrad erlangte. Die Veröffentlichung half ihm später auch bei der Beförderung zum Geheimen Oberbaurat und zu seiner Berufung in das Oberbaudepartement nach Berlin. Dieses Gremium war die oberste Instanz der preußischen Bauverwaltung und setzte sich zunächst aus vier, später aus sieben besonders erfahrenen Baumeistern zusammen. 1804 wurde die Behörde in 'Oberbaudeputation' umbenannt und Eytelwein als dienstältestes Mitglied zu deren erstem Vorsitzenden ernannt. Die Oberbaudeputation hatte über alle wesentlichen Fragen des Bauwesens in Preußen zu beraten und zu entscheiden. Als sich Eytelwein 1830 aus dem Berufsleben zurückzog, folgte ihm Karl Friedrich Schinkel in diese Position nach. 1810 erfolgte die Ernennung Eytelweins zum 'vortragenden Ministerialrat'.

Eytelwein hat sich während seines gesamten Berufslebens (und darüber hinaus) besonders um die Ausbildung junger Baufachleute verdient gemacht. Er war maßgeblich an der Gründung der Berliner Bauakademie beteiligt, die anfangs noch der Oberbaudeputation unterstellt war. Über 30 Jahre unterrichtete er dort selbst die Fächer Mechanik und Wasserbau und war sieben Jahre lang Direktor der Akademie. Seine zahlreichen Fachpublikationen zeichneten sich durch eine exakte Darstellungsweise und leichte Verständlichkeit aus. Sie gehörten teilweise über Jahrzehnte zur Standardlektüre für Studenten und Bauschaffende im deutschsprachigen Raum. Auch an der Herausgabe von Crelles *"Journal für die Baukunst"*, in dem er selbst gelegentlich publizierte, hatte er entscheidenden Anteil.

Darüber hinaus setzte er sich für die Vereinheitlichung der Maße und Gewichte in den preußischen Hoheitsgebieten ein; eine Aufgabe von nicht zu unterschätzender Bedeutung. Zu seinen wichtigsten Veröffentlichungen gehörten: *"Praktische Anweisung zur Wasserbaukunst"* (1802-1809; gemeinsam mit David Gilly), *"Handbuch der Mechanik fester Körper und der Hydraulik"* (1801; von diesem Werk erschienen bis 1842 immer wieder neue Auflagen), *"Handbuch der Statik fester Körper"* (1808), *"Handbuch der Perspektive"* (1810), *"Grundlehren der höheren Analysis"* (1824) und *"Handbuch der Hydrostatik"* (1826). Im Alter von 73 Jahren veröffentlichte er die *"Anweisung zur Lösung höherer numerischer Gleichungen"* (1837).

Trotz seines vollgepackten Berufsalltages war Eytelwein auch ein ausgesprochener Familienmensch. Seit seinem 25. Lebensjahr war er mit Charlotte Dorothee Pflaum verheiratet, mit der er sieben Kinder hatte. Darunter war auch Friedrich Albert Eytelwein, der später als Architekt im preußischen Staatsdienst tätig war.

Nach einem überaus erfüllten Leben starb Johann Albert Eytelwein im Alter von 83 Jahren in Berlin.

<u>L</u>udwig <u>B</u>ehr

* 1789 oder 1790 in Anhalt-Köthen (?), † nach 1882, vermutlich in Bernburg

Ludwig Behr war Bandhauers Vorgänger im Amt des Köthener Baumeisters und für kurze Zeit auch sein Vorgesetzter. Die genauen Geburts- und Sterbedaten Behrs sind derzeit unbekannt. Zwei Anhaltspunkte deuten aber auf die Möglichkeit hin, dass er aus Köthen oder zumindest aus Anhalt gestammt haben könnte: zum einen kam der Name Behr hier recht häufig vor, auch unter den Beamten und Bediensteten des Herzogs.[406] Zum anderen kehrte er 1842 auf eigenen Wunsch nach Anhalt zurück, um seine Karriere beim Herzog in Bernburg fortzusetzen.[407] In einer Veröffentlichung zu seiner Tätigkeit in Bad Kreuznach wird sein Alter beim Dienstantritt im Jahr 1823 mit 33 Jahren angegeben.[408] Dies als richtig vorausgesetzt, müsste er 1789 oder 1790 geboren sein und wäre etwa genauso alt wie Bandhauer gewesen. Dafür spricht auch, dass Bandhauer ihn einmal als *"jungen Mann"* bezeichnete, was er bei einem älteren Berufskollegen wohl kaum getan hätte.[409]

Über Kindheit und Jugend Behrs sowie seine ersten Schritte ins Berufsleben ist derzeit nichts bekannt. Vermutlich hat er zunächst eine Handwerkerlehre absolviert oder er war Feldmesser, weil dies damals typische Zugangsvoraussetzungen für eine höhere Ausbildung im Baufach waren. Etwa ab 1811 oder 1812 hat er an der Berliner Bauakademie studiert. Im Jahr 1813 stellte er sich dem ersten Staatsexamen, das er jedoch nicht bestand.[410] Er beendete das Studium daher ohne Abschluss, wurde aber dennoch im selben Jahr in der Köthener Bauverwaltung eingestellt. Hier war er zwei Jahre lang Mitarbeiter des amtierenden Baumeisters Förder aus Magdeburg, bis ihm 1815 selbst das Amt des obersten Baubeamten im Lande übertragen wurde. Ab diesem Zeitpunkt wird er stets als Baumeister bezeichnet, obwohl ihm z.B. in Preußen dieser Titel ohne das Examen nicht zugestanden hätte.

---

[406] In einer Auflistung aller Beamten, Diener und sonstigen Personals im Herzogtum Köthen aus dem Jahre 1818 kommt der Name Behr insgesamt vier Mal vor. Darunter ein Finanzrat Behr in der Rentkammer, der auch das Bauamt unterstellt war.

[407] [LHASA], Z19, B Nr. 31: *"Anstellung des Bauinspektors Behr aus Kreuznach in herzoglichen Diensten (1830-1842)"*

[408] Walter Krumm: *"Das Kurhaus von 1842 ist sein Werk – Ludwig Behr, der erste Kreisbaumeister des Kreises Kreuznach"*, veröffentlicht im 'Naheland-Kalender 1984'

[409] [Allg. Anzeiger], Jahrgang 1833, Nr. 182, Spalte 2358.

[410] Hans Caspary: *"Nachrichten über Ludwig Behr, den ersten Kreisbaumeister in der preußischen Rheinprovinz"* in: *"Kunst und Kultur am Mittelrhein – Festschrift für Fritz Arens"*, Worms 1982.

Nach der Einstellung Bandhauers blieb Behr nur noch ein gutes Jahr in herzoglichen Diensten und schied am 31.12.1821 *"aus freien Stücken"* aus. Er verließ wenig später Köthen und Anhalt mit der Absicht, eine längere Studienreise nach Italien anzutreten, für die er offensichtlich auch die nötige finanzielle Ausstattung besaß. Auf dem Weg nach Rom hielt er sich gerade in München auf, als ihm durch Vermittlung seines Freundes Gustav von Vorherr[411] die Stelle des Kreisbauinspektors in Bad Kreuznach angeboten wurde.[412] Daraufhin kürzte er seine Studienreise ab, besuchte Italien nur für wenige Monate und trat die neue Stelle am 1. März 1823 an. Sein Arbeitgeber war nun der Landkreis Bad Kreuznach, der aber der preußischen Rheinprovinz unterstellt war. Behr ließ sich hier als Bauinspektor bezeichnen, obwohl ihm dieser Titel strenggenommen nicht zustand. Das Finanzministerium in Berlin bemerkte diese 'Anmaßung' aber erst 1834(!), entschied dann aber großzügig, dass Behr aufgrund seiner in der Praxis erworbenen Qualifikationen den Titel weiterhin führen dürfe. Allerdings blieb er auch für die restliche Zeit in Bad Kreuznach Bauinspektor und damit weit hinter der Bezahlung eines 'wohlbestallten' preußischen Baubeamten zurück. So wird er im *"Geschäfts- und Adreß-Kalender des Regierungsbezirks Koblenz für das Schaltjahr 1836"* immer noch als *"Herr Bauinspector Behr, Kreuznach"* geführt.

Während seiner rund 20-jährigen Tätigkeit als Kreisbaumeister unternahm er manche Anstrengung, um doch noch in den preußischen Staatsdienst übernommen zu werden und somit den bei der Rheinprovinz beschäftigten Baubeamten in Koblenz gleichgestellt zu werden. Dies wurde ihm jedoch regelmäßig von den Behörden versagt.[413] Dieser Vorgang zeigt die Kompromisslosigkeit der preußischen Verwaltung in Bezug auf vorzuweisende Zeugnisse. Insofern scheint Bandhauer mit Köthen die richtige Entscheidung getroffen zu haben, weil er in Preußen ohne das zweite Examen vermutlich nie zu einem vollwertigen Baubeamten aufgestiegen wäre.

Dennoch muss Behrs Tätigkeit im Landkreis Bad Kreuznach sowohl quantitativ als auch qualitativ sehr fruchtbar gewesen sein, denn es gibt mehrere Fundstellen in den Akten, an denen sich seine Vorgesetzten außerordentlich zufrieden über ihn äußern. Er war nicht nur für den gesamten Hochbau zuständig, sondern auch für die Straßen- Brücken- und Wasserbaumaßnahmen. Stilistisch war er ebenfalls Klassizist, im Gegensatz zu Bandhauer aber eher

---

[411] Gustav von Vorherr (*19.10.1778 in Freudenbach, †1.10.1847 in München) war zeitweise oberster Baubeamter des Königreichs Bayern und Direktor der Baugewerkschule in München.

[412] Der Landkreis Bad Kreuznach wurde nach dem Wiener Kongress unter preußischer Verwaltung neu gebildet und gehörte seit 1822 zur 'Rheinprovinz'.

[413] Hans Caspary: *"Nachrichten über Ludwig Behr..."*.

von der Berliner Schule eines Schinkel oder eines Gilly geprägt. In der Region Kreuznach wurde er gelegentlich sogar als direkter Schüler Schinkels bezeichnet, was aber nicht den Tatsachen entspricht. Zu seinen wichtigsten Arbeiten gehörten die evangelischen Kirchen in Weinsheim (1825), Mandel (1830) und Waldböckelheim (1835), sowie das leider nicht mehr vorhandene Kurhaus in Bad Kreuznach (1842).

Enttäuscht von der Weigerung ihm den preußischen Beamtenstatus zu verleihen und ihm seine erste Beförderung zu gewähren, wandte sich Behr schon 1830 wieder an die heimatlichen Behörden in Anhalt, um in den herzoglichen Dienst zurückzukehren.[414] Der Grund für seine Bewerbung gerade zu diesem Zeitpunkt dürfte der Tod Herzog Ferdinands gewesen sein, sowie die Entlassung Bandhauers, wodurch die höchste Stelle im Köthener Bauamt frei wurde. Da die Konstellation mit Ferdinand als Herzog und Bandhauer an der Spitze des Bauamtes aus bisher unbekannten Gründen zu seinem vorzeitigen Ausscheiden in Köthen geführt hatte, sah er durch die veränderte Situation offenbar eine Gelegenheit zur Rückkehr nach Köthen gekommen. Die Leitung des Bauamtes wurde dann aber Conrad Hengst zugesprochen, sodass Behrs Versetzung nach Köthen nicht zustande kam.

Die Rückkehr nach Anhalt gelang Behr dann aber 1842 oder Anfang 1843. Sein neuer Arbeitgeber war allerdings nicht der Herzog von Anhalt-Köthen, sondern Alexander Carl in Anhalt-Bernburg. Hier wurde er dem amtierenden Baumeister Johann August Philipp Bunge unterstellt, der seit dem Ausscheiden von Johann Christian Bley im Jahre 1830 oberster Baubeamter in Bernburg war. Gleich zu Beginn seiner Tätigkeit wurde er mit dem Entwurf für die neue Eisengießerei in Bernburg beauftragt, der anschließend von Bunge genehmigt wurde. In Unkenntnis seines Urhebers stellte van Kempen diesem Entwurf ein gutes Zeugnis aus: *"Wer auch der Verfasser des Entwurfes sei, seine Befähigung zur Qualitätsarbeit hat er mit diesem schlichten Fabrikgebäude erwiesen"*.[415]

Mit diesem Urteil reihte sich van Kempen nahtlos in eine Reihe von sehr positiven Berichten über Behrs Tätigkeit als Architekt und Baumeister ein, die sowohl seine künstlerischen Qualitäten, als auch seine vorbildliche Berufseinstellung betrafen. Insofern scheint Behr ein gutes Beispiel dafür gewesen zu sein, dass bei entsprechender Veranlagung und Motivation auch ohne amtliche Zeugnisse eine fruchtbare Tätigkeit möglich ist. In Bernburg wurde Behrs berufliches Weiterkommen offenbar nicht von dem fehlenden Examen abhän-

---

[414] [LHASA], Z19, B Nr. 31.
[415] [van Kempen], Seite 73.

gig gemacht, denn er war spätestens ab 1853 Baurat. In einer Zusammenstellung des Personalbestandes der kirchlichen Behörden in Bernburg wird er zu dieser Zeit sogar als *"Regierungs- und Baurath"* bezeichnet.[416] Am 14. November 1860 wurde er vom vereinigten Herzogtum Anhalt zum Ritter 2. Klasse ernannt.[417] Behr scheint auch kulturell interessiert gewesen zu sein, denn im Deutschen Bühnen-Almanach von 1859 wird er, gemeinsam mit Bunge, als Mitglied der Theater-Kommission Bernburg geführt.

Einem Schreiben Behrs aus der Bad Kreuznacher Zeit an die übergeordneten Dienststellen in Berlin ist zu entnehmen, dass er verheiratet war und offenbar auch Kinder hatte. Er trug vor, dass er ein Einkommen von 600 Talern jährlich für unabdingbar halte, um *"sich und seine Familie"* standesgemäß zu unterhalten.[418]

Behrs Todesdatum ist derzeit noch unbekannt. Die ihn betreffenden Akten im Landeshauptarchiv in Dessau enden mit dem Jahr 1861 aber in der Ausgabe von 1883 des *"Hof- und Staats-Handbuch für das Herzogthum Anhalt"* wird er noch als Empfänger von Pensionszahlungen geführt. Zu diesem Zeitpunkt wäre er immerhin schon über 90 Jahre alt gewesen. Nach dem Adressbuch Bernburgs für das Jahr 1877 wohnte er zu diesem Zeitpunkt in der Cöthenschen Straße 19.[419]

---

[416] Allgemeines Kirchenblatt für das evangelische Deutschland, Jahrgang 1853, Ausgabe Nr. 25 vom 20.06.1853.

[417] *"Hof- und Staats-Handbuch für das Herzogthum Anhalt"*, Dessau 1867.

[418] Hans Caspary: *"Nachrichten über Ludwig Behr…"*.

[419] *"Adressbuch der Stadt Bernburg für das Jahr 1877/ 78"*, Bernburg 1877.

## CHRISTIAN CONRAD HENGST

* 09.09.1796 in Durlach, † 08.07.1877 in Köthen

Conrad Hengst wurde im badischen Durlach geboren, damals eine eigenständige Gemeinde, heute der größte Stadtteil von Karlsruhe. Nach seiner Schulzeit erlernte er von seinem Vater das Zimmermannshandwerk und ging anschließend nach München, um das Baufach zu studieren. Nach der Rückkehr von einer Studienreise durch Italien kam er in das Büro von Friedrich Weinbrenner in Karlsruhe, bei dem er seine Kenntnisse vertiefte. Weinbrenner war damals einer der angesehensten Architekten im gesamten deutschsprachigen Raum. In seiner Biografie, die er gemeinsam mit Alois Wilhelm Schreiber verfasste, wird Hengst namentlich als sein Schüler erwähnt.

Als sich Bandhauer auf der Suche nach einem Mitarbeiter an Weinbrenner wandte, war Hengst gerade 26 Jahre alt geworden. Am 1. Juli 1823 traf er in Köthen ein und wurde die rechte Hand Bandhauers. Aus der anfänglich guten Zusammenarbeit wurde aber schon bald Rivalität und später blanker Hass. Buchberger und andere Autoren schrieben die Schuld an dem Zerwürfnis regelmäßig Hengst zu, was sich aber nicht so leicht beweisen lässt. Nach dem Ausscheiden Bandhauers aus dem Köthener Staatsdienst übernahm Hengst die Spitze der herzoglichen Bauverwaltung. Offiziell war dies am 1. Januar 1831, inoffiziell aber wahrscheinlich direkt nach dem Gerüsteinsturz beim Bau der Marienkirche im Juli 1830.

Hengst blieb nach dem Ausscheiden Bandhauers mehr als 45 Jahre lang oberster herzoglicher Baumeister in Anhalt. Er überstand in dieser Stellung sogar das Aussterben des Köthener Fürstenhauses im Jahre 1847 und den Zusammenschluss mit dem Herzogtum Anhalt-Bernburg. Als im Jahr 1863 auch die Bernburger Linie im 'Mannesstamm' erloschen war, wurde Hengst oberster Baumeister des neu gebildeten Großherzogtums Anhalt. Während all dieser Jahre war er sehr produktiv. Er schuf viele neue Bauwerke, konnte aber weder in künstlerischer noch in konstruktiver Hinsicht an die Fähigkeiten Bandhauers anknüpfen. Um die Zeit der revolutionären Unruhen (1848) wurde Hengst von einigen Zeitungen Korruption und persönliche Bereicherung im Amt vorgeworfen, was aber nie bewiesen wurde und ihm letztlich auch nicht schadete.

Nachdem er sogar noch sein 50. Dienstjubiläum in Anhalt feiern konnte, trat er am 1. April 1877 in den Ruhestand, immerhin schon in seinem 81. Lebensjahr. Christian Conrad Hengst starb am 8. Juli 1877 unverheiratet und kinderlos in Köthen.

## SAMUEL CHRISTIAN FRIEDRICH HAHNEMANN

* 10.04.1755 in Meißen, † 02.07.1843 in Paris

*Samuel Hahnemann (1835) nach einer Zeichnung seiner zweiten Ehefrau Mélanie d'Hervilly.*

Der aus Meißen stammende Arzt Samuel Hahnemann gilt heute in der ganzen Welt als Begründer der Homöopathie. Nach seinem Schulabschluss studierte er zuerst in Leipzig, dann in Wien und schließlich in Erlangen Medizin, wo ihm auch die Doktorwürde zuerkannt wurde. Selbstversuche mit Chinarinde gegen die Malaria, deren Ergebnisse im Widerspruch zu den klassischen Lehren standen, waren Anlass für erste Zweifel an der gängigen Schulmedizin. Aus diesem Ansatz sowie durch akribische Beobachtung seiner Patienten mit ausführlicher Dokumentation ihrer Symptome, entwickelte er den Grundsatz, gleiches mit gleichem zu kurieren *("similia similibus curentur")*. Er probierte an seinen Patienten verschiedene Medikationen aus, verdünnte die Dosierungen bis ins Unermessliche und führte auch immer wieder Selbstversuche durch. Auch sein umfassendes Werk *"Reine Arzneimittellehre"* beruhte vorwiegend auf Versuchen an eigentlich gesunden Familienmitgliedern, Mitarbeitern, Kollegen und sich selbst.[420]

Hahnemanns Lehren waren in Fachkreisen von Anfang an äußerst umstritten und sind es bis heute geblieben. Wegen ständiger Auseinandersetzungen mit Berufskollegen und teilweise auch mit dem Gesetzt, zog er mit seiner großen Familie häufig um. Von 1811 bis 1820 praktizierte er in Leipzig, wo er bereits über einen großen Patientenstamm verfügte und auch von bekannten Persönlichkeiten des öffentlichen Lebens konsultiert wurde. Hier kam es zu einem Streit mit der Apothekerzunft, weil Hahnemann darauf bestand, seine Medikamente selbst herzustellen und zu dosieren. Das 'Dispensierrecht' erlaubte dies aber nur den Apothekern, sodass er eine juristische Niederlage erlitt.

---

[420] www.wikipedia.de [November 2013]

Die daraus resultierenden Einschränkungen seiner Berufsfreiheit waren der Hauptgrund für den Umzug nach Köthen, der von Adam Müller, dem Vertrauten Herzog Ferdinands, vermittelt wurde. Ferdinand machte Hahnemann zu seinem Leibarzt und erlaubte ihm auch ausdrücklich das Herstellen von Medikamenten. Im Juni 1821 traf Hahnemann in Köthen ein und bezog ein Haus in der Wallstraße.[421] Als Hofarzt war er nun auch Beamter des Köthener Staates, von dem er bereits ein Jahr später zum Hofrat befördert wurde. Hahnemann setzte in Köthen die bewährte Praxis der exakten Dokumentation aller Patientenbesuche und seines Schriftverkehrs fort. Auf die Zeit in Köthen beziehen sich die Krankenjournale mit den Bezeichnungen D22 bis D38. Zu Hahnemanns Patienten in Köthen gehörten neben der herzoglichen Familie auch viele Beamte der Landesregierung und des Hofstaats. Auch Gottfried Bandhauer konsultierte ihn ab April 1822 regelmäßig, zeitweise sogar mehrmals wöchentlich. Bandhauers Frau Friederike war offenbar erst nach dem Umzug der Familie nach Köthen unter seinen Patienten. Von ihr sind zwei Briefe an Hahnemann erhalten, in denen sie tagebuchartig die Wirkung eines Pulvers beschreibt, das sie regelmäßig von ihm erhielt.[422]

Nach 48-jähriger Ehe verstarb im März 1830 Hahnemanns erste Frau Johanna Küchler, mit der er 11 Kinder hatte. Hahnemann führte seine Praxis aber vorerst weiter, wobei ihn fortan eine seiner Töchter unterstützte. Ende 1834 suchte ihn die französische Malerin Mélanie d'Hervilly als Patientin in Köthen auf. Aus dieser Begegnung entwickelte sich schon bald eine stürmische Beziehung, die bereits am 18. Januar 1835 mit der inoffiziellen Eheschließung besiegelt wurde. Inoffiziell, weil ohne den Segen der Kirche, was damals zwar schon in Frankreich möglich war, nicht aber in Deutschland. Da sich Hahnemann zu diesem Zeitpunkt bereits in seinem 80. Lebensjahr befand und Mélanie ganze 45 Jahre jünger war, erregte die Hochzeit großes Aufsehen über die Stadtgrenzen Köthens hinaus. Noch im gleichen Jahr zog Hahnemann mit Mélanie nach Paris, wo er sich eine neue Praxis aufbaute. Von nun an half ihm Mélanie auch in der Sprechstunde. Obwohl sie nicht über eine entsprechende Ausbildung verfügte, führte sie die Praxis nach dem Tode Hahnemanns alleine weiter.

Etwa zehn Jahre nach seinem Weggang aus Anhalt holte Herzog Heinrich mit Arthur Lutze, dem der Ruf eines 'Wunderheilers' vorauseilte, einen weiteren Homöopathen nach Köthen. Ähnlich wie Hahnemann war er in Preußen in

---

[421] Markus Mortsch: *"Edition und Kommentar des Krankenjournals D22 (1821) von Samuel Hahnemann"*. Dissertation, Bochum 2005.
[422] Institut für Geschichte der Medizin der Robert Bosch Stiftung; B 331098 Brief von Friederike Bandhauer vom 17.09.1833.

Schwierigkeiten geraten, weil er offiziell keine Approbation besaß, auf die man in Anhalt aber verzichtete. Nicht zuletzt durch ihn blieb Köthen über einen langen Zeitraum das europäische Zentrum der Homöopathie.

Samuel Hahnemann starb am 2. Juli 1843 im Alter von 88 Jahren. Todesursache war vermutlich eine Lungenentzündung. Die gemeinsame Grabstätte mit Mélanie d'Hervilly befindet sich auf dem Friedhof Pére Lachaise in Paris.

## Anhang 3: Häufig zitierte Quellen:

Häufig zitierte Quellen sind in den Fußnoten durch eckige Klammern [...] ge-kennzeichnet, die in diesem Anhang ausführlich genannt werden. Nähere Ein-zelheiten, wie z.B. die Seitenangabe innerhalb der Quelle, werden in der je-weiligen Fußnote angegeben.

**[LHASA]**  Akten aus dem Landeshauptarchiv Sachsen-Anhalt, wobei DE für die Abteilung Dessau steht und Z 70 für den Archiv-bestand Köthen.
Zitiert werden verschiedene Akten des Archivs, deren jewei-lige Signatur beim Zitat angegeben wird. Häufig verwendete Akten sind:

- DE, Z 70, C 14 Nr. 2
  *"Die fernere Besetzung der Baumeisterstelle zu Köthen".*

- DE, Z 70, C 14 Nr. 4
  *"Was wegen Anstellung eines Offizianten des Herzogli-chen Bauamts zur Mitbesorgung der Bauten und Repara-turen an den Kirchen- und Schulgebäuden ergangen".*

- DE, Z 70, C 14 Nr. 6
  *"Eine dem Baurat Bandhauer auf die Dauer der großen Bauten gnädigst bewilligte Zulage".*

- DE, Z 70, C 14 Nr. 10
  *"Die Anlegung einer Bau- und Zeichenschule in Köthen nach den Vorschlägen des Baurats Bandhauer und was deshalb ergangen".*

- DE, Z 70, C 9k Nr. 110
  *"Das durch den Einsturz der Nienburger Kettenbrücke über der Saale geschehene Unglück und dessen Begut-achtung"*

- DE, Z 70, A 9b Nr. 38a
  *"Die Untersuchung gegen den Baurat Bandhauer wegen Einsturz des Gerüstes beim Bau des Turms der Katholi-schen Kirche zu Köthen, Bd. I – III".*

- DE, E 144, Nr. 178
  *"Nachlass Dr. Hermann Siebert"*

**[Bandhauer]**   Christian Gottfried Heinrich Bandhauer: *"Verhandlungen über die artistische Untersuchung des Baues der Hängebrücke über die Saale bei Mönchen-Nienburg"*; Leipzig 1829.

**[Schmidt]**   Andreas Gottfried Schmidt: *"Anhalt'sches Schriftsteller-Lexikon, oder historisch-literarische Nachrichten über die Schriftsteller welche in Anhalt geboren sind oder gewirkt haben aus den drei letzten Jahrhunderten gesammelt und bis auf unsere Zeiten fortgeführt"*; Bernburg 1830.

**[Siebert]**   Dr. Hermann Siebert: *"Die Nienburger Hängebrücke und ihr Einsturz am 6. Dezember 1825"*; erschienen als Beilage der Cöthenschen Zeitung; Köthen 1900.

**[v. Kempen]**   Wilhelm van Kempen: *"Die Baukunst des Klassizismus in Anhalt nach 1800"*; veröffentlicht in *"Marburger Jahrbuch für Kunstwissenschaft, Band IV"*; Verlag des Kunstgeschichtlichen Seminars der Universität Marburg an der Lahn; Marburg 01.01.1928.

**[Buchberger]**   Kurt Buchberger: *"Gottfried Bandhauer, ein spätklassizistischer Architekt und Konstrukteur aus Anhalt – Köthen"*; Dissertation 1966 (unveröffentlicht), Technische Universität Dresden.

**[Nestler]**   Erhard Nestler: *"Christian Gottfried Heinrich Bandhauer – Ein Klassizist in Anhalt"*; Veröffentlichung des Stadtarchivs Dessau-Roßlau, Band 10; 2. Auflage 2012.

**[Vogel]**   Dr. Erich Vogel: *"Bau und Einsturz der Nienburger Hängebrücke"*, veröffentlicht in *"Nienburger Sagen sowie denkwürdige Ereignisse aus der Geschichte der Stadt Nienburg"*. Betriebsparteiorganisation der SED des VEB Zementwerke Bernburg in Zusammenarbeit mit dem Rat der Stadt Nienburg; Nienburg 1989.

| | |
|---|---|
| **[Koschig]** | Klemens Koschig: *"Nur das ist schön, was Zweck hat - Gottfried Bandhauer zum 165. Todestage"*. Beitrag zur Geschichte der Stadt Roßlau in 15 Teilen; Dessau 2002. Klemens Koschig hat sich in verschiedenen Funktionen um das Gedenken an Gottfried Bandhauer verdient gemacht. Er ist heute Oberbürgermeister der Stadt Dessau-Roßlau. |
| **[Frölich/ Sperlich]** | Marie Frölich und Hans-Günther Sperlich: "Georg Moller – Baumeister der Romantik"; Eduard Roether Verlag, Damstadt (1959). |
| **[Allg. Anzeiger]** | *"Allgemeiner Anzeiger und Nationalzeitung der Deutschen"*.<br>Die in Gotha ansässige Tageszeitung wurde von Rudolph Zacharias Becker (1752-1822) gegründet und erschien unter verschiedenen Namen von 1796 bis zum Revolutionsjahr 1848.<br>Die genaue Fundstelle wird jeweils beim Zitat angegeben. Viele Ausgaben der historischen Zeitung sind online verfügbar bei: *www.hathitrust.org* oder bei der Bayerischen Staatsbibliothek: *http://www.bsb-muenchen.de.* |
| **[IGM]** | Samuel Hahnemann: *"Die Krankenjournale"*.<br>Institut für Geschichte der Medizin in der Robert Bosch Stiftung, Stuttgart.<br>Die genaue Fundstelle, also Nr. und Seite des Krankenjournals, sind bei der jeweiligen Textstelle angegeben. |